职业教育机械类专业"互联网+"新形态教材

钳工工艺与技能训练

主　编　厉　萍　曹恩芬
副主编　王书建　赵宏伟
参　编　李世运　季作德　石宝传
　　　　赵　健　王凤军　徐协达
主　审　王守亮　王双林

机械工业出版社

本书为职业教育机械类专业"互联网+"新形态教材，依据新颁布的《中等职业学校机械专业教学指导方案》，参照《钳工国家职业技能标准》编写而成。

本书主要内容包括钳工入门、划线、锯削、锉削、孔加工、螺纹加工、矫正、弯形与铆接、综合训练、装配基础与技能训练九个项目。每个项目以工作情境引导教学任务，每个任务以任务分析引入教学内容，以拓展任务促进能力提升，辅以职业技能理论知识测验巩固积累所学知识，同时将课程思政理念、工匠故事元素融入其中，利于教、易于学。本书内容翔实，操作要点突出，语言准确简练，采用典型生产实例，图文并茂，便于认知，具有较高的参照性和可读性。

本书采用"校企合作"模式，同时运用了"互联网+"形式，在部分知识点嵌入二维码，方便学生理解相关知识，更深入地学习。

为便于教学，本书有配套教学资源，选择本书作为教材的教师可登录www.cmpedu.com网站，注册、免费下载。

本书可作为中等职业院校机械制造技术专业及其他机械类专业的教学用书，也可作为培训教材和自学用书。

图书在版编目（CIP）数据

钳工工艺与技能训练/厉萍，曹恩芬主编. —北京：机械工业出版社，2018.10（2024.2重印）

职业教育机械类专业"互联网+"新形态教材

ISBN 978-7-111-61034-2

Ⅰ.①钳… Ⅱ.①厉… ②曹… Ⅲ.①钳工-工艺学-中等专业学校-教材 Ⅳ.①TG9

中国版本图书馆 CIP 数据核字（2018）第 222076 号

机械工业出版社（北京市百万庄大街22号 邮政编码100037）
策划编辑：黎 艳 责任编辑：黎 艳 赵文婕
责任校对：樊钟英 封面设计：陈 沛
责任印制：郜 敏
北京富资园科技发展有限公司印刷
2024年2月第1版第9次印刷
184mm×260mm·15印张·368千字
标准书号：ISBN 978-7-111-61034-2
定价：45.00元

电话服务 网络服务
客服电话：010-88361066 机 工 官 网：www.cmpbook.com
　　　　　010-88379833 机 工 官 博：weibo.com/cmp1952
　　　　　010-68326294 金 书 网：www.golden-book.com
封底无防伪标均为盗版 机工教育服务网：www.cmpedu.com

编 审 委 员 会
（按姓氏笔画排序）

主　任　齐志刚

委　员　王　忠　王凤军　王传霞　王学斌　王维俊　厉　萍
　　　　东　健　田　波　付　强　吕　明　吕　震　刘　杰
　　　　刘　莉　刘　辉　刘东艳　刘兴成　刘承伟　安　柯
　　　　许秀举　孙　喆　孙秀梅　孙希强　孙英巍　孙国栋
　　　　李　昊　李　斌　李红丽　肖艳霞　何　伟　张翠香
　　　　陈　昆　周英辉　赵洪胜　姜玉金　贺军鹏　徐　波
　　　　高连丽　梁川川　程玉玲　焦向军　窦湘屏　滕美茹
　　　　魏　超　魏福昌

参与学校

　　　　临沂市工业学校　　　　　临沭县职业中等专业学校
　　　　泰安技师学院　　　　　　临沂技师学院
　　　　聊城市技师学院　　　　　烟台机电工业学校
　　　　烟台机械工程学校　　　　烟台船舶工业学校
　　　　烟台城乡建设学校　　　　淄博理工学校
　　　　淄博工业学校　　　　　　淄博信息工程学校
　　　　淄博机电工程学校　　　　黄岛区职业教育中心
　　　　日照市工业学校　　　　　济南电子机械工程学校
　　　　山东轻工工程学校　　　　冠县职业教育中心
　　　　齐河县职业中等专业学校　博兴县职业中等专业学校
　　　　章丘市第一职业中等专业学校　章丘市第二职业中等专业学校
　　　　济阳县职业中等专业学校　莘县职业中等专业学校

参与企业

　　　　济南科明数码技术股份有限公司
　　　　山东辰榜数控设备有限公司
　　　　山东重汽集团泰安五岳重汽有限公司

2016 年 10 月

前 言

本书依据新颁布的《中等职业学校机械专业教学指导方案》，参照《钳工国家职业技能标准》和鉴定规范及考核标准，采用现行国家技术标准，结合职业教育实际教学情况编写而成。

本书的编写体现了以下特色：

1. 采用"项目引领，任务驱动"的编写思路，强调内容的实用性和可操作性。

本书以钳工岗位应具备的职业素养和职业技能为依托，以技能训练任务为主线，按照工作过程的实施要求和完成工作任务的顺序设计教材体例和教学内容，由易到难，循序渐进。

2. 遵循学生认知特点，以用导学，学做合一。

本书以"任务驱动、以用导学、学以致用"为技能培养原则，运用了"互联网+"技术，精心设置知识要点，在部分知识点附近设置了二维码，帮助学生明确项目的训练内容、要求和意义，引导学生自主完成相应操作技能和认知储备，培养学生的探究精神，为"做中学、做中教"提供理论与实践支撑。

3. 工作任务的选取与实际生产紧密结合。

本书选取的工作任务及其相关工艺知识是与实际生产要求相融合的，在结合钳工技能和典型工作内容及相应技术要求的基础上，甄选工作任务，拟定工艺过程，引入工艺技术文件，使实训教学内容与企业生产过程对接，使实训内容与职业岗位要求和操作技能要求相对应。

4. 渗透"德技并修、工学结合"的育人理念。

本书将职业道德、岗位素质要求以及技能质量标准等职业核心素养的培养贯穿于各个教学环节，将课程思政理念融入其中，引导学生树立正确的劳动价值观。同时，本书内容力求能适应"产教融合、校企合作"的育人机制，为培养符合企业用人要求、能顺利走向职场、立足社会的准职业人才提供支持。

5. 融合工匠精神，激发学习兴致。

本书设有"品读工匠故事，滋养职业情怀"小版块，撷取大国工匠的相关事迹，以提升学生的抱负水平及职业愿景。

本书由厉萍、曹恩芬任主编，并负责项目1~项目6、项目8及项目9部分内容的编写；王书建、赵宏伟任副主编，负责全书任务评价与反馈、职业技能理论知识测验内容的编写；李世运、季作德分别参与了项目2和项目4部分内容的编写；石宝传、王凤军、徐协达负责项目7的编写；赵健参与了项目9部分内容的编写。全书由王守亮、王双林主审。

本书由山东双港活塞股份有限公司首席技师滕召峰参与项目规划、技术咨询和审核，在此对他们表示衷心的感谢！

由于编者水平所限，书中不足之处在所难免，恳请读者指正，以便不断改进和提高。

编　者

二维码索引

序号	名称	二维码	页码	序号	名称	二维码	页码
1	游标卡尺		13	8	套螺纹		131
2	千分尺		15	9	装配工作的组织形式		180
3	百分表		19	10	尺寸链		182
4	划线方法		28	11	完全互换装配法		184
5	锉削方法		49	12	螺纹联接的装配		194
6	刮削方法		88	13	圆柱齿轮传动的装配		213
7	攻螺纹		122	14	减速器的用途、构造及工作原理		218

目 录

前 言
二维码索引
项目一　钳工入门 …………………… 1
  任务一　钳工工作认知 ……………… 2
  任务二　钳工常用量具的使用与维护 …… 12
  职业技能理论知识测验 ……………… 26
项目二　划线 ………………………… 28
  任务一　划线与划线工具的使用 …… 29
  任务二　连接板划线 ………………… 38
  职业技能理论知识测验 ……………… 47
项目三　锯削 ………………………… 49
  任务一　分割平键条料 ……………… 50
  任务二　锯削样板坯件 ……………… 64
  职业技能理论知识测验 ……………… 69
项目四　锉削 ………………………… 71
  任务一　锉削凸形槽轴 ……………… 72
  任务二　加工矩形件 ………………… 83
  任务三　加工组合角度样板 ………… 85
  职业技能理论知识测验 ……………… 96
项目五　孔加工 ……………………… 98
  任务一　加工孔板 …………………… 99
  任务二　加工盖板 …………………… 110
  职业技能理论知识测验 ……………… 117
项目六　螺纹加工 …………………… 120
  任务一　加工组合孔板 ……………… 121
  任务二　加工双头螺柱 ……………… 130
  职业技能理论知识测验 ……………… 136
项目七　矫正、弯形与铆接 ………… 139
  任务一　加工内卡钳 ………………… 140
  任务二　加工外卡钳 ………………… 154
  职业技能理论知识测验 ……………… 158
项目八　综合训练 …………………… 160
  任务一　加工鸭嘴锤头 ……………… 161
  任务二　锉配角度样板 ……………… 164
  任务三　加工平面形直角尺 ………… 166
  任务四　加工调整挡铁 ……………… 170
  职业技能理论知识测验 ……………… 175
项目九　装配基础与技能训练 ……… 177
  任务一　装配工艺基础认知 ………… 178
  任务二　固定联接的装配 …………… 194
  任务三　带传动机构的装配 ………… 208
  任务四　齿轮传动机构的装配 ……… 212
  任务五　减速器的装配与调整 ……… 218
  职业技能理论知识测验 ……………… 229
职业技能理论知识测验参考答案 …… 231
参考文献 …………………………… 234

项目一
钳工入门

钳工是使用钳工工具及钻床等设备，按技术要求对工件进行加工、修整、装配的工种。

钳工以手工操作为主，具有灵活性强、工作范围广、技艺性强的特点。钳工主要用于一些不适宜采用机械加工的场合，例如加工零部件前的划线，设备使用过程中精度降低或损坏后的修复，设备或部件的装配、调试及工具制造等。钳工是机械加工中重要的工种之一。

本项目的学习任务是结合车间实境课堂，通过钳工工作认知、钳工常用量具的使用与维护两个工作任务（图1-1），获得钳工所应具备的入门知识和应遵循的行为规则，以助于后续的学习和任务实施。

a)
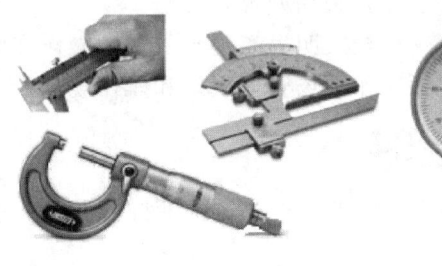
b)

图 1-1　实训车间与常用量具

项目重点

1. 钳工工作场地、工作内容和特点。
2. 安全文明生产基本要求和安全意识的确立。
3. 钳工工具、量具的使用方法。

工作情境

本项目工作情境建议及说明见表1-1。

表 1-1　钳工入门工作情境建议及说明

建议	说明
工作情境	车间实境教学
教学条件	钳工实训车间(配有数字化教学研讨区)
主要设备	钳工工作台、台虎钳(按人数配备工位)、台式钻床、立式钻床、砂轮机等
教学建议	理实一体、任务导向、分组教学，观察演示，操作练习，现场实训
工作过程	明确任务→获取知识→任务实施→评价与反馈

📌 项目准备

本项目装备准备清单见表1-2。

表1-2 项目装备准备清单

项目装备	说　明
工艺装备	常用钳工工具、量具（若干）
钳工制作产品实物	历届钳工实习工件、生产产品样件（展示柜等）
润滑及其他辅具	油壶、棉纱等辅具（若干）
数字化教学资源	多媒体课件、音/视频等资源（按教学条件选备）

备注：工具、量具的准备按小组或设备（3~4人/台）配备，每组一套。

任务一　钳工工作认知

📌 任务目标

1. 熟悉钳工工作内容与工作场地。
2. 熟悉钳工常用设备及操作方法。
3. 掌握钳工安全文明生产基本要求和操作守则，树立安全意识。
4. 自觉遵循工作现场管理规定和操作规程。

📌 任务描述

在本任务中，熟悉工作现场，进行台虎钳、砂轮机、钻床等常用设备的使用和基本操作练习。

📌 任务分析

明确钳工岗位的活动内容和技能目标，熟知钳工应遵循的各项规定，熟悉钳工常用设备及操作规程，按照安全文明生产基本要求整理好工作场地是钳工学习的首要任务。

通过本任务，增强学生对钳工技能训练目标的认同，培养其学习能力，并树立牢固的安全意识，养成严谨细致的职业习惯，进行安全文明生产。

📌 知识准备

一、钳工工作范围

钳工工作范围很广，其基本操作技能包括划线、锯削、锉削、钻孔、扩孔、锪孔、铰孔、攻螺纹、套螺纹、刮削、研磨、矫正、弯形、技术测量和简单热处理等。随着机械制造业的发展，钳工的工作范围以及需要掌握的技术知识和技能要求也发生了变化，对钳工专业进行了分工与细化。现行《国家职业标准》将钳工划分为装配钳工、机修钳工和工具钳工。

（1）装配钳工　操作机械设备或使用钳工工具，按技术要求进行机械设备零件、组件或成品组合装配与调试的人员。

（2）机修钳工　使用工具、量具及辅助设备，对各类设备的机械部分进行维护和修理的人员。

（3）工具钳工　使用钳工工具、钻床等设备，进行刀具、量具、模具、夹具、索具、辅具等（统称工具，也称工艺装备）的零件加工和修整、组合装配、调试与修理的人员。

> **师傅说**
> 钳工是机械制造业中的重要工种，其技术水平与劳动价值相辅相成，成就技艺，需要专注钻研，匠心打造。钳工按工作范围分工不同，无论从事哪类钳工工作，都需具备扎实的钳工基本操作技能，才能在实践中不断掌握工艺方法，提升操作技能、技巧，与时俱进，跟上和适应先进生产技术的工作需求。

二、钳工工作场地

钳工工作场地是指钳工的固定工作场所，期间配备的设备主要有钳工工作台、台虎钳、砂轮机、钻床等。按车间工作要求，钳工工作台应放置在光线适宜、操作空间适当、便于作业的位置。面对面放置的钳工工作台，中间要安装防护网。钻床、砂轮机通常放置在场地的边缘。为了安全起见，较大的车间应设置专用的砂轮机房。若因空间限制，也应在砂轮机正面装设有效高度的防护挡板，且要求挡板牢固可靠。

三、钳工常用设备与使用要求

1. 钳工工作台

钳工工作台也称钳台、钳桌，其主要作用是安装台虎钳和存放钳工常用工具、夹具和量具。钳台常用硬质木材或钢材制成，多为长方形，其长度、宽度视工作需要而定。钳台高度以 800~900mm 为宜（图1-2a），便于在安装台虎钳后，使钳口高度与一般操作者的手肘平齐，便于操作，如图1-2b所示。

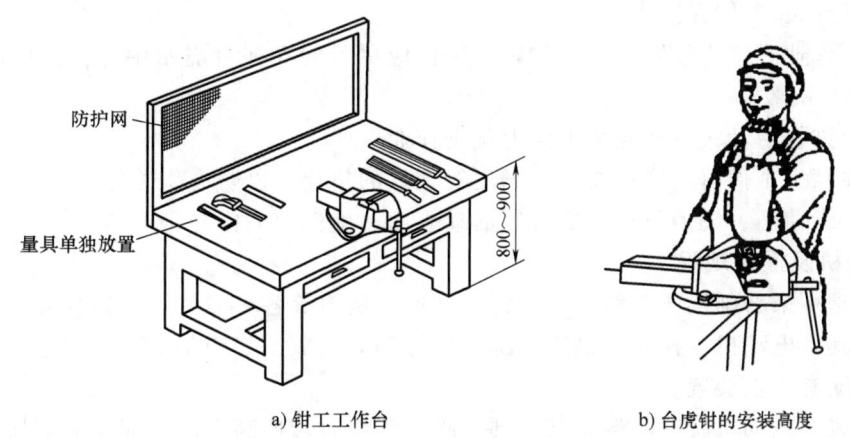

a) 钳工工作台　　　　b) 台虎钳的安装高度

图1-2　钳工工作台与台虎钳的安装高度

2. 台虎钳及工作原理

台虎钳是用来夹持工件的通用夹具，其规格以钳口的宽度表示，常用的规格有100mm、

125mm、150mm 等。台虎钳有固定式和回转式两种结构类型，如图 1-3 所示。两者的主要结构和工作原理基本相同，其不同点是回转式台虎钳比固定式台虎钳多了一个转盘座，工作时钳身可在其上回转，使用方便，可满足不同方位的加工需要。

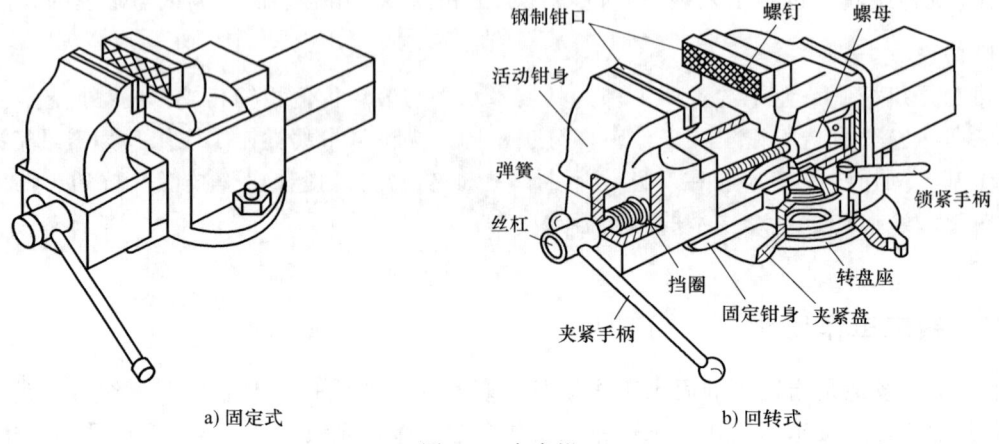

图 1-3 台虎钳

回转式台虎钳的工作原理：活动钳身导轨通过旋转丝杠与固定在固定钳身的螺母旋合而带动活动钳身沿固定钳身轴向移动，以装夹或松开工件。弹簧借助挡圈和开口销固定在丝杠上，其作用是在放松丝杠时，可使活动钳身及时退出。固定钳身和活动钳身上的钢制钳口，用螺钉固定，钳口工作面上制有交叉网纹，以防止工件滑动，使装夹可靠。钳口经过热处理淬硬，以提高耐磨性，延长使用寿命。固定钳身装在转盘座上，且能绕转盘座轴线转动，当转到所需位置时，扳动夹紧手柄即可在夹紧盘的作用下将固定钳身锁定。转盘座上有三个螺栓孔，用以与钳工工作台固定。

使用台虎钳时有以下注意事项。

1）夹紧工件时要松紧适当，直接转动台虎钳夹紧手柄，切勿接长和敲击夹紧手柄，以防丝杠、螺母以及工件受损。

2）强力作业时，为使钳口受力均匀，工件应尽可能夹在台虎钳中部，且应使作用力的方向朝向固定钳身。

3）不允许在活动钳身和光滑平面上敲击作业。

4）装夹精密工件时，钳口要垫上铜皮等较软的垫片，以防夹伤工件。

5）应经常清洁、润滑丝杠、螺母等活动表面，确保台虎钳使用灵活。

3. 砂轮机及操作规程

砂轮机是用来磨削錾子、钻头、划针、样冲、刮刀等各种刀具、工具及去除工件毛刺的常用设备。其由电动机、托架、机座和防护罩等部分组成，如图 1-4 所示。为减少生产性粉尘污染，应配有吸尘装置。

砂轮安装在电动机转轴两端，其质硬且脆，工作时转速高，需保证在平衡状态下平稳运转。使用砂轮机时应严格遵守以下操作规程。

1）砂轮的旋转方向要正确，使磨屑向下飞离砂轮。

2）砂轮机起动后，应在其运转平稳后进行磨削，若砂轮跳动明显，应及时停机修整。

3）砂轮直径在 150mm 以上的砂轮机按规定必须设置可调托架，砂轮与托架之间的距离应保持在 3mm 以内，以防工件扎入造成事故。

4）磨削工件时，操作者应站在砂轮的侧面或斜对面，不得正对砂轮操作，且用力要适度。严禁两人共用一台砂轮机同时操作。

5）不要频繁起动砂轮机，以防电动机被烧坏。

6）更换新砂轮时，防护罩的安装要牢固可靠。防护罩不得随意拆卸或丢弃不用。

4. 钻床及操作规程

钻床是指主要用钻头在工件上加工孔的机床。钳工常用的钻床有台式钻床、立式钻床和摇臂钻床。

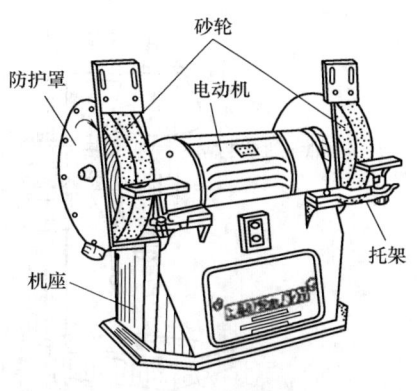

图 1-4 砂轮机

（1）台式钻床　台式钻床简称台钻，是指可安放在专用作业台上，主轴垂直布置的小型钻床。台式钻床钻孔直径一般在 13mm 以下，一般不超过 25mm。台式钻床主轴有五级不同的转速，一般通过改变 V 带在塔轮上的位置实现变速，主轴进给靠手动操作。

图 1-5a 所示为一种常见的台式钻床，其主轴头架连同电动机和 V 带轮可沿立柱上下移动，同时可绕立柱轴线任意转动，调整到适当位置后用手柄锁紧。当需要上下调节主轴头架时，先把保险环沿立柱调节到所需位置并用锁紧螺钉锁定，然后略松开主轴头架手柄，靠主轴头架自重落到保险环上后用手柄锁紧。工作台同样可沿立柱上下移动，也可转动，调节适当位置后用锁紧手柄锁定。当松开工作台底部锁紧螺钉时，工作台还可在垂直平面内左右倾斜 45°。当工件较小时，可将工件放在工作台上钻孔；当工件较大时，可把工作台转开，直接将工件放在钻床底座上钻孔。台式钻床转速较高，不适用于需用低速加工的（如锪孔、铰孔）有些特殊材料或工艺的工件。

（2）立式钻床　立式钻床一般用来加工中小型工件上的孔，其规格有 25mm、35mm、40mm、50mm 等几种。立式钻床的功率较大，可实现机动进给，可获得较高的生产率和加工精度。另外，立式钻床的主轴转速和机动进给量的变化范围较大，因此可适用于不同材料的钻削加工，还可实现扩孔、锪孔、铰孔及螺纹加工等多种功能。其结构如图 1-5b 所示。

（3）摇臂钻床　摇臂钻床适用于单件或小批量生产的工件的钻孔、扩孔、锪孔、铰孔、螺纹加工等。使用摇臂钻床加工孔时，摇臂可沿立柱上下移动，也可绕立柱轴线任意转动，主轴箱可沿摇臂移动，灵活省力，便于钻孔时调整加工位置。

（4）钻床操作规程

1）操作钻床时不准戴手套，且袖口必须扎紧；女生必须戴工作帽。

2）工件装夹必须牢固可靠，钻削小工件时，应使用工具装夹工件。孔在将要钻穿时，要减少进给量。

3）起动钻床前，要检查是否有钻夹头钥匙或斜铁插在钻轴上。

4）钻孔时，操作者的头部不准与旋转的主轴离得太近。

5）装拆、检验工件及变换主轴转速时，必须在停车状态下进行。

6）使用摇臂钻床时，摇臂必须锁紧，其回转范围内不准站人和有障碍物。工作结束时，将摇臂降到最低位置，主轴箱靠近主轴，且要锁紧。

7）清洁钻床或加注润滑油时，必须切断电源。

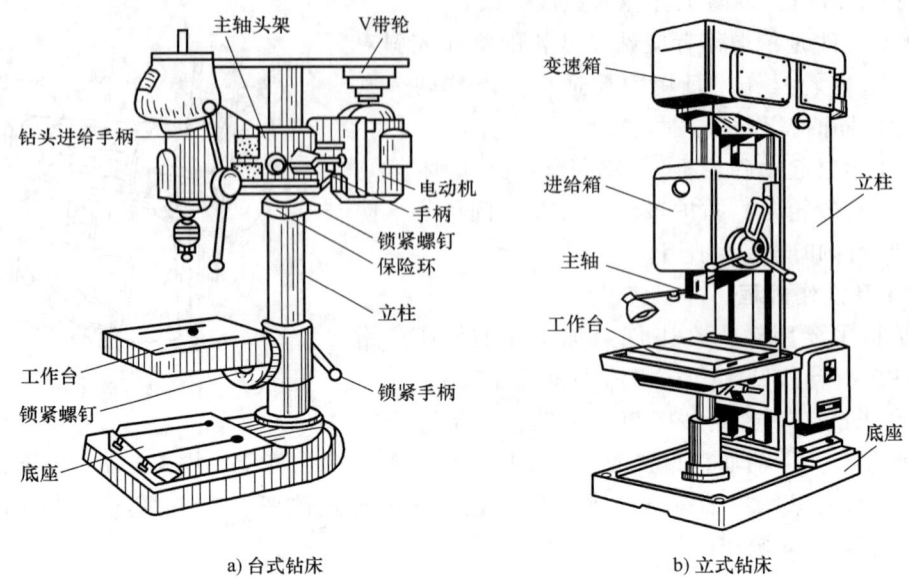

图 1-5　台式钻床与立式钻床

四、钳工安全文明生产基本要求

1）遵守劳动纪律，执行安全操作规程，严格按工艺要求操作。

2）工作前按要求穿戴好防护用品，长发必须罩在工作帽之内。

3）检查布置工作场地，按左、右手习惯放置工具、量具和刀具。毛坯、工件按要求定点摆放，防止磕碰。量具、刀具用完后及时收放保管好，以防损坏和取用不便。

4）不准在没有防护网的钳工工作台对面作业。

5）铁屑一律用专用工具清理，不准直接用手拉或用嘴吹。

6）不准擅自使用自己不熟悉的机床、工具和量具。

7）工作场地要保持洁净整齐。每日工作结束后，整理、清洁工作场地。关闭使用设备的电源，按要求对设备进行清理和润滑工作。

任务实施

1. 台虎钳使用练习

观察、了解台虎钳的结构，熟悉各部分的作用，按台虎钳使用要求进行工件夹紧、松开，转盘座的转动、锁定等基本动作练习；熟知使用台虎钳时的注意事项，并对台虎钳进行日常保养。

2. 砂轮机操作练习

观察指导教师对砂轮机的操作过程，熟知砂轮机的结构、可调托架的安装要求和检验方法。在教师的指导下，进行托架调整和磨削基本操作练习，掌握操作要领。练习过程中要严格遵守操作规程，确保安全生产。

3. 台式钻床操作练习

认真观察台式钻床的结构，熟知各手柄的作用，观察指导教师的操作演示，掌握钻床操作要领，进行以下操作练习。

1）主轴转速由低速到高速逐级变速练习。
2）手动进给练习，基本掌握手动均匀进给的方法。
3）工作台升降及锁定练习。
4）单项操作熟练后，进行钻头装夹、主轴空转及进给练习。
5）对钻床进行日常的维护和保养。

4．立式钻床操作练习

1）观察立式钻床的结构，熟知各个手柄的作用。
2）主轴转速由低速到高速逐级变速练习。
3）手动进给练习，掌握手动均匀进给的方法。
4）由小到大逐渐增加进给量，进行机动进给变速练习。
5）进行钻头装夹、主轴空转及机动进给练习。
6）对钻床进行日常的维护和保养。

任务评价与反馈

熟知钳工工作性质，熟悉钳工工作环境，掌握设备使用和操作要求，安全文明生产是学习钳工技术的基础。因此，应结合本次任务的完成过程，体会工作程序和操作规程的重要性，提高安全意识，为安全操作打好基础。

1．自我测评

1）通过任务实施，学生对钳工工作有哪些认识？其职业特点和优势是什么？
2）钳工安全操作规程包括哪些要求？工作前要做哪些准备？
3）钳工是如何分类的？各类型的钳工工作范围有哪些？

2．任务考评

按任务要求进行评定，填写任务考评表（表1-3）。

表1-3 钳工工作认知任务考评表

学生姓名：		班级：		学号：		时间：		
考核项目		考核内容	配分	评分标准		考评得分		
						自检	互检	教师
主要项目	1	钳工工作范围与钳工类别	10分	能简述钳工基本工作内容、钳工类别及工作范围				
	2	钳工工作场地	10分	熟悉车间工作环境，明确车间管理规定				
	3	台虎钳的使用	20分	掌握台虎钳的结构和使用注意事项，能正确进行装夹操作				
	4	台式钻床、立式钻床操作	30分	熟知操作规程，能够对台式钻床、立式钻床进行基本操作				
	5	砂轮机操作	20分	能按操作规程进行基本磨削操作				
安全文明生产		国家颁布的安全文明生产法规有关规定及车间管理规定	10分	违规不得分				
总配分			100分	合计				
教学评价		○优秀（85分以上） ○良好（75分以上） ○及格（60分以上） ○不及格（60分以下）		综合得分				
				教师签名				

3. 实训心得

 知识链接

一、钳工 钳工国家职业技能标准（摘录）

（一）职业概述

1. 职业等级

本职业共设五个等级，分别为：初级（国家职业资格五级）、中级（国家职业资格四级）、高级（国家职业资格三级）、技师（国家职业资格二级）、高级技师（国家职业资格一级）。

2. 职业能力特征

具有一定的学习和计算能力；具有一定的空间感和形体知觉；手指、手臂灵活，动作协调。

3. 鉴定要求

从事或准备从事本职业的人员。

4. 申报条件（初级、中级）

（1）初级（具备以下条件之一者）

1）经本职业初级正规培训达到规定标准学时，并取得结业证书。

2）在本职业连续见习工作 2 年以上。

（2）中级（具备以下条件之一者）

1）取得本职业初级职业资格证书后，连续从事本职业工作 3 年以上，经本职业中级正规培训达到规定标准学时数，并取得毕（结）业证书。

2）取得本职业初级职业资格证书后，连续从事本职业工作 5 年。

3）连续从事本职业工作 7 年以上。

4）取得经劳动保障行政部门审核认定的、以中级技能为培养目标的中等以上职业学校本职业（专业）毕业证书。

5. 鉴定方式

分为理论知识考试和技能操作考核。理论知识考试采用闭卷笔试方式，技能操作考核采取现场实际操作或模拟操作等方式。理论知识考试和技能操作考核均实行百分制，成绩皆达 60 分以上者为合格。

（二）职业守则

1）遵守法律、法规和有关规定。

2）爱岗敬业，具有高度的责任心。

3）严格执行工作程序、工作规范、工艺文件和安全操作规程。

4）工作认真负责，团结合作。

5）爱护设备及工具、夹具、刀具、量具。

6）着装整洁，符合规定；保持工作环境清洁有序，文明生产。

（三）基础知识

（1）基础理论知识

1）机械识图知识。

2）公差与配合知识。

3）常用金属材料及热处理知识。

4）常用非金属材料知识。

（2）机械加工基础知识

1）机械传动知识。

2）机械加工常用设备知识（分类、用途）。

3）金属切削常用刀具知识。

4）典型零件（主轴、箱体、齿轮等）的加工工艺。

5）设备润滑及切削液的使用知识。

6）工具、夹具、量具的使用与维护知识。

（3）钳工基础知识

1）划线知识。

2）钳工操作（錾、锉、锯、钻、铰孔、攻螺纹、套螺纹）知识。

（4）电工知识

1）通用设备和常用电器的种类及用途。

2）电力拖动及控制原理基础知识。

3）安全用电知识。

（5）安全文明生产与环境保护知识

1）现场文明生产要求。

2）安全操作与劳动保护知识。

3）环境保护知识。

（6）质量管理知识

1）企业的质量方针。

2）岗位的质量要求。

3）岗位的质量保证措施与责任意识。

（7）相关法律、法规知识

1）《中华人民共和国劳动法》相关知识。

2）《中华人民共和国劳动合同法》相关知识。

二、机械制造与机械产品的制造过程

机械制造是指从事各种动力机械、起重运输机械、冶金矿山机械、化工机械、机床、工具、仪器、仪表等机械设备生产的制造工业。机械制造业的发展水平是国家工业化程度的主要标志之一。常见机械产品如图1-6所示。

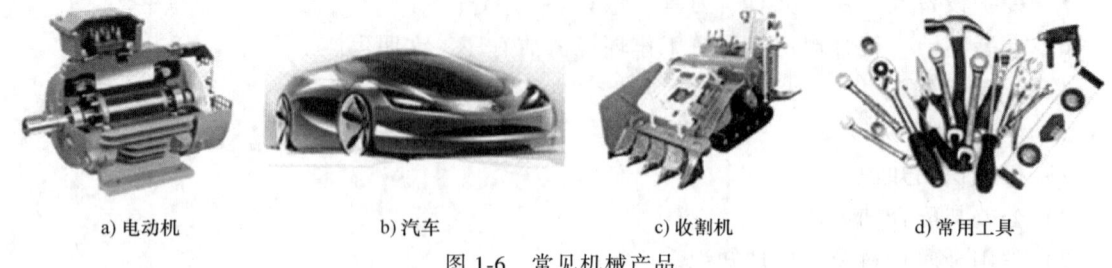

a) 电动机　　b) 汽车　　c) 收割机　　d) 常用工具

图 1-6　常见机械产品

1. 生产过程

机械产品的生产过程即从原材料或半成品变为产品的全部劳动过程，称为生产过程。生产过程包括原材料的运输和保存、生产技术准备、毛坯的制造、零件的加工与热处理、部件与整机的装配、机器的检验和调试、外观处理和包装等。图 1-7 所示为机械产品的生产过程。

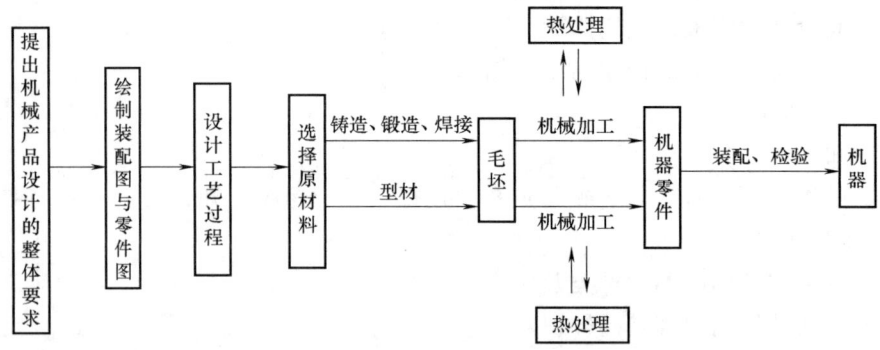

图 1-7　机械产品的生产过程

2. 工艺过程

在机械产品的生产过程中，改变生产对象的形状、尺寸、相对位置和性质等，使其变为成品或半成品的过程，称为工艺过程。机械产品按制造环节的不同，可分为毛坯制造、机械加工、装配等工艺过程。

机械加工工艺按被加工工件所处的温度状态不同，可分为热加工工艺和冷加工工艺。

(1) 热加工工艺　铸造、锻造、焊接、热轧、热处理、表面处理等加工工艺，均需通过加热而使金属材料成形或改变性质，这种工艺过程称为热加工工艺。

热加工工艺由于在成形过程中产生较少或没有材料的损耗，故能以较高的生产率制造出与零件相近的毛坯制品。铸造、锻造、焊接等工艺是零件毛坯的主要成形方式。

(2) 冷加工工艺　在常温状态下，用刀具或模具把金属材料上多余的部分切去或使之改变形状，获得符合要求的几何形状、尺寸及表面质量的合格零件的工艺过程，称为冷加工工艺。冷加工工艺按加工方式的不同，可分为金属切削加工和压力加工。

三、金属切削加工

金属切削加工是利用切削刀具或工具从毛坯（铸件、锻件和型材坯料）上切除多余的材料，获得符合图样要求的合格零件的加工方法。

切削加工分为钳工加工和机械加工两部分。由操作者手持工具对工件进行的切削加工为钳工加工。由操作者操作机床对工件进行的切削加工称为机械加工。

机械加工的主要方式有车削、钻削、铣削、刨削、磨削等，如图1-8所示。

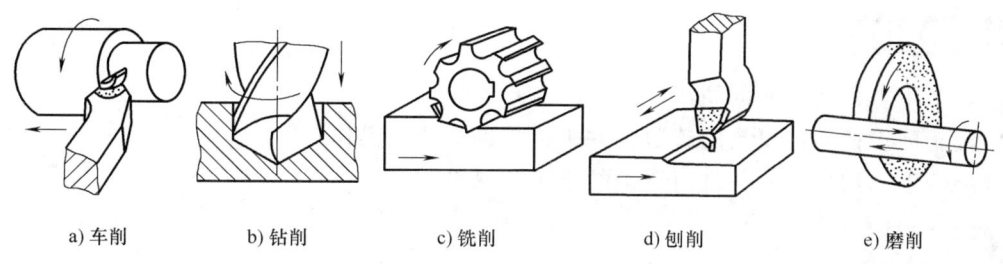

a) 车削　　　b) 钻削　　　c) 铣削　　　d) 刨削　　　e) 磨削

图1-8　机械加工的主要方式

四、机械加工工种的分类

工种是对劳动对象的分类称谓，也称工作种类，如电工、钳工等。机械加工工种一般分为冷加工、热加工和其他工种三大类。

1. 冷加工（切削加工类）工种

（1）钳工　钳工是指多用手工方法并经常在台虎钳上进行操作的一个工种。

（2）普通机床操作工　普通机床操作工主要指操作各类普通机床进行零件加工的工种。根据所操作的机床的不同，可分为车工、铣工、刨工、磨工、镗工、组合机床操作工等。

（3）数控机床操作工　数控机床操作工主要指操作各类数控机床进行零件加工的工种。按所操作的数控机床的不同，又可分为数控车工、数控铣工、加工中心操作工、数控电加工操作工、数控机床调试工等。除此之外，还有从事数控编程的数控编程员、质量检验员等。

除此之外，常见的冷加工工种还有钣金工、冲压工等。

2. 热加工工种

按制件成形的方式和所操作的设备不同，热加工常见工种有以下四种。

（1）铸造工　它是指操作铸造设备和工具进行金属熔化和铸造成形加工的工种。

（2）锻造工　它是指操作锻造设备及辅具对金属工件的毛坯进行下料、加热、制坯、成形等锻造加工的工种。

（3）焊工　它是指操作焊接和气割设备对工件进行焊接或切割成形加工的工种。

（4）热处理工　它是指操作热处理设备对金属材料进行热处理加工的工种。

3. 其他工种

（1）机械设备维修工　它是指从事设备安装维护和修理的工种。

（2）维修电工　它是指从事工厂设备的电气系统安装、调试与维护、修理的工种。

（3）特种设备操作工　它是指操作利用电能、电化学能、声能、光能、热能等方法去除材料的各特种加工设备的工种。常用的加工方法有电火花加工、电解加工、激光加工、超声波加工等。

任务二 钳工常用量具的使用与维护

任务目标

1. 熟悉钳工常用量具的使用方法。
2. 能正确识读常用量具的读数,并进行正确的测量操作。
3. 能合理选用量具,并进行正确的维护和保养。

任务描述

在本任务中,进行游标卡尺、千分尺、游标万能角度尺、指示表等常用量具的实际测量训练。

任务分析

在钳工的工作中,检验零件的质量和装配精度,需要借助各种工具、量具和相关检验知识进行测量判定。本任务主要学习游标卡尺、千分尺、游标万能角度尺、指示表等常用量具的分度原理、识读方法,掌握其使用和维护的基本技能,根据加工需要合理选用量具并进行正确测量。

知识准备

用来测量工件尺寸和形状的工具,称为量具或量仪。量具种类很多,按用途及特点的不同,可分为通用量具(游标卡尺、游标万能角度尺、千分尺、指示表、直角尺、塞尺等)、专用量具(塞规、卡规等)和标准量具(量块等)。

一、钳工通用量具及其使用方法

1. 游标卡尺

游标卡尺是一种用来测量工件的内径、外径、长度、宽度、厚度、深度及孔距等的中等精度的游标量具。游标卡尺的分度值有 0.10mm、0.05mm、0.02mm 和 0.01mm 四种,常用分度值为 0.02mm。

(1) 游标卡尺的结构 图 1-9 所示的游标卡尺由主标尺、游标尺、制动螺钉、深度尺等组成。松开制动螺钉即可推动游标尺沿主标尺移动。需固定读数时,可通过制动螺钉使游标尺固定。游标卡尺的内测量爪可测量孔径、孔距及槽宽;外测量爪可测量外径和长度尺寸等;深度尺可测量内孔和沟槽的深度。

(2) 游标卡尺的分度原理 游标卡尺的读数是由主标尺每小格长度和游标尺每小格长度之差来确定的。

0.05mm 游标卡尺的分度原理:主标尺上每小格的长度为 1mm,每 10 格分别标以 1、2、3……,以表示 10mm、20mm、30mm……游标尺总长为 19mm,并等分为 20 格,每小格的长度为 19mm/20 = 0.95mm。当两个外测量爪合并时,游标尺上的 20 格正好与主标尺上的 19mm 对正(图 1-10a),则主标尺每小格与游标尺每小格的长度之差为 1mm - 0.95mm =

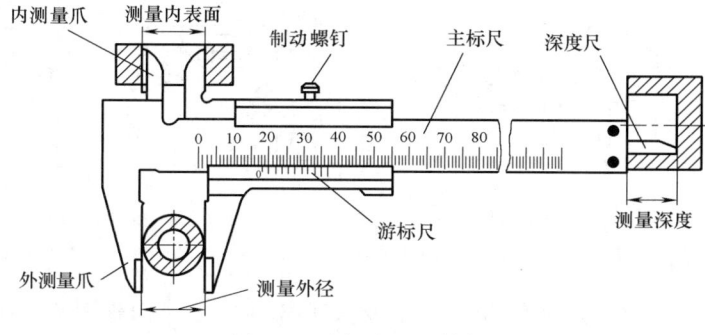

游标卡尺

图 1-9 游标卡尺的结构

0.05mm，所以它的分度值为 0.05mm。

0.02mm 游标卡尺的分度原理：主标尺上每小格的长度为 1mm，游标尺总长为 49mm，并等分为 50 格，每小格的长度为 49mm/50＝0.98mm。当两个外测量爪合并时，游标尺上的 50 格正好与主标尺上的 49mm 对正（图 1-10b），则主标尺每小格与游标尺每小格的长度之差为 1mm－0.98mm＝0.02mm，所以它的分度值为 0.02mm。

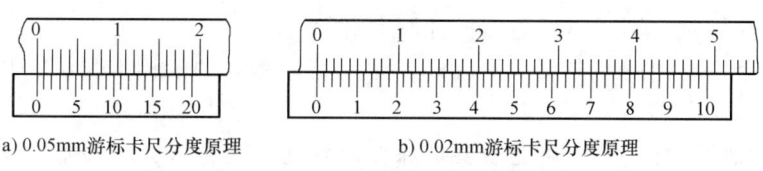

图 1-10 游标卡尺的分度原理

（3）游标卡尺的读数方法　先读出游标尺零线左边主标尺身上的整毫米数，再看游标尺上从零线开始第几条标尺标记与主标尺上某条标尺标记对齐，其游标尺标记数与分度值的乘积就是不足 1mm 的小数部分，最后将被测尺寸的整毫米数和小数相加，即为测得的实际尺寸，如图 1-11 所示。

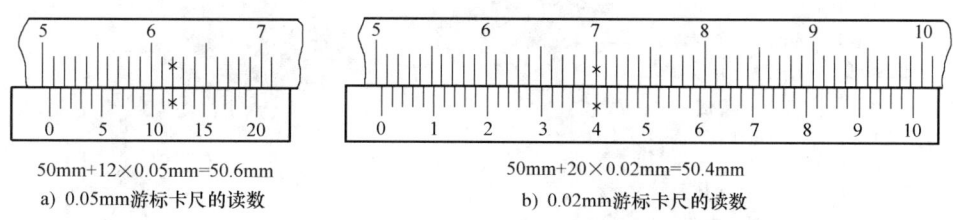

图 1-11 游标卡尺的读数方法

（4）游标卡尺的使用方法　图 1-12 所示为游标卡尺应用举例。测量操作直接影响测量的精度，若使用不当，会影响本身的精度。

使用游标卡尺进行测量时，应注意以下几点。

1）游标卡尺适用于中等公差等级尺寸的测量和检验，要按工件的尺寸大小和尺寸公差选用量程和分度值适宜的游标卡尺。

2）使用前，检查测量爪贴合时主标尺与游标尺的零线是否对齐，检查各部分的移动是否平稳、无卡滞。

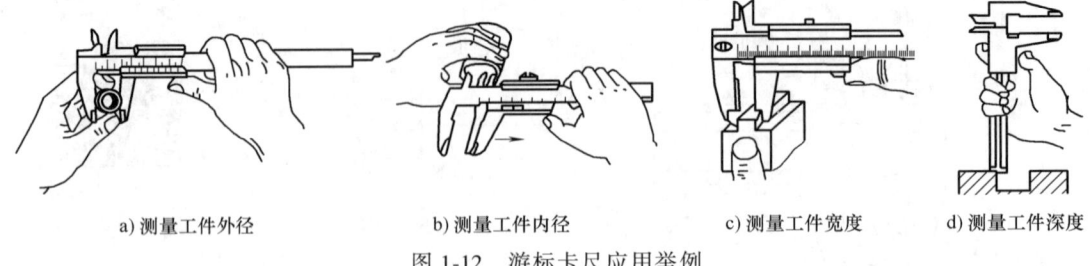

a) 测量工件外径　　b) 测量工件内径　　c) 测量工件宽度　　d) 测量工件深度

图 1-12　游标卡尺应用举例

3) 测量内尺寸或外尺寸时, 测量爪要张开略小于或大于被测尺寸。操作时应注意目测并微调测量位置, 使两测量爪垂直于轴线或基准平面, 以防因歪斜而产生测量误差。

4) 读数时, 应使视线尽可能和尺上所读的标尺线垂直, 以免引起读数误差。测量深度时, 应将深度尺的工作面与测量基准面轻轻贴近, 以防深度尺歪斜。

5) 完成测量后, 卡尺不可从被测工件上猛力抽出, 应将测量爪张合至不与测量面摩擦时取出; 如需取出读数, 则应旋紧制动螺钉, 顺势轻取。

(5) 游标卡尺的维护　在进行游标卡尺的维护工作时, 应注意以下几点。

1) 游标卡尺作为较精密量具, 不得直接测量表面粗糙的毛坯件。

2) 移动游标尺时, 不要忘记适度松开制动螺钉。

3) 测量结束后要把游标卡尺水平放置, 尤其是量程大的游标卡尺, 否则易造成尺身弯曲变形。

4) 带深度尺的游标卡尺, 用完后要把深度尺合拢, 防止深度尺外露。

5) 游标卡尺用完后要擦净并涂上防锈油放回卡尺盒内, 定位存放。

2. 数显卡尺和带表卡尺

数显卡尺和带表卡尺结构如图 1-13 所示。两种卡尺采用新的更准确的读数装置, 因而测量的准确性较高。

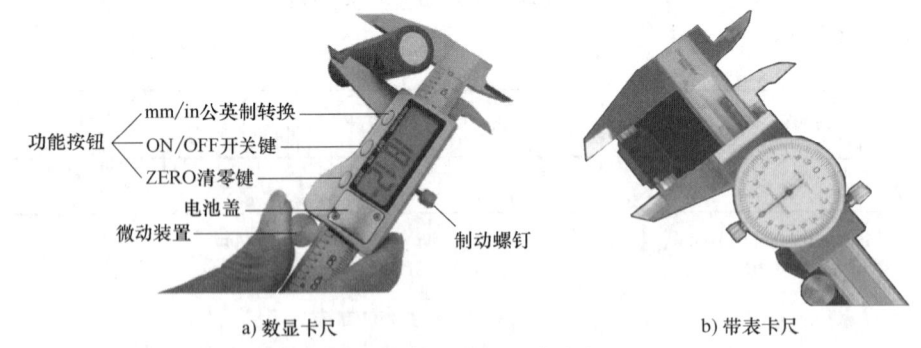

a) 数显卡尺　　　　　　　　　　　　b) 带表卡尺

图 1-13　数显卡尺和带表卡尺

数显卡尺的特点是读数直观准确, 使用方便且功能多样。使用数显卡尺测得某一尺寸时, 数显卡尺的指示装置 (电子数显器) 能清晰地显示出测量结果。使用米制英制转换功能按钮, 可用米制和英制两种长度单位分别进行测量。

带表卡尺除具有数显卡尺使用方便这一优点外, 还具备使用可靠的特点。

3. 游标深度卡尺和游标高度卡尺

除上述列举的游标卡尺外, 还有用于测量孔、槽深度和台阶高度的游标深度卡尺, 用于测量工件高度和进行划线的游标高度卡尺,如图 1-14 所示。两者的分度原理和读数方法与游标卡尺相同。

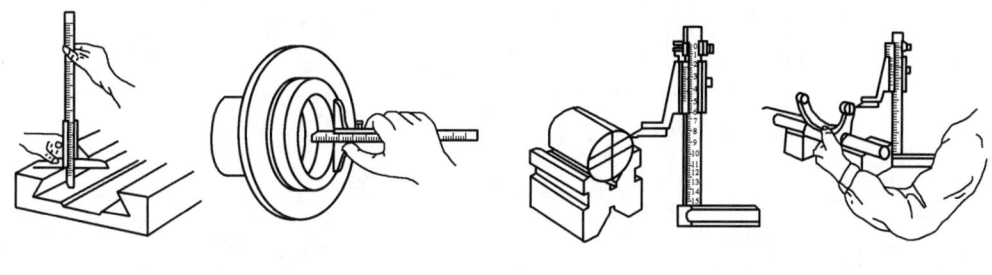

a) 使用游标深度卡尺测量工件　　　　b) 使用游标高度卡尺划线

图 1-14　游标深度卡尺和游标高度卡尺的应用举例

4. 千分尺

千分尺是测量中最常用的精密量具之一,是利用螺旋副原理,对尺架上两测量面间分隔的距离进行读数的尺寸测量器具。按其用途不同,可分为外径千分尺、内测千分尺、深度千分尺等。

千分尺

(1) 外径千分尺　主要用来测量工件的外径和长度尺寸,其结构如图 1-15 所示。外径千分尺的测量范围以每 25mm 为单位进行分档,常用测量范围有 0~25mm、25~50mm、50~75mm。

1) 外径千分尺的分度原理。外径千分尺的测微螺杆上的螺距为 0.5mm,微分筒每转一周,测微螺杆沿轴向移动 0.5mm。微分筒的圆锥面上共刻有 50 个格,微分筒每转一格,测微螺杆沿轴向移动 0.5mm/50=0.01mm,因此该外径千分尺的分度值为 0.01mm。

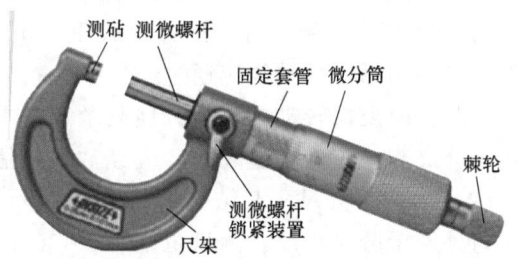

图 1-15　外径千分尺

在外径千分尺的固定套管上刻有基准线,基准线两侧分布有 1mm 的标尺间隔,并相互错开 0.5mm;基准线上面一排标出数字的标记表示整毫米数,下面一排未标数字的标尺标记表示对应上面标尺标记的半毫米数。

2) 外径千分尺的读数方法。

读出微分筒左侧边缘在固定套管上的整毫米数及半毫米数,然后找出微分筒上与固定套管基准线对齐的标尺标记,并读出相应的不足半毫米数,最后把两个读数相加,即为测得的实际尺寸,如图 1-16a 所示。

当微分筒上任何一条标尺标记都不与基准线对齐时,可目测估读,如图 1-16b 所示。

3) 外径千分尺的使用与维护。外径千分尺的使用方法如图 1-17 所示。

① 校准零位。校准前擦净测砧和测微螺杆端面。校准测量范围为 0~25mm 的外径千分尺时,先将两测量面接触,利用锁紧装置将测微螺杆锁住,将千分尺的专用扳手插入固定套管的小孔中,转动固定套管使其基准线对准微分筒的零线,松开锁紧装置,调整完毕。对测量范围为 25~50mm 及以上的千分尺,应用量具盒内的标准检验棒校准。

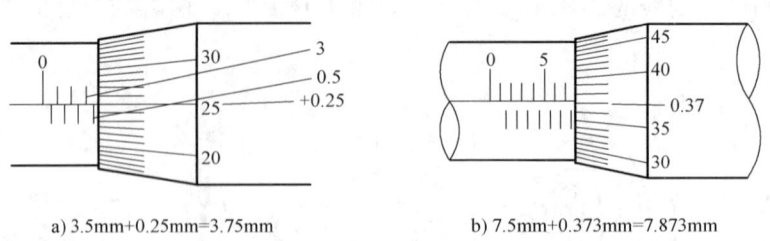

a) 3.5mm+0.25mm=3.75mm   b) 7.5mm+0.373mm=7.873mm

图 1-16　外径千分尺的读数方法

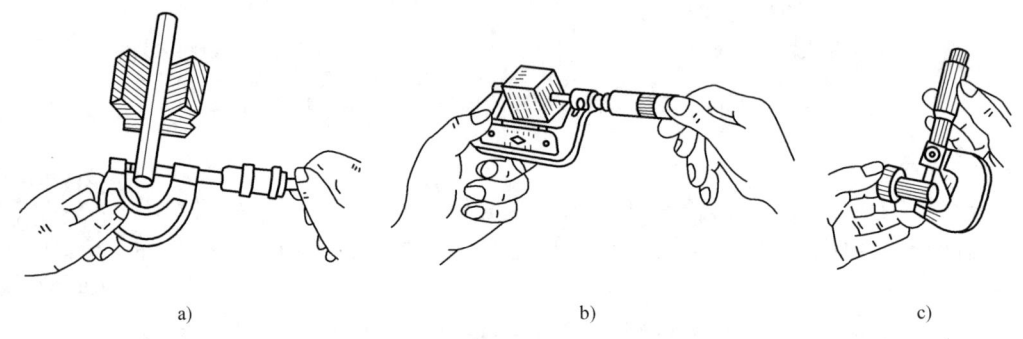

图 1-17　外径千分尺的测量操作

② 测量方法。测量时，先转动微分筒，使测微螺杆端面接近被测工件表面，然后转动棘轮，使测微螺杆端面与被测表面接触，直到棘轮打滑，并发出响声为止。

③ 注意事项。测量时，量具要放正，不能歪斜，并要注意温度对测量精度的影响。测量外径时，测微螺杆轴线应通过工件中心；测量尺寸较大的平面时，应多测几个部位。退出千分尺时，应反向转动微分筒，使测微螺杆端面离开被测表面后，再将千分尺退出。不允许使用千分尺测量工件粗糙表面。应经常保持清洁，定置存放，避免发生摔碰。

（2）内测千分尺　其结构如图 1-18 所示，它用来测量零件内径和槽宽等尺寸，其标尺方向与外径千分尺相反，测量范围有 5～30mm 和 25～50mm 两种。内测千分尺的读数方法与外径千分尺相同。

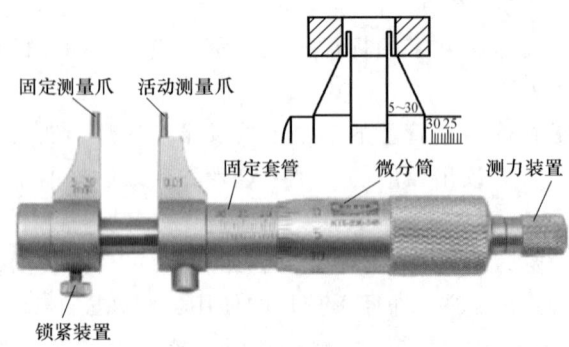

图 1-18　内测千分尺

（3）深度千分尺　其结构如图 1-19 所示，它用来测量台阶或槽、孔的深度。深度千分尺的测量杆长度可根据工件尺寸的不同进行调整。

（4）螺纹千分尺 其结构如图1-20所示，它是利用螺旋副原理，对弧形尺架上的锥形测量面和V形凹槽测量面间分隔的距离进行读数的测量螺纹中径的测量器具。螺纹千分尺的测量对象是螺距为0.4~6mm的普通螺纹。

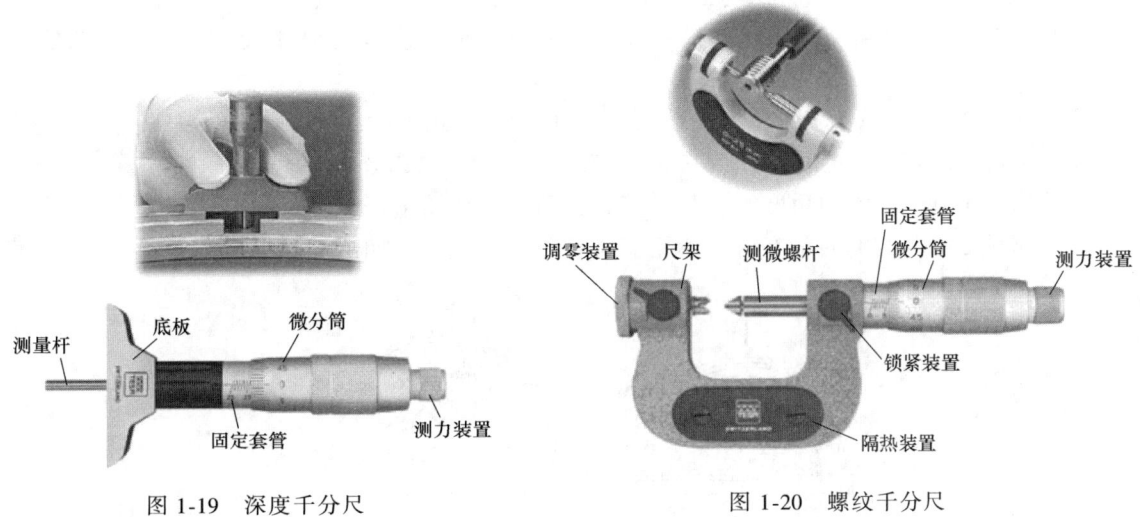

图1-19 深度千分尺

图1-20 螺纹千分尺

5. 游标万能角度尺

游标万能角度尺是用来测量工件或样板的内、外角度的游标量具。按其分度值划分有2′和5′两种，测量范围为0°~320°。

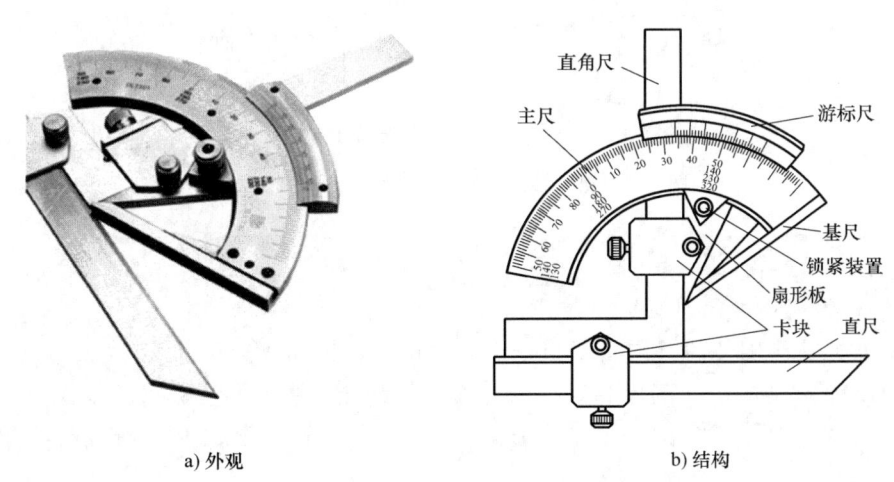

a) 外观　　　　　　　　　　　b) 结构

图1-21 I型游标万能角度尺

（1）游标万能角度尺的结构 游标万能角度尺由主尺、基尺、游标尺、直角尺、直尺、卡块、扇形板和锁紧装置等组成，I型游标万能角度尺如图1-21所示。基尺随着主尺相对游标尺转动，转到所需角度时，再用锁紧装置锁定。直尺和直角尺可根据测量需要进行移动和拆换。

（2）游标万能角度尺的分度原理与读数方法 游标万能角度尺的读数原理是根据游标

原理制成的。主尺每小格为1°,游标尺的角度为29°,并等分为30格,每小格的角度为29°/30=(29°×60)/30=58′,则主尺每小格与游标尺每小格的角度之差为1°-58′=60′-58′=2′,即游标万能角度尺的分度值为2′。

游标万能角度尺的读数方法与游标卡尺完全相同。

(3) 游标万能角度尺的测量范围及方法 游标万能角度尺可以测量0°~320°间的任意角度。

1) 测量0°~50°的角度时,需安装直角尺和直尺,如图1-22a所示。

2) 测量50°~140°的角度时,只需安装直尺,如图1-22b所示。

3) 测量140°~230°的角度时,只需安装直角尺,如图1-22c所示。

4) 测量230°~320°的角度时,不用安装直角尺和直尺,如图1-22d所示。

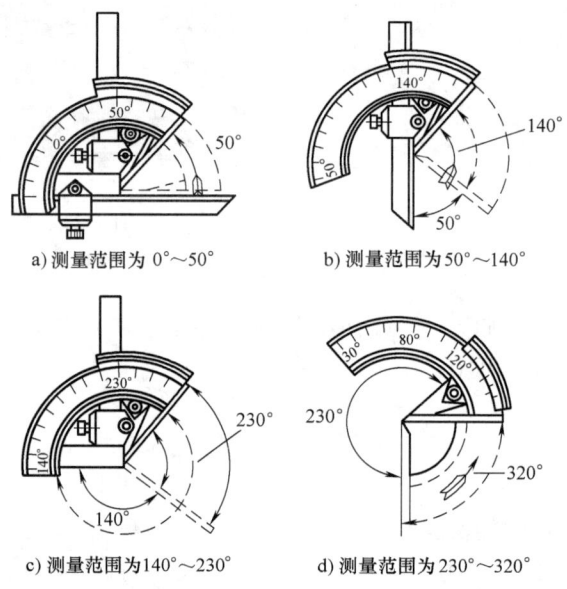

a) 测量范围为0°~50°　　b) 测量范围为50°~140°

c) 测量范围为140°~230°　　d) 测量范围为230°~320°

图1-22　游标万能角度尺的测量范围及方法

师傅说

使用游标万能角度尺时有以下注意事项。

1) 要根据被测工件的不同角度,正确搭配使用直尺和直角尺。

2) 使用前先检查0°,基尺和直尺贴合面应不漏光,主尺和游标尺的零线应对齐。

3) 测量时,工件应与游标万能角度尺的两个测量面在全长上接触良好,避免产生误差。

6. 指示表

指示表是一种机械式指示测量仪,主要用来检验机床精度和测量工件的尺寸、几何误差,是应用广泛的万能量具。分度值为0.01mm的指示表,称为百分表;分度值为0.001mm和0.002mm的指示表,称为千分表。

百分表适用于公差等级为IT6~IT8零件的检验。由于千分表的读数精度比百分表高,所以千分表适用于公差等级为 IT5~IT7 零件的检验。百分表和千分表按其制造精度,可分为 0 级、1 级、2 级三种,0 级精度较高。使用时,应按照零件的形状和精度要求,选用合适的百分表或千分表的精度等级和测量范围。

(1) 百分表 它主要由测头、测杆(带齿条)、指针、度盘及大、小齿轮等传动系统组成,如图 1-23 所示。当测杆上下移动时,带动与齿条相啮合的小齿轮及其同轴的大齿轮一起转动,通过大齿轮带动和指针联动的中间齿轮,使测杆的微小位移放大并转变成指针的转动,并在度盘上指示出相应的数值。

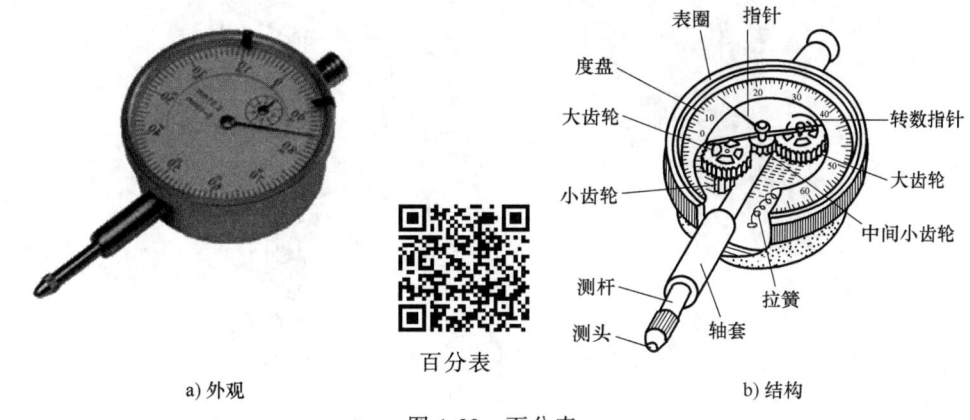

a) 外观 b) 结构

图 1-23 百分表

在使用百分表时需将其安装在表座上,如图 1-24 所示。

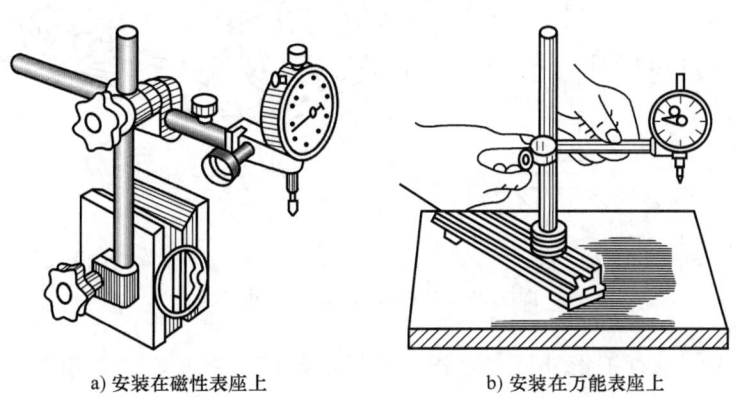

a) 安装在磁性表座上 b) 安装在万能表座上

图 1-24 百分表的安装

使用百分表进行测量时,先将指针对准零位。测量平面或柱形工件时,百分表的测头应与平面垂直或与柱形工件中心线垂直,以保证测杆移动灵活,测量结果准确。

使用百分表时有以下注意事项。

1) 测量前,擦净表座底面、放置底座的平面、工件被测表面及基准面。

2) 测量时,应避免百分表受到冲击和振动。

3) 测量时,测杆的位移不能超出百分表的测量范围。

4) 测量前和测量中,应检查测头是否松动。

5) 不允许用百分表检验表面粗糙的零件。

（2）杠杆指示表　按指示装置的不同，可将杠杆指示表分为指针式杠杆指示表和数显杠杆指示表。指针式杠杆指示表的外观和结构如图1-25所示。指针式杠杆指示表把杠杆测头的位移（杠杆的摆动）通过机械传动系统转变为指针在度盘上的转动。杠杆指示表体积较小，杠杆测头的位移方向可以改变，因而在机床上检验精度、测量工件的尺寸，空间较小时尤其方便，其使用方法如图1-26所示。

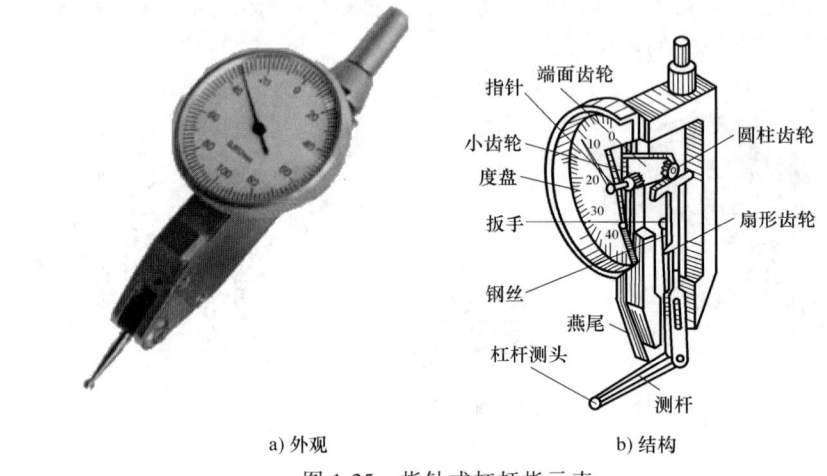

a) 外观　　　　　　　　　　　　b) 结构

图1-25　指针式杠杆指示表

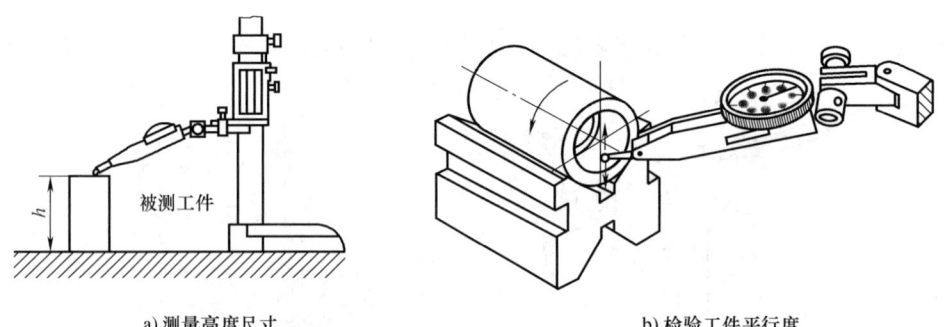

a) 测量高度尺寸　　　　　　　　b) 检验工件平行度

图1-26　杠杆指示表的使用方法

读数时，视线要垂直于指针，观察指针转过的数值，将观察的数值乘以分度值，计算出实际测量的尺寸数值。

使用杠杆指示表时有以下注意事项。

1) 将杠杆指示表固定在表座或表架上，稳定可靠。

2) 调整杠杆指示表的测杆轴线，使其垂直于被测尺寸线。对于平面工件，测杆轴线应平行于被测平面；柱形工件，测杆轴线要与过被测母线的相切面平行，否则会产生很大的误差。

3) 测量前调零位。比较测量用对比物（量块）做零位基准；几何误差测量用工件做零位基准。

4) 测量时，用手轻轻抬起测杆，将工件放在杠杆测头下测量，不可把工件强行推入杠杆测头下。不宜使用杠杆指示表测量表面有明显凹凸状的工件。

5) 使用时，避免将杠杆指示表突然撞击到工件上，也不可强烈振动、敲击杠杆指示表。

6)测量时,注意杠杆指示表的测量范围,不要使杠杆测头的位移超出杠杆指示表的量程。

7)杠杆指示表在使用及保管过程中要轻拿轻放;不得使灰尘、油污、铁屑等进入杠杆指示表内,以影响其使用寿命和检验精度;不得随意拆卸或松动杠杆测头;使用后将杠杆指示表擦拭干净,装盒定位存放。

(3)内径指示表 内径指示表主要用比较法测量孔或槽宽的几何误差及尺寸大小。内径指示表的结构如图1-27所示。内径指示表附有成套的可换测头、测量垫圈、可换量脚和支架。可根据被测工件的孔径大小选择可换测头,并按被测孔径的尺寸在千分尺或环规上调整量程后才能进行测量。在内径指示表上显示的数值是被测孔径尺寸与标准孔径尺寸之差。

7. 其他通用量具

(1)直角尺 直角尺是检验和划线工作中的常用量具,用于检验直角、垂直度和平行度误差的测量器具。直角尺有刀口形直角尺、平面形直角尺和宽座直角尺等多种结构形式(图1-28)。刀口形直角尺有0级、1级两个精度等级,常用尺寸规格有100mm×63mm、125mm×80mm、200mm×125mm等。

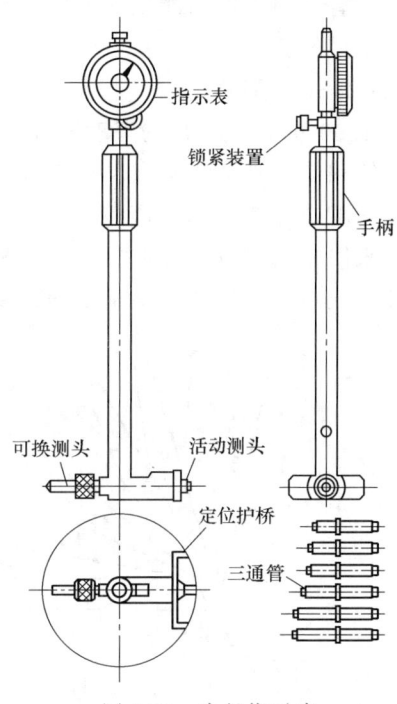

图1-27 内径指示表

a)刀口形直角尺　　　b)平面形直角尺　　　c)宽座直角尺

图1-28 直角尺

使用直角尺时有以下注意事项。

1)直角尺短边的上、下两侧面是基面,长边的左、右两侧面是测量面,即工作面。使用前,应先检查各基面、工作面及边缘是否被碰伤,将直角尺工作面和被测工件表面擦拭干净。

2)使用时,将直角尺基面靠放在被测工件的基准面上,轻移直角尺,使测量面贴近被测表面,用光隙法(透光法)检测工件的垂直度误差。测量时,可将直角尺翻转180°再测量一次,取两次读数的算术平均值作为测量结果,以减小测量误差。

3)直角尺在使用过程中要轻拿、轻靠、轻放,防止磕碰及变形。

(2)塞尺 塞尺又称厚薄规,是主要用于两结合面之间间隙测量的片状量规。塞尺由一组具有不同厚度的薄钢片组成,如图 1-29 所示。成组塞尺的片数有 13 个、14 个、17 个等,塞尺的长度有 100mm、150mm、200mm 等。塞尺一般用 65Mn 钢制造,厚度尺寸最薄的为 0.02mm,厚度尺寸范围为 0.02~0.10mm,各钢片厚度间隔 0.01mm;厚度尺寸范围为 0.1~1.00mm,各钢片的厚度间隔一般为 0.05mm。除了米制塞尺以外,也有寸制塞尺。

使用前,必须清除塞尺和工件上的污垢与灰尘。测量时,先将符合间隙规定的塞尺插入被测间隙中,然后一边调整,一边拉动塞尺,使用时可用一片或数片塞尺重叠插入被测间隙,来回拉动时以稍感拖滞为宜。测量时动作要轻,不允许硬插,也不允许测量温度较高的零件。使用后,将塞尺擦拭干净,妥善存放。

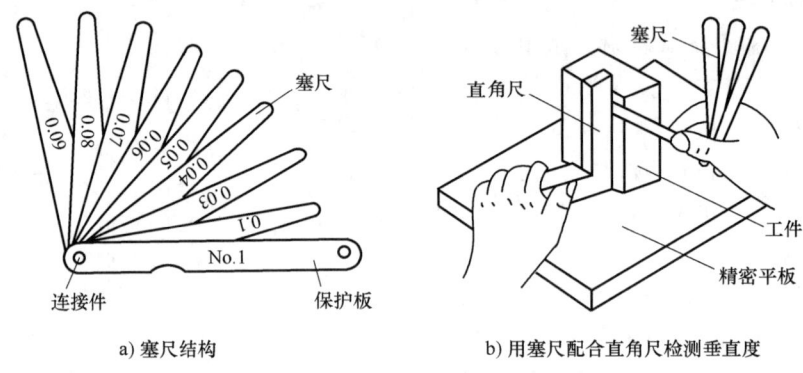

a) 塞尺结构　　　　　b) 用塞尺配合直角尺检测垂直度

图 1-29　塞尺

二、钳工标准量具及其使用方法

量块是用耐磨材料制造,横截面为矩形,并具有一对相互平行测量面的实物量具。量块是一种端面长度标准,通过对量具和量仪等示值误差检定等方式,使机械加工中各种制成品的尺寸溯源到长度基准。

(1) 量块的规格　量块推荐成套使用,其外观如图 1-30a 所示。量块的最小标称长度为 0.5mm,最大标称长度为 1000mm。标称长度在 100mm 以下的成套量块常用 83 块组、46 块组、38 块组等。

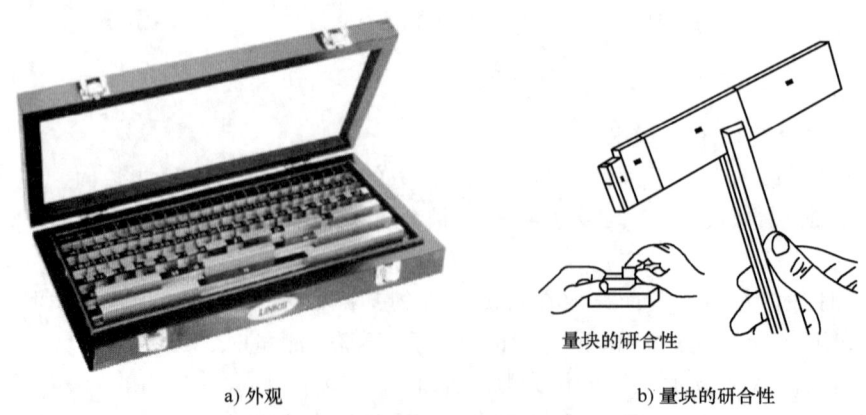

a) 外观　　　　　　　　b) 量块的研合性

图 1-30　量块

（2）量块的研合性　量块具有较高的研合性。用比较小的压力，把两个量块的测量面相互推合后，就可牢固地贴合在一起，可把不同公称尺寸的量块组合成量块组得到需要的尺寸，如图 1-30b 所示。

为了减小量块的组合误差，选用量块时，应尽量减少量块的组合块数。89 块组的量块，其组合块数一般情况下不超过 5 块。选用量块时，应从所需组合尺寸的最后一位数字开始，每选一块，至少应减去所需尺寸的一位尾数，依此类推，直至完成尺寸组合。例如，从 83 块组的量块中选取尺寸为 36.745mm 的量块组，选取方法如图 1-31 所示，即选用 1.005mm、1.24mm、4.5mm、30mm 共 4 块量块。

（3）量块的级别　量块按制造精度分为 5 级，即 K、0、1、2、3 级。K 级精度最高，用于检定或校准精密仪器，3 级精度最低，多用于车间计量检定及常用精密量具的校准。

```
  36.745 ────── 所需尺寸
-  1.005 ────── 第一块量块尺寸
  35.740
-  1.24  ────── 第二块量块尺寸
  34.500
-  4.5   ────── 第三块量块尺寸
  30.0   ────── 第四块量块尺寸
```

图 1-31　量块组选取示例

（4）注意事项　使用量块时有以下注意事项。

1）使用环境应当良好，防止腐蚀性物质及灰尘对测量面的损伤，影响其研合性。

2）量块要轻拿、轻放，杜绝磕碰、跌落等情况的发生。

3）不得用手直接接触量块，以免使汗液对量块造成腐蚀及手温对测量精度产生影响。

4）使用后，用航空汽油清洗所用量块，擦干后涂上防锈油存于干燥处。

任务实施

1. 游标卡尺、游标深度卡尺及游标高度卡尺的测量练习

在教师的组织指导下，学生观察教师测量演示，并分组对成品件（平面零件、轴、孔类零件等）按图样要求和量具测量操作规范进行外径、内径、长度、台阶及中心距等尺寸的测量练习。要求学生能较好掌握游标卡尺、数显卡尺及带表卡尺、游标高度卡尺和游标深度卡尺的使用方法和操作要领，能快速准确地读出测量数值。完成后按要求对量具进行合理维护。

2. 外径千分尺的测量练习

在教师的组织指导下，学生观察教师测量演示，并分组对滚动轴承（图 1-32）、平面零件和轴套类零件按图样要求和千分尺测量操作要求进行内径、外径、厚度等尺寸的测量练习。要求学生能较好掌握内测千分尺、外径千分尺的使用方法和操作要领，正确测量。测量后按要求对千分尺进行合理维护。

3. 游标万能角度尺的测量练习

在教师的组织指导下，学生观察教师测量操作，并分组用游标万能角度尺对样板（图 1-33）及角度零件进行角度测量练习，要求学生能较好掌握游标万能角度尺的使用方法和操作要领，正确测量。测量后按要求对游标万能角度尺进行合理维护。

4. 百分表的测量练习

在教师的组织指导下，学生观察教师测量操作，并分组用百分表对标准量块（图 1-34）及轴类零件进行检测练习。要求学生能较好掌握百分表的使用方法和操作要领，正确测量。测量后按要求对百分表进行合理维护。

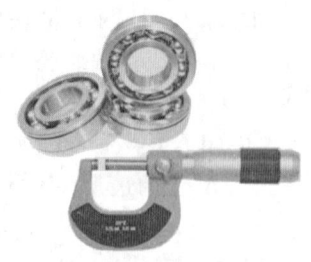

图 1-32 用外径千分尺测量滚动轴承

图 1-33 用游标万能角度尺测量样板角度

5. 其他量具的使用练习

1）刀口形直角尺、塞尺的测量练习。熟悉刀口形直角尺、塞规等常用量具的结构，并进行操作练习，掌握其使用方法和操作要领。

2）识别量块的标称长度，选取量块，完成尺寸为 87.545mm 的量块组。

图 1-34 用百分表检测量块

任务评价与反馈

熟练掌握常用量具的使用方法并进行准确测量，是钳工岗位应具备的基本技能，因此，应结合本次任务的学习和实施，体会产品质量检验的重要性和严谨性。掌握常用量具的使用和维护方法，为后续任务的完成提供基础支撑。

1. 自我测评

1）通过任务实施，是否掌握各量具的使用方法和操作要领？有哪些收获？

2）在学习和操作过程中，遇到哪些问题？是否已经解决？如何解决的？

3）哪类量具需要通过光隙法进行检验？

2. 任务考评

按任务要求进行评定，填写任务考评表（表 1-4）。

表 1-4 钳工常用量具的使用与维护任务考评表

学生姓名：		班级：		学号：	时间：		
考核项目		考核内容	配分	评分标准	考评得分		
					自检	互检	教师
主要项目	1	游标卡尺的分度原理、读数与测量操作	20分	能简述游标卡尺的分度原理，能正确读出测量数值；测量操作合格			
	2	千分尺的分度原理、读数与测量操作	20分	能简述千分尺的分度原理，能正确读出测量数值；测量操作合格			
	3	游标万能角度尺的使用与测量操作	20分	能熟练调整游标万能角度尺的测量范围，能正确读出测量数值；测量操作合格			
	4	指示表的使用与测量操作	15分	能规范进行测量操作和正确读出测量数值；测量操作合格			
	5	其他量具的测量操作	15分	了解各量具的使用场合，掌握使用方法，能正确读出测量数值；测量操作合格			
安全文明生产		国家颁布的安全生产法规有关规定及车间管理规定	10分	违规不得分			
总配分			100分	合计			
教学评价	○优秀（85分以上） ○良好（75分以上） ○及格（60分以上） ○不及格（60分以下）			综合得分			
				教师签名			

3. 实训心得

6S 管理简介

1. 6S 管理内容

6S 即整理（SEIRI）、整顿（SEITON）、清扫（SEISO）、清洁（SEIKETSU）、素养（SHITSUKE）、安全（SECURITY）。6S 管理兴起于日本企业，因其管理的有效性，也被业界广泛借鉴和推广，以此训练和培养员工的规范性，在提升团队的整体素养的同时对现场实施有效管理，创造良好的生产环境，提高生产率。6S 管理内容见表 1-5。

表 1-5　6S 管理内容

名　称	内　容
整理（SEIRI）	将工作场所的任何物品区分为有必要和没有必要的，除了将有必要的保留下来，其他的都消除掉。其目的是腾出空间，使空间活用，防止误用，塑造清爽的工作场所
整顿（SEITON）	把留下来的必需用的物品依规定位置摆放，并放置整齐加以标识。其目的是在工作场所使物品一目了然，缩短寻找物品的时间；保证整齐的工作环境，消除过多的积压物品
清扫（SEISO）	将工作场所内看得见与看不见的地方清扫干净，保持工作场所干净的环境。其目的是稳定品质，减少工业伤害
清洁（SEIKETSU）	将整理、整顿、清扫制度化、规范化，以维持成果。经常保持环境清洁有序。其目的是创造明朗现场，维持以上 3S 成果
素养（SHITSUKE）	每位成员养成良好的习惯，做事遵守规则，培养积极主动的精神（也称习惯性）。其目的是培养有良好习惯、遵守规则的员工，营造团队精神
安全（SECURITY）	重视成员安全教育，每时每刻都有安全第一的观念，防患于未然。其目的是建立安全生产环境，所有的工作应建立在安全的前提下

2. 6S 管理对象和实施意义

6S 管理对象包括人、事、物，即对员工行为品质的管理，对员工工作方法和作业流程的管理和对所有物品的规范管理。

"6S"之间彼此关联，整理、整顿、清扫是具体内容；清洁是指将上述 3S 实施的做法制度化、规范化，并贯彻执行及维持结果；素养是指让每位员工养成良好的习惯，做事遵守规则；开展以上 5S 并长时间维持，必须提升员工的安全意识，安全是基础，要尊重生命，杜绝违章。

定位放置是提高工作效率的先决条件，人性化的工作环境、整洁有序的工作场景和全员遵守与保持的认真严谨的工作习惯，都是提高产品质量和节能增效的重要措施，也是提升企业管理水平和塑造企业形象的重要途径。

项目拓展

钳工常用量具资讯收集与学习

小组合作，分头收集、共享如下加工资讯。

1）通过网络或查阅相关书籍了解钳工的起源、发展及对机械制造业的贡献等有关资讯，了解钳工背景知识、发展趋势和应用领域。

2）查阅所用台虎钳使用说明书，了解其结构、拆装方法及注意事项等。

3）通过网络搜索所用台式钻床、立式钻床的使用说明书，进一步熟悉钻床结构、功用、操作方法及使用要求等。

4）通过网络搜索各量具的使用说明书，了解其示值误差、操作说明及注意事项等，加深对常用量具的认知，拓展量具知识。

5）查阅钳工国家标准及职业资格认定程序和考核内容，启蒙职业意向。

职业技能理论知识测验

一、选择题

1. 台虎钳的规格是以钳口的_____表示，常用的有100mm、125mm、150mm三种规格。

   A. 宽度　　　B. 长度　　　C. 深度

2. 在台虎钳上强力作业时，使作用力的方向应朝向_____。

   A. 活动钳身　　B. 固定钳身　　C. 台虎钳手柄方向

3. 砂轮机托架和砂轮之间的距离应保持在_____以内，以防工件扎入造成事故。

   A. 3mm　　　B. 2mm　　　C. 4mm

4. 台式钻床变速是通过调整_____在塔轮上的位置来实现。

   A. V带　　　B. O形带　　　C. 平带

5. 台式钻床的工作台可以在垂直平面内左右倾斜_____。

   A. 55°　　　B. 45°　　　C. 60°

6. 在机械产品的生产过程中，改变生产对象的形状、尺寸、相对位置和性质等，使其变为成品或半成品的过程，称为_____。

   A. 工艺过程　　B. 制造过程　　C. 加工过程

7. 钳工常用量具有游标卡尺、游标万能角度尺、千分尺、指示表等_____。

   A. 标准量具　　B. 通用量具　　C. 专用量具

8. 指示表是一种机械式指示测量仪，分度值为_____的指示表，称为百分表。

   A. 0.01mm　　B. 0.02mm　　C. 0.001mm

9. 塞尺主要用于两结合面之间间隙测量的片状量规，厚度尺寸最薄的为_____。

   A. 0.05mm　　B. 0.1mm　　C. 0.02mm

10. 钳台高度以_____为宜，便于在安装台虎钳后，使钳口高度与一般操作者的手肘平齐。

    A. 800~900mm　B. 600~800mm　C. 800~1000mm

二、判断题

1. 台式钻床的主轴头架连同电动机和 V 带轮沿立柱上下移动,同时可绕立柱轴线任意转动。(　　)

2. 摇臂钻床的摇臂可沿立柱上下移动,也可绕立柱在 180°范围内转动。(　　)

3. 铸造、锻造、焊接等加工工艺是零件毛坯的主要成形方式。(　　)

4. 游标卡尺是用来测量中等精度的游标量具。(　　)

5. 游标万能角度尺的读数原理是根据游标原理制成的。(　　)

6. 螺纹千分尺是用来测量螺距为 0.4~6mm 的普通螺纹中径的。(　　)

7. 用杠杆指示表测量柱形工件,测杆轴线要与过被测母线的相切面平行。(　　)

8. 量块是通过对量具和量仪等示值误差检定等方式,使机械加工中各种制成品的尺寸溯源到长度基准。(　　)

9. 直角尺短边的上、下两侧面是基准面。(　　)

10. 内径指示表主要用比较法测量孔或槽宽的几何误差及尺寸大小。(　　)

品读工匠故事,滋养职业情怀

大国工匠 航空"手艺人"——胡双钱

上海飞机制造有限公司高级钳工技师胡双钱创造了 36 年加工数十万飞机零件百分之百合格的传奇。在中国新一代大飞机 C919 的首架样机上,有很多胡双钱亲手打磨出来的全新零部件。他曾亲身参与并见证了中国人在民用航空领域的第一次尝试——"运十"飞机的研制和首飞。划线、锯掉多余的部分,拿起气动钻头依线点导孔,握着锉刀修整零件……这样的动作,胡双钱重复了 30 多年。每一次加工零件,他都认真校核图样,谨慎细致加工零件,完成后多次检测零件精度,整个过程"慢、稳、精、准"。凭借多年积累的丰富经验和对质量的执着追求,胡双钱在飞机零件制造中创造了质量奇迹,成就了业界自我。

项目二
划线

根据图样或技术要求，在毛坯或工件的加工面上用划线工具划出加工界线，或作为找正依据的辅助线，这种操作称为划线，如图 2-1 所示。划线是机械加工中重要的工序之一，多用于单件或小批量生产，特别是铸、锻件毛坯和形状较为复杂的零部件在切削加工前通常需要划线。

划线具有明晰加工界线、引导定位装夹、合理利用毛坯、提高加工效率等作用，因此，划线是钳工需掌握的基本操作技能之一。

本项目结合车间实境课堂，通过划线与划线工具的使用、连接板划线两个任务的实施，熟知划线工具及其使用方法，获取划线基本知识，掌握划线的基本技法和操作技能。

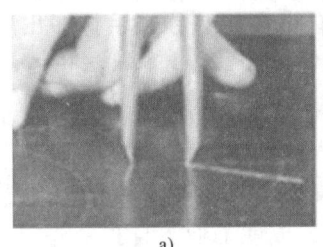 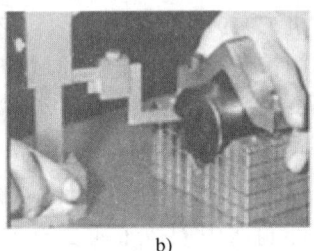 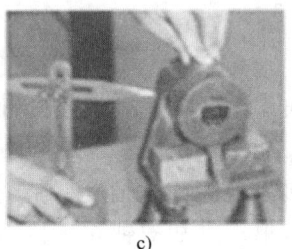

a)　　　　　　　　　　　　b)　　　　　　　　　　　　c)

图 2-1　钳工划线

项目重点

1. 划线的作用和要求。
2. 划线工具的使用与划线方法。
3. 平面划线。

划线方法

工作情境

本项目工作情境建议及说明见表 2-1。

表 2-1　划线工作情境建议及说明

建议	说明
工作情境	车间实境教学
教学条件	钳工实训车间（配有数字化教学研讨区）
主要设备	钳工划线平台（按人数配备工位）
教学建议	理实一体、任务导向、分组教学，观察演示，操作练习，现场实训
工作过程	明确任务→获取知识→任务实施→评价与反馈

项目二 划线

项目准备

项目材料准备清单见表2-2,项目装备准备清单见表2-3。

表2-2 项目材料准备清单

序号	加工内容	坯件尺寸/mm	备 注
1	划线与划线工具的使用		
2	连接板划线	按图样备制	图2-22
合计			

备注:任务材料按人配备,可按实际教学需要分组调配

表2-3 项目装备准备清单

项目装备	说 明
工艺装备	划线工具(划线平台、划线方箱、V形铁、划针盘、划针、划规、样冲、锤子、划线涂料)、钢直尺(300mm)、游标卡尺(0~125mm)、外径千分尺(0~25mm)、游标高度卡尺(0~300mm)、刀口形直尺、刀口形直角尺、游标万能角度尺、其他辅具(按实训需要配备)
数字化教学资源	多媒体课件、音/视频等资源(按教学条件选备)

备注:划线工具、量具按组配备

任务一 划线与划线工具的使用

任务目标

1. 明晰划线的作用与要求。
2. 熟悉常用划线工具及使用方法。
3. 掌握划线的基本技法与操作技能。

任务描述

在本任务中,进行基本线条划线、样冲冲眼及使用方箱安装工件并找中心的操作练习。

任务分析

正确认识划线工作,理解划线要求,熟知常用划线工具及其使用方法和适用场合,学会基本线条的划线方法和划线步骤是本任务的主旨所在。

通过本任务,增强对划线作用的认识,巩固和提升零件图样的识读和分析能力,自觉养成严谨细致的职业习惯,安全文明操作。

知识准备

一、划线的种类、作用与要求

1. 划线的种类

划线分为平面划线和立体划线,只需在工件的一个平面上划线就能满足加工要求,称为

平面划线；需同时在工件的几个互成不同角度的表面上划线才能满足加工要求，称为立体划线，如图 2-2 所示。

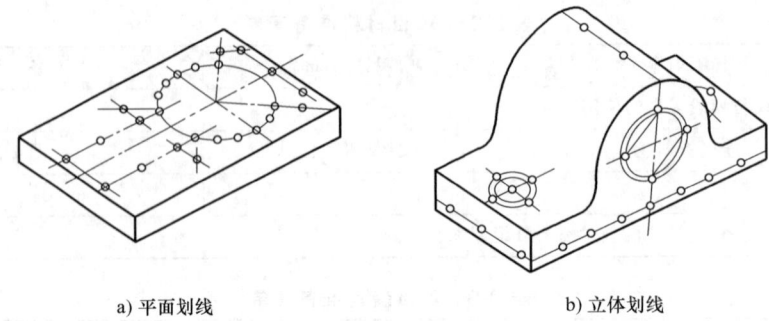

a) 平面划线　　　　　　　　　b) 立体划线

图 2-2　平面划线与立体划线

2. 划线的作用

1) 确定工件加工面的加工位置和加工余量，使机械加工有明确的尺寸界线。
2) 在机床上装夹复杂工件时，可按划线找正、定位。
3) 能及时发现和处理不合格的毛坯，避免不必要的加工浪费。
4) 当毛坯误差不大时，可通过借料划线的方法进行补救，提高毛坯合格率。
5) 用板材下料时，可在板材上通过划线合理排料，提高材料利用率。

3. 划线要求

划线的基本要求是划出的线条要清晰均匀，最重要的是保证定形、定位尺寸的准确性。由于划线的线条有一定宽度，一般要求划线精度为 0.25～0.5mm。划线后，样冲眼要准确，不可偏离线条，且深浅、疏密适当。需要注意的是，当划线作为加工界线时，工件的加工精度不能完全由划线确定，而应在加工过程中通过测量来保证。

二、划线工具及其使用方法

划线工具按用途的不同，可分为基准工具、量具、直接绘划工具和辅助工具。基准工具包括划线平台、方箱、V 形铁、直角弯板及分度头等；量具包括钢直尺、游标卡尺和游标高度卡尺、游标万能角度尺、刀口形直角尺等。直接绘划工具包括划针、划规、划针盘、游标高度卡尺、锤子、样冲等。辅助工具包括垫铁、千斤顶、C 形夹头及找中心划圆时用的木塞、铅条等。

1. 划线平台

划线平台又称划线平板，一般由铸铁制成，用来安放工件和划线工具，并在其工作表面上完成划线过程，如图 2-3 所示。它的工作表面通常经过磨削或刮削加工，具有较高的平面度。

划线平台应使工作表面保持水平安放。不得用硬质工件或工具敲击工作表面；要经常保持工作表面清洁，防止被铁屑、砂粒等划伤。

2. 方箱

方箱通常带有 V 形槽和夹紧装置，如图 2-4 所示，用于装夹尺寸较小、加工面较多的工件。其规格有100mm、150mm和200mm等，通过翻转方箱，能实现工件在一次安装后在几个表面上的划线。

装夹在方箱上的工件必须夹紧，翻转方箱时要轻拿轻放，防止工件松动。方箱使用后要妥善保管，防止刮碰。

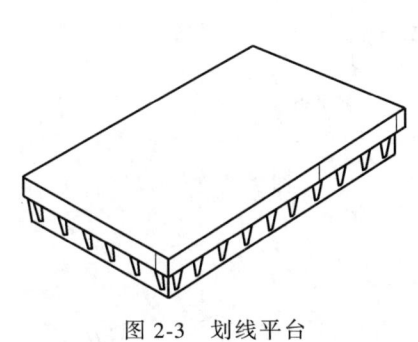

图2-3 划线平台

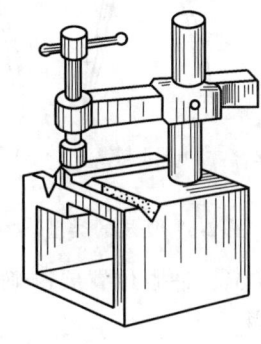

图2-4 方箱

3. 划针

划针是用来在被划线的工件表面沿着导向工具（钢直尺、直角尺或划线样板）进行划线的工具，有直划针和弯头划针两种类型，如图2-5a所示。一般在已加工表面划线时，使用$\phi 3 \sim \phi 5$mm弹簧钢或高速工具钢制成的划针，尖端磨成$10° \sim 20°$的锥角，并将尖端淬硬。在铸件、锻件等加工表面划线时，可用尖端焊有硬质合金的划针。

划线时，划针尖端要保持尖锐，一只手压紧导向工具，防止其滑动，另一只手使划针紧贴导向工具的边缘，并使划针上部向外倾斜$15° \sim 20°$，同时向划针前进方向倾斜$45° \sim 75°$，如图2-5b、c所示。划线时用力要适度，一条线应一次划成，使划出的线条准确、清晰，宽度均匀。

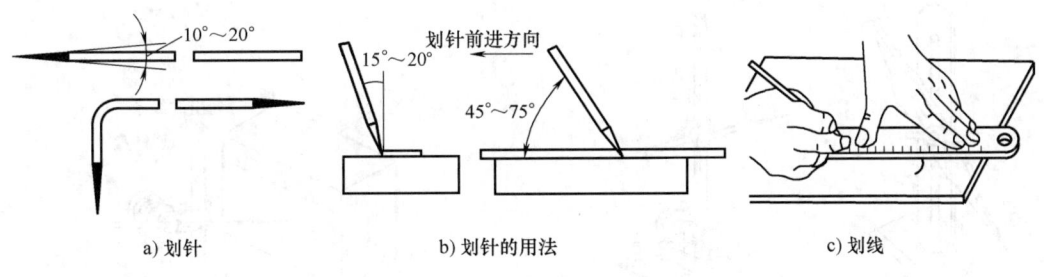

a) 划针   b) 划针的用法   c) 划线

图2-5 划针及使用方法

4. 划规

划规用于划圆或圆弧、等分线段、等分角度及量取尺寸等。常用的有普通划规、扇形划规和弹簧划规，如图2-6所示。划大尺寸圆及圆弧时，有可以调节两个划脚位置的长划规，如图2-7所示。

划线前，要使划规的划脚尖部保持尖锐，以保证划出的线条清晰。除长划规外，其他划规的两划脚要长短一致，并能合紧，以便划出小尺寸圆弧。

用划规划圆时，应将手掌的力施加在划规固定圆心的划脚上，如图2-8所示。应将圆心

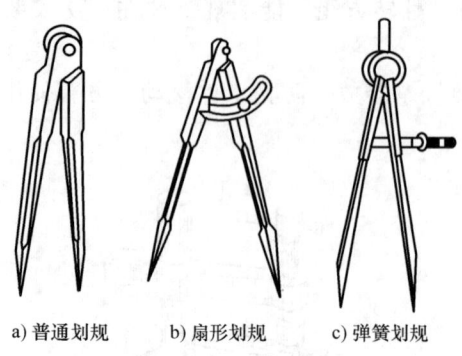
a) 普通划规　　b) 扇形划规　　c) 弹簧划规

图 2-6　划规的类型

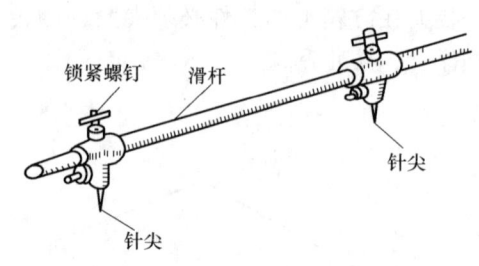

图 2-7　长划规

用样冲冲眼定位，冲眼位置要准确，深浅要适度。

5. 划针盘

划针盘用于在划线平台上对工件进行划线或找正工件在划线平台上的位置。常用的有普通划针盘和微调划针盘，前者刚性好，后者可微调，如图 2-9 所示。使用划针盘划线时，一般情况下，划针的直头端用于划线，弯头端用于找正工件。通过夹紧螺母，可以调整划针的高度和倾斜方向。划线时，应使划针略向下倾斜，并且伸出夹紧装置以外的长度要短，以增大其刚性。划针夹紧要可靠，移动划针盘时，划针盘底面始终与基准平面贴紧，其移动方向与划线表面之间保持约 55°的夹角，以使划针划动顺利，如图 2-10 所示。

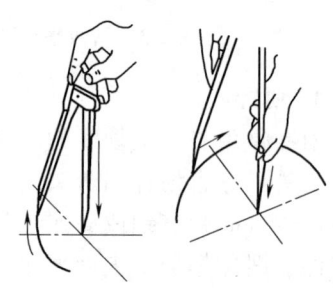

图 2-8　使用划规划圆

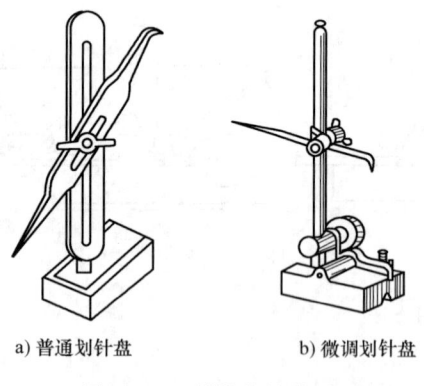

a) 普通划针盘　　b) 微调划针盘

图 2-9　划针盘的类型

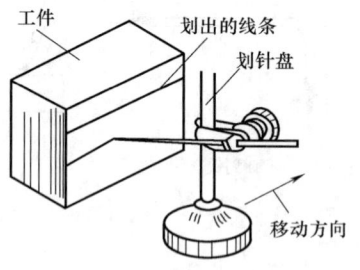

图 2-10　使用划针盘划平行线

6. 样冲

样冲（图 2-11）用于在已划好的线上打样冲眼，以加强标记，明晰位置，防止划线模糊，便于加工时观察参照；样冲还用于确定中心或钻孔时的工具定位。样冲眼的准确性和质量对工件加工界线的识别和加工余量的控制起着重要作用。

样冲一般由工具钢制成，其尖端和锤击端淬硬，尖端一般磨成 45°～60°，划线用样冲的尖端可磨锐，钻孔用样冲可磨钝一些。

7. V形铁

V形铁（图2-12）主要用来支承圆柱形工件，便于其定位和中心划线。当工件较长时，为了便于找正和保证划线的准确性，需选用两个成对加工的等高V形铁，以避免产生支承的高度误差。

8. 千斤顶

千斤顶是用来支承毛坯或不规则的工件进行划线的工具，其可方便地调节高度。图2-13所示为千斤顶的剖视图，由千斤顶结构可见，其自身高度可调。

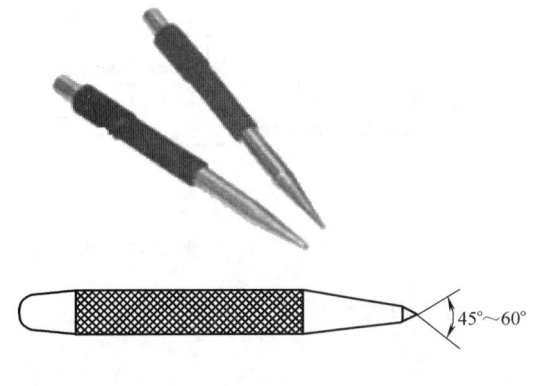

图2-11 样冲

使用千斤顶时需注意以下四点：

1) 使用前要检查丝杠伸出长度，保证其在有效行程内调整。
2) 将千斤顶底部擦拭干净，工件要平稳安放。调节螺杆高度时，要防止工件滑移。
3) 工件需要多个支承点时，支承点要尽量离工件重心远一些，使支承平稳。
4) 为确保划线安全，应在支承工件后，在工件底部空隙处垫放木板。

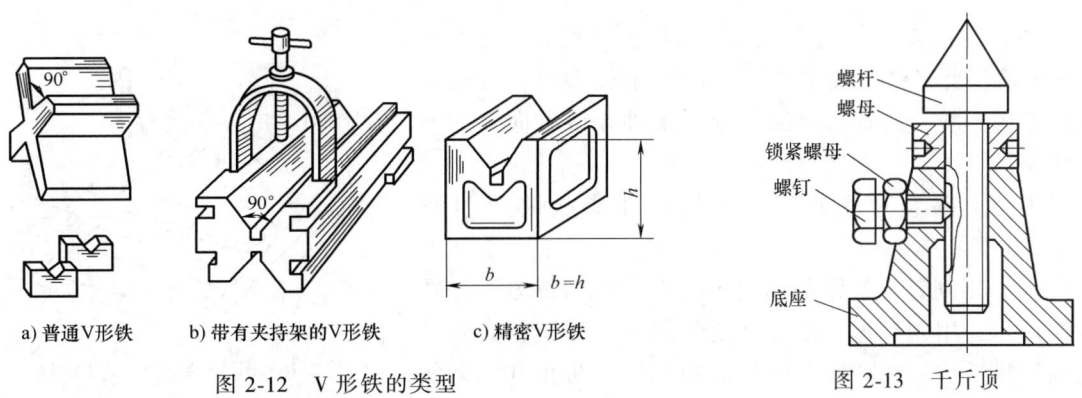

a) 普通V形铁　　b) 带有夹持架的V形铁　　c) 精密V形铁

图2-12 V形铁的类型　　　　　　　图2-13 千斤顶

任务实施

观察教师操作演示，进行划线基本操作练习，掌握划线工具使用方法。练习过程中要严格遵守操作规程，确保安全生产。

1. 划线工具的使用方法

熟悉各类划线工具的使用方法，并进行划线操作练习，掌握划线要领。

2. 基本线条的划线练习

(1) 用钢直尺划线　用钢直尺测量尺寸及划线方法如图2-14所示。

(2) 用直角尺划线　用直角尺的划线方法如图2-15所示。用直角尺划线时，工件基准面应为加工面。划线前应将直角尺基面与工件基准面擦拭干净。划线时注意将直角尺基面贴紧工件基准面；划平行线时，划好一条线，应松开直角尺，调整好下一条线的距离后再贴紧

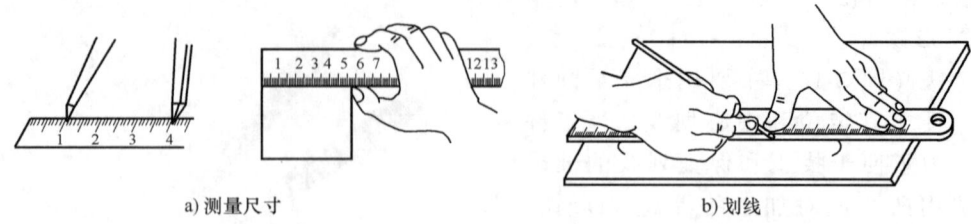

a) 测量尺寸   b) 划线

图 2-14　用钢直尺测量尺寸及划线方法

划线，防止因硬推而损伤直角尺基准面。

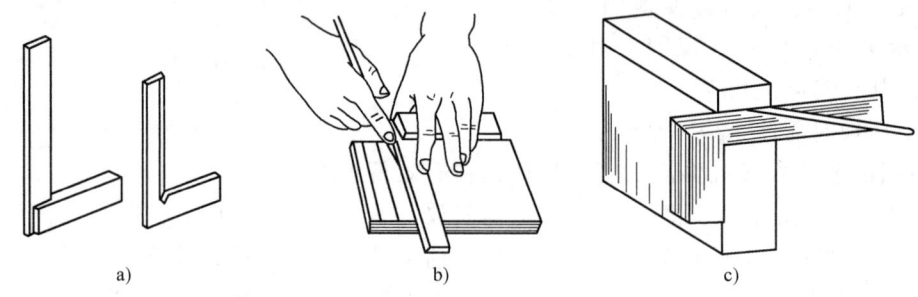

a)　　　　b)　　　　c)

图 2-15　用直角尺的划线方法

（3）用钢直尺与直角尺配合划线　划线方法如图 2-16 所示。当工件在某个方向上的线条较多时，可用钢直尺作为基准，与直角尺配合划出工件在该方向上的所有线条。

为防止钢直尺松动，必要时可用夹头将钢直尺固定。

（4）用划针盘、游标高度卡尺划线　划线方法如图 2-17 所示，用划针盘、游标高度尺划线时，调整好划针或划线量爪至划线高度后旋紧制动螺钉，防止其在划线时松动。划线时，划针盘、游标高度卡尺应朝向一个方向运行，且最好一次划好，若线条不够清晰，应按相同方向加深。

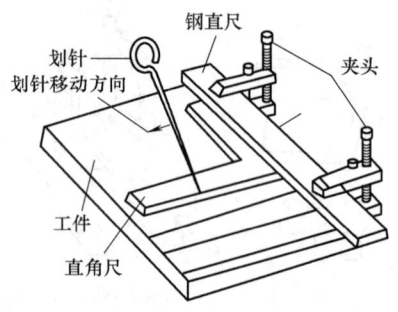

图 2-16　用钢直尺配合直角尺划线方法

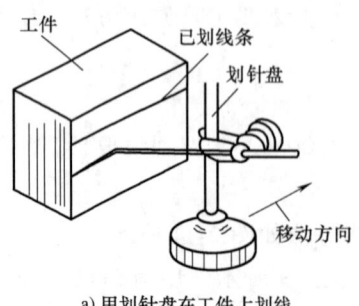

a) 用划针盘在工件上划线

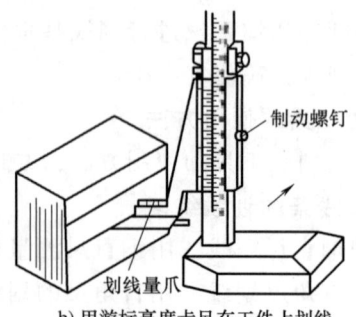

b) 用游标高度卡尺在工件上划线

图 2-17　用划针盘、游标高度卡尺划线方法

(5) 用划规划圆、确定圆心 划线方法如图2-18所示。

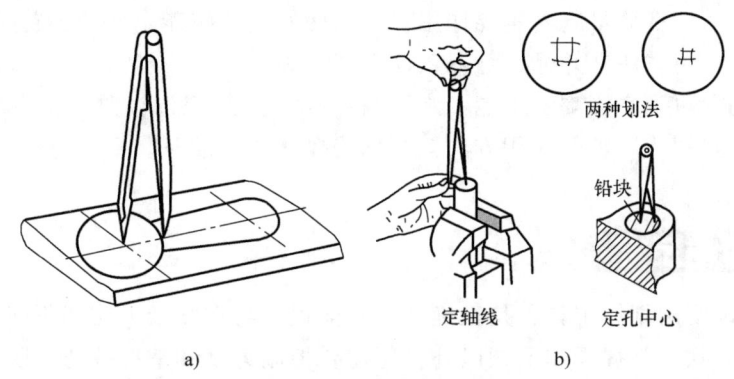

图2-18 用划规划圆、确定圆心方法

(6) 用游标万能角度尺划角度线 划线方法如图2-19所示。

3. 打样冲眼练习

在所划基本线条上进行打样冲眼练习,按操作要领打合格样冲眼。操作时应注意如下四点。

1) 打样冲眼时样冲尖应斜着对准所划线条的正中,以便观察,锤击前再竖直,以保证样冲眼准确,如图2-20所示。

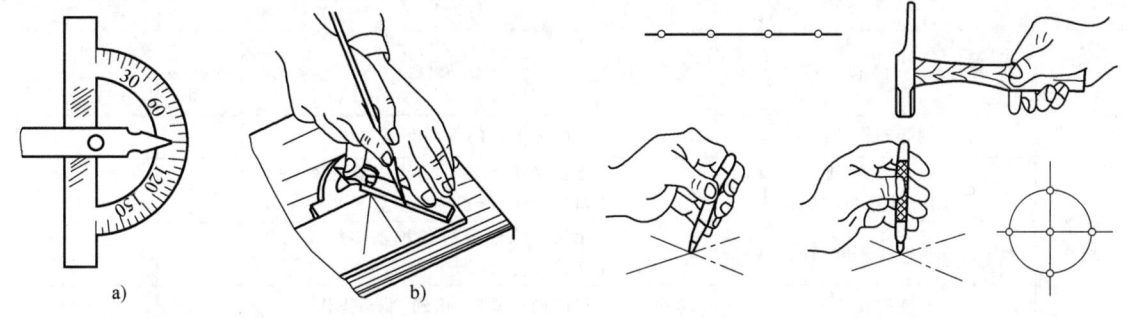

图2-19 用游标万能角度尺划角度线方法　　图2-20 样冲的用法

2) 样冲眼要打在线宽的正中间,间距要均匀适度。打样冲眼间距由划线的长短及曲直来确定,一般为8~25mm。线条长而直时,样冲眼间距可大些,线条短而曲时,样冲眼间距应小些,以保证曲率正确。

3) 在圆、圆弧的圆心位置上要打样冲眼,以方便划规定心。

4) 样冲眼的深浅要适度,薄壁工件或已加工表面的样冲眼要浅些;需钻孔的中心位置样冲眼要深些,便于钻头定位。

4. 用方箱安装工件及找中心练习

选用直径不大于φ30mm的棒料,用方箱安装,分别用划针盘、游标高度卡尺在其上划对称中心线。

> **师傅说**
> 划线对零件的加工质量起着重要作用。要掌握好划线技能、技巧,首先要熟悉常用划线工具的功能和使用方法,并通过练习正确掌握。
> 任何技能的学习和掌握都不可能一蹴而就,在学习过程中,要保持一份耐心、细心、专注学习,掌握好划线工具的使用方法,为划线操作做好准备。

任务评价与反馈

熟悉并能正确使用划线工具,是正确划线的前提。与在图纸上绘图不同,在工件特别是金属工件上划线,除了掌握操作要领以外,还需要控制力度和掌握技巧,因此,在训练中应注意感知和体会划线工具的使用方法和划线操作要领。

1. 自我测评

1) 划线常用工具中基准工具有哪些?使用时应注意哪些问题?

2) 用划针划线时,为什么要使划针在两个相关方向都有一定倾斜?

3) 方箱因装夹方便,定位准确,在划线时使用频率较高。通过练习,对方箱适用场合和具体装夹操作是否已能掌握?

2. 任务考评

按任务要求进行评定,填写任务考评表(表2-4)。

表2-4 划线与划线工具的使用任务考评表

学生姓名:		班级:		学号:		时间:	
考核项目		考核内容	配分	评分标准	考评得分		
					自检	互检	教师
主要项目	1	划线的作用与要求	10分	能简述划线的作用和基本要求			
	2	熟悉各种划线工具的作用、使用与维护方法	20分	能正确使用各种划线工具进行基本的划线操作,能正确维护各种划线工具			
	3	基本线条的划线	30分	能较熟练地进行各种基本线条的划线并符合要求			
	4	样冲的使用	20分	掌握操作要领,正确、准确操作			
	5	方箱的使用	10分	熟悉方箱的功用,并会正确使用			
安全文明生产		国家颁布的安全生产法规有关规定及车间管理规定	10分	违规不得分			
		总配分	100分	合计			
教学评价	○优秀(85分以上) ○良好(75分以上) ○及格(60分以上) ○不及格(60分以下)			综合得分			
				教师签名			

3. 实训心得

知识链接

万能分度头与简单分度

万能分度头是一种较为准确的等分角度的工具，钳工常用它来对工件进行分度划线。图 2-21 所示为 F11125 型万能分度头及传动系统。利用分度头可在工件上划出水平线、垂直线、角度线和圆的等分或不等分线。

分度头的规格是以顶尖中心到底面的高度，即中心高表示。F11125 型万能分度头的中心高度为 125mm，F 表示分度头，11 表示万能型分度头。

F11125 型万能分度头的定数为 40，即蜗杆副的传动比为 40，当分度手柄转过一周时，主轴转动 1/40 周。

中心高度为 125mm 的分度头，其最大装夹直径为 250mm。中心高度是用分度头对工件进行划线和找正的重要依据。

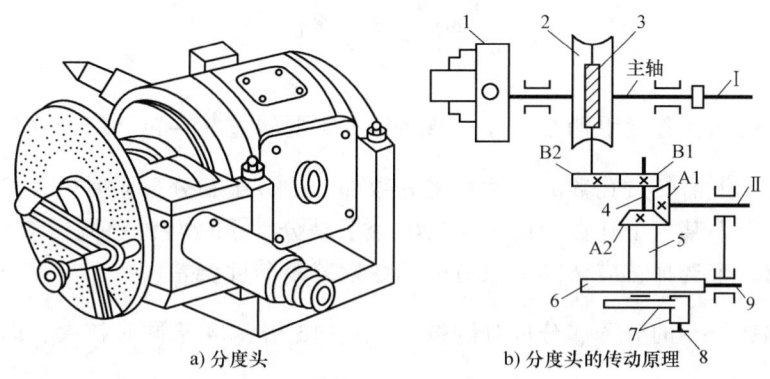

a) 分度头　　　　　　　b) 分度头的传动原理

图 2-21　万能分度头及其传动系统

1—自定心卡盘　2—蜗轮　3—单头蜗杆　4—分度头心轴　5—套筒　6—分度盘
7—分度手柄　8—插销　9—锁紧螺钉

由分度头的传动系统可知，当分度手柄 7 转动一周时，单头蜗杆 3 也转动一周，与蜗杆相啮合的 40 个齿的蜗轮 2 转动 1/40 周，自定心卡盘装夹的工件也转动 1/40 周。如果将工件等分为 Z 份，则每次分度头心轴应转动 1/Z 周，分度手柄 7 每次分度应转过的转数为

$$n = \frac{40}{Z}$$

式中　n——分度手柄转数；

　　　Z——工件的等分数。

例 2-1　在工件某一圆周上划出均布的八个孔的等分线，求出每划完一个孔的位置后，分度手柄的转数为多少？

解：
$$n = \frac{40}{Z} = \frac{40}{8} = 5$$

即每划完一个孔的位置后，分度手柄应转过五转再划另一个孔。

有时由工件等分数算出来的分度手柄转数不是整数，也就是说分度手柄转数不是整数转,这时需要用分度盘进行分度。

分度盘是利用其上分布的不同数目的孔进行非整数圈部分的分度。

分度头通常随机配有一块或两块分度盘,分度盘孔数见表 2-5。

表 2-5 分度头分度盘孔数

分度头形式		分度盘孔数
带一块分度盘		正面:24、25、28、30、34、37、38、39、41、42、43 反面:46、47、49、51、53、54、57、58、59、62、66
带两块分度盘	第一块	正面:24、25、28、30、34、37 反面:38、39、41、42、43
	第二块	正面:46、47、49、51、53、54 反面:57、58、59、62、66

例 2-2 圆盘工件需 12 等分,求出每划完一条线后分度手柄的转数为多少?

解:
$$n = \frac{40}{12} = 3\frac{4}{12} = 3\frac{1}{3}$$

由计算结果可知,分度手柄在划好一条线后,需要转过 $3\frac{1}{3}$ 转。用分度盘来确定转数的分数部分在相应孔上需转过孔数的方法:将分数部分的分子和分母同时扩大相同倍数,使其分母数等于分度盘上某一个孔数,而扩大后的分子是分度手柄转过整圈后应该转过的孔数。扩大的倍数可有多个选择,应选择大数值的孔数以减小分度误差。

将上式中的数值 $\frac{1}{3}$ 的分子、分母分别按 10 倍、13 倍、14 倍同时扩大,即

$$n = \frac{40}{12} = 3\frac{4}{12} = 3\frac{1}{3} = 3\frac{10}{30} = 3\frac{13}{39} = 3\frac{14}{42}$$

式中的分母 30、39、42,即为分度盘上可选的孔数,其中 42 最大,则应选择 42 的孔数进行定位。

本题计算结果:分度手柄在划一条线后,先转过三转,在分度盘中有 42 个孔的一圈上再转过 14 个孔后定位划线。

分度盘上分度叉的作用是计数。分度叉由两个叉脚组成,松开分度叉的紧定螺钉,可任意调整两个叉脚间的孔数。在分度时,因为分度叉间的第一个孔作为起始点不计,所以两叉间的实际孔数要比所需孔数多一个孔。如需要摇过 14 个孔,则两叉内应为 15 个孔。

任务二 连接板划线

任务目标

1. 读懂工件图样,明确划线要求,完成划线准备。
2. 能根据划线要求合理地拟订划线步骤。
3. 完成工件划线,平面划线误差不大于 0.25mm。

任务描述

根据图 2-22 所示连接板图样，完成连接板划线。

坯件尺寸：175mm×155mm×2mm。

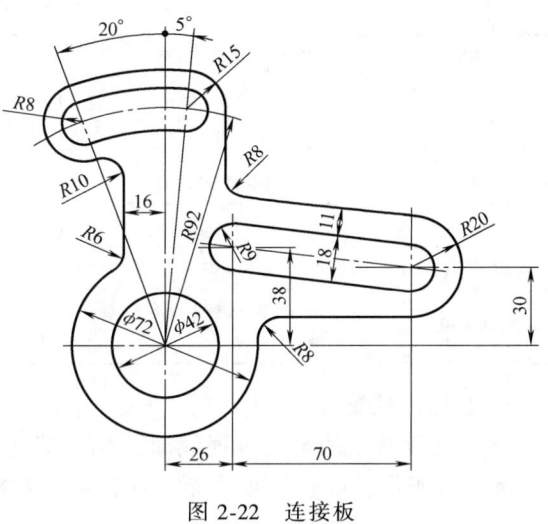

图 2-22　连接板

任务分析

工件划线技能和其他技能一样，需要经过扎实的训练才能较好地掌握方法。划线前能正确识读工件图样，拟订合理的划线顺序，做好划线的准备工作是保证划线的准确性和提高效率的前提，因此，在本任务的学习和操作中，要综合运用所学机械制图知识和机械常识，加深对划线工艺的理解，通过任务实施积累划线知识，提高分析问题和解决问题的能力，掌握划线的基本技能。

知识准备

一、划线前的准备与划线基准的选择

1. 识读工件图样与准备划线工具

读懂工件图样，明确工件上需要划线的部位及其与划线有关部位的作用和要求，了解相关加工工艺。结合工件或坯件，分析加工部位的加工要求，确定划线基准，根据划线要求选择划线工具及辅具。

2. 准备划线工件或毛坯

（1）毛坯检查与清理　先检查工件或毛坯是否合格；去毛刺，清理表面附着物。可用钢丝刷、錾子等工具对铸、锻件毛坯表面的氧化皮、型砂和材料表面的浮锈进行清理，以免影响划线的准确性和清晰度，也避免损伤较精密的划线工具。

（2）在毛坯的孔中加装塞块　划圆及圆弧时，若毛坯的圆心不是实体，则需要在空心处填加填料或安装中心塞块，便于确定圆心，如图 2-23 所示。塞块有铅塞块、木塞块和可调节塞块。铅塞块适用于直径较小的孔；其他两种塞块可用于直径较大的孔；当用木塞块时，在中心部分预先钉上一块铁皮，以利于划规定位。

（3）在毛坯表面涂色　划线时，可在工件或毛坯表面涂色，以使划出的线条更清晰。划线涂料的选用及配制见表 2-6。

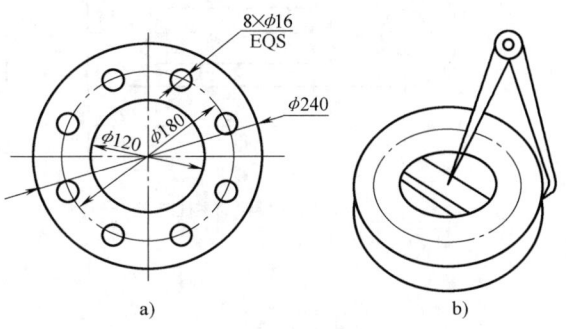

图 2-23　在圆柱孔内安装塞块划线

表 2-6　划线涂料的选用及配制

类别	成分与配制方法	特点	适用场合
石灰水	石灰、牛皮胶加水混合	具有良好的附着力	铸件、锻件毛坯
	石灰、食盐加水混合		
蓝油	龙胆紫加虫胶漆加酒精	干得快	光滑毛坯面或已加工表面
绿油	孔雀绿加虫胶漆加酒精		
红油	品红加虫胶漆加酒精		
硫酸铜溶液	水中加少量的硫酸铜溶液及微量的硫酸	能很快形成一层铜膜，划出清晰的线	复杂形体表面

3. 选择划线基准

（1）划线基准的定义　划线时，用来确定工件的各部分尺寸、形状及工件上各要素间的相对位置所依据的点、线、面，称为划线基准。划线基准包括划线时确定尺寸的基准和划线时工件安放位置和找正的基准。

（2）选择划线基准的原则　零件图样上所采用的基准，称为设计基准。划线基准应尽量与设计基准一致，以便直接量取尺寸，避免相应尺寸换算，减少加工过程中的基准不重合误差。

划线基准一般有如下三种类型。

1）以两个相互垂直的平面或直线为基准。图 2-24a 所示为平板类零件的主视图，按图样进行划线，需要选择水平和垂直（长度和高度）两个方向的划线基准。根据其形状特点，应选择右端面为长度基准，底面为高度基准。由图样上尺寸标注可知，该零件划线基准的选择与设计基准一致，划线时免于尺寸换算。

2）以互相垂直的一个平面和一条对称中心线为基准。图 2-24b 所示为支承座的主视图，该零件左右对称，则长度方向必须选其对称中心线作为划线基准，以保证加工的对称性；高度方向选择底面作为划线基准。支承座在两个方向上的划线基准与设计基准相吻合。

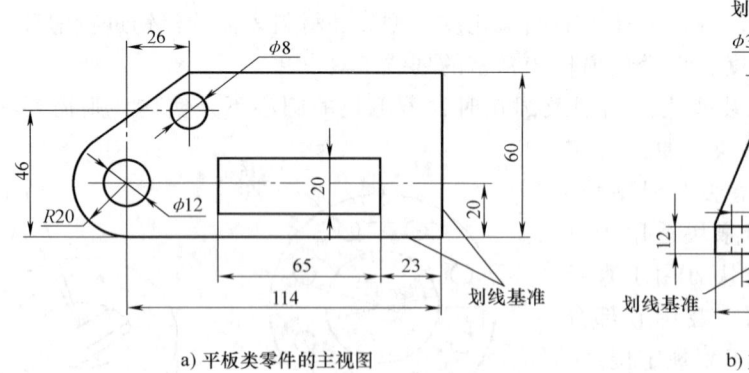

a）平板类零件的主视图　　　b）支承座的主视图

图 2-24　选择划线基准的原则

3）以两条互相垂直的中心线为基准。图 2-25 所示为连接件的主视图，由其结构形状可知，该件的划线基准也应与设计基准一致，即选择 φ25mm 孔的对称中心线为两个方向（长度方向、高度方向）的划线基准。

平面划线需要两个方向的划线基准，立体划线需要三个方向（长度方向、高度方向、宽度方向）的划线基准。

选择划线基准时，若工件上有已加工表面，则应以已加工表面作为划线基准；若为毛坯时，宜选用其图样上较重要的几何要素，如对称面、孔的中心线或较为平整的大平面作为划线基准。

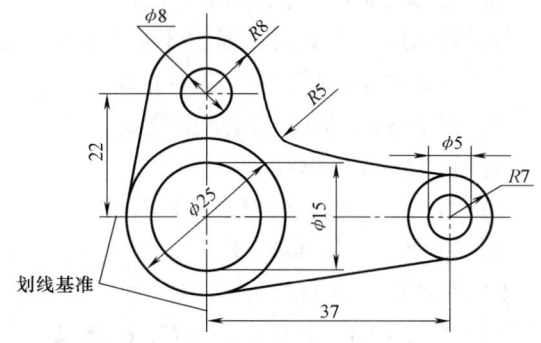

图 2-25 以两条互相垂直的对称中心线作为划线基准

二、划线方法及注意事项

1. 划线方法

根据划线工件或毛坯的形状特征，进行正确安放、找正。在确定并划出基准线后，应遵循先定位线、后定形线，先划主要部分、后划次要部分的划线顺序进行划线。

完成划线后，对照工件图样，详细检查划线是否正确、准确，防止遗漏或尺寸计算错误。检查确认无误后，在线条上打样冲眼。

2. 注意事项

1) 对工件上的直线与圆弧光滑过渡处进行划线时，宜先划圆弧，后划直线。划直线或圆弧时，对线条的长度会利用其定位线来控制，避免因划过头而导致线条凌乱。划圆或圆弧时，在确定圆心后，应先打样冲眼以定心。

2) 打样冲眼时，先在圆周与对称线的四个交点上打样冲眼，然后根据其直径尺寸，适度对称均布增加样冲眼。当圆的直径小于 15mm 时，通常只需要打四个样冲眼。

任务实施

一、识读零件图样、选择划线基准

由图 2-22 所示图样可知，连接板结构由 ϕ42mm 圆孔、半径为 R8mm 的弧形槽和宽度为 18mm 的半圆头直槽及相应外形轮廓构成，图样上共有 20 个尺寸。由图样可知，弧形槽的位置由 5°、20°、R92mm 三个尺寸确定；半圆头直槽的位置由 26mm、70mm、38mm 和 30mm 四个尺寸确定。依据图样所示尺寸关系，ϕ42mm 圆孔的中心线为该件的设计基准，选为划线基准。

该连接板划线为平面划线，要求按图样在已备板料上划出全部线条。

二、划线操作

1. 划线前准备

按工件划线要求准备划线平台、V 形铁等划线工具，对划线板料进行清理和涂色准备。为了熟悉图形作图方法，实际操作前可在纸上做练习。

2. 划线顺序

1) 在板料上合理确定 ϕ42mm 圆孔的中心位置，打样冲眼以定位。

2) 划 ϕ42mm 圆孔的水平中心线。

3) 划 30mm 水平线；划 38mm 水平线。

4) 划 ϕ42mm 圆孔的垂直中心线。

5) 划 26mm、70mm 两条定位线。

6) 划 16mm 轮廓线。

7) 划 5°、20°角度定位线。

8) 划 R92mm 定位圆弧。

9) 在各圆心处打样冲眼。

10) 划 ϕ42mm 圆孔；划 ϕ72mm 圆弧。

11) 划 R8mm、R15mm 同心圆弧。

12) 以 R92mm+R15mm 为半径，划 ϕ42mm 同心圆弧与 R15mm 相切成的外轮廓。

13) 分别以 R92mm+R8mm、R92mm-R8mm 为半径，划 ϕ42mm 同心圆弧与 R8mm 相切成的弧形槽的上下轮廓。

14) 划 18mm 直槽两端的 R9mm 圆弧；划 R20mm 圆弧。

15) 划 18mm 直槽（R9mm 两切线）；划相切于 R20mm 圆弧、与直槽平行的轮廓线。

16) 划相切于 R20mm 圆弧、与 ϕ72mm 圆弧相交的水平轮廓线。

17) 划相切于 R15mm 圆弧的垂直线，与斜槽平行的外轮廓线相交。

18) 按相切条件完成 R10mm、两处 R8mm 和 R6mm 连接圆弧的划线。

3. 在线条上打样冲眼

检查校核各尺寸，在线条上打样冲眼。

任务评价与反馈

要掌握好划线技能，需在三个方面加以强化：一是要不断提高识图能力。划线首先要完成的工作就是读懂图样，在图样上正确找出实物的相应位置，并确认其尺寸；二是掌握测量和划线的操作方法，并能正确、熟练地使用相关量具和工具；三是要养成认真、细心和耐心的工作态度，提升职业素养。

1. 自我测评

1) 通过本任务的学习，有哪些收获？积累了哪些划线经验和技巧？

2) 划线中遇到哪些问题？是否已解决？如何解决的？

3) 如何使用划规控制直线的长短和圆弧的大小？

4) 是否掌握连接圆弧的划线方法？

5) 划角度线时，除了用角度尺外，还可用什么方法？

2. 任务考评

按任务要求进行评定，填写任务考评表（表 2-7）。

3. 实训心得

表 2-7　连接板划线任务考评表

学生姓名：		班级：	学号：	时间：			
零件名称		连接板样板	实习件图号		图 2-22		
考核项目		考核内容	配分	评分标准	考评得分		
					自检	互检	教师
主要项目	1	涂色	5 分	涂色薄且均匀、无遗漏			
	2	图形划线	20 分	图形正确、无遗漏、分布合理			
	3	保证图形尺寸	25 分	图形尺寸正确、线条清晰且均匀			
	4	直线与圆弧划线	20 分	直线与圆弧、圆弧与圆弧过渡光滑			
	5	打样冲眼	20 分	样冲眼准确、深浅适度、分布合理			
安全文明生产		国家颁布的安全生产法规有关规定及车间管理规定	10 分	违规不得分			
总配分			100 分	合计			
教学评价		○优秀(85 分以上)　○良好(75 分以上) ○及格(60 分以上)　○不及格(60 分以下)			综合得分		
					教师签名		

立 体 划 线

因工件加工需要，特别是铸、锻件毛坯和形状较为复杂的工件，通常需要进行立体划线，即在工件上几个互成不同角度（通常是相互垂直）的表面上分别确定出长度、宽度、高度三个方向的划线基准，划出加工界线。

1. 立体划线基准的选择

立体划线与平面划线一样，应使划线基准与设计基准一致。此外，因多面划线和加工，划线基准的选择应兼顾各加工表面的加工余量和消除毛坯缺陷。

2. 划线前的找正与借料

在各种铸、锻件毛坯的前期加工中，由于多种原因毛坯可能会出现形状歪斜、偏心、各部分的壁厚不均匀等缺陷。当这些缺陷形状误差不大时，可通过划线找正和借料的方法加以补救。

（1）找正　利用划线工具（划针盘、直角尺、划规等），通过调节支承工具，使毛坯表面处于合适位置的过程，称为找正。

找正时应注意如下问题。

1）当毛坯上有不加工面时，应先通过找正后再划线，可以使加工面和不加工面之间保持尺寸均匀。

图 2-26 所示为轴承座毛坯，其外圆 A 和内孔 B 不同心，底面 D 和上平面 C 不平行。为弥补缺陷，划线时应先进行找正。在上述表面中，面 A 与面 C 为不加工面，因此，划底面 D 的基准线（加工线）时，以面 C 为依据按尺寸做面 C 的平行面；划孔 B 的加工线时，以面 A 为依据确定其圆心（加塞块），则可纠正其偏心差，达到同轴要求，使得面 A 与面 B 间的壁厚均匀。

2）当工件有两个以上不加工面时，应选择面积较大、较重要的或外观质量要求较高的

a) 用千斤顶调节划线找正

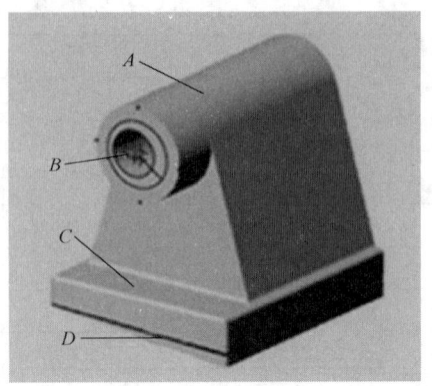
b) 轴承座毛坯划线找正

图 2-26　工件找正

不加工面作为主要的找正依据，并兼顾其他较次要的不加工面，使划线后的加工面与不加工面之间的尺寸得以均匀分布。例如孔腔壁厚、凸台高低等都尽量符合要求，而把无法弥补的误差反映到次要的或不明显的部位上去。

3）当毛坯上没有不加工面时，通过对各加工面自身位置的找正后再划线，其目的是使得各加工面的加工余量得到合理分配。

对划线工件进行找正前，需根据毛坯的结构特点，确定找正的基准。毛坯找正基准的选择应兼顾两个方面：一是要保持整体壁厚均匀，形状误差反映到次要或不明显的部位。例如选择工件上与加工部位有关而且比较直观的表面（对称平面、不加工的自由表面、凸台等）作为找正基准；二是要保证工件划线和加工后能顺利装配，所以应选择工件上与装配要素相关的不加工面作为找正基准。

（2）借料　铸、锻件毛坯在形状、尺寸和位置误差或缺陷难以用找正划线方法补救，但各处加工余量重新分配后尚能满足加工要求时，就可通过借料划线来解决。通过试划和调整，使各加工面的加工余量合理分配，互相借用，从而保证各加工面都有足够的加工余量的划线方法，称为借料。

通过借料划线，调整加工余量的分配，使误差或缺陷在划线后的加工中排除。

借料划线时，应首先了解工件的加工要求，测量毛坯的误差，确定借料的方向和大小，合理分配各部位的加工余量，划出基准线。若发现某一加工面的加工余量不足时，应再次借料，重新划线，直到各加工面都有允许的最低限度的加工余量为止。

图 2-27a 所示为套筒锻件毛坯及端面图。由端面图可知，其内孔和外圆偏心量较大，当以外圆为依据划线时，则内孔尺寸超差（图 2-27b）；若以内孔为依据划线时，则外圆加工余量不足（图 2-27c）。据此，可采用借料划线，根据偏移量的大小，在内、外圆心的中间选择恰当的位置，以兼顾内孔和外圆所需要的加工余量（图 2-27d）。

3. 立体划线实例

（1）图样识读与划线工艺分析　图 2-28 所示为轴承座零件简图与毛坯划线件。

轴承座需要加工的部位有底面、轴承座内孔、前后大端面和两个螺钉孔及其凸台上平面。其上有长、宽、高三个方向的尺寸需要划线，包括加工部位的找正线（各方向的划线基准）和加工界线。工件需要翻转安放三次才能划出所需的全部线条。轴承座毛坯上铸有

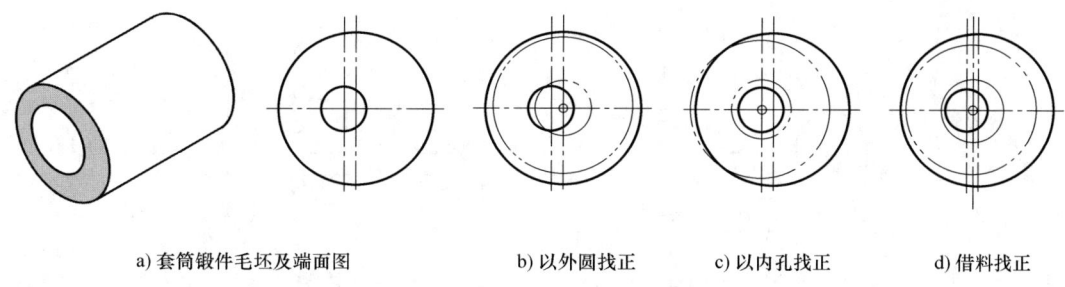

a) 套筒锻件毛坯及端面图　　b) 以外圆找正　　c) 以内孔找正　　d) 借料找正

图 2-27　套筒借料划线

$\phi50$mm 孔，划线前先安装塞块以定心。

轴承座关于 $\phi50$mm 孔左右对称，划线选择孔的两个相互垂直的中心平面Ⅰ—Ⅰ、Ⅱ—Ⅱ分别为高度方向和长度方向的划线基准；轴承座宽度方向关于两个螺钉孔中心平面对称，其对称平面选为宽度方向的划线基准。

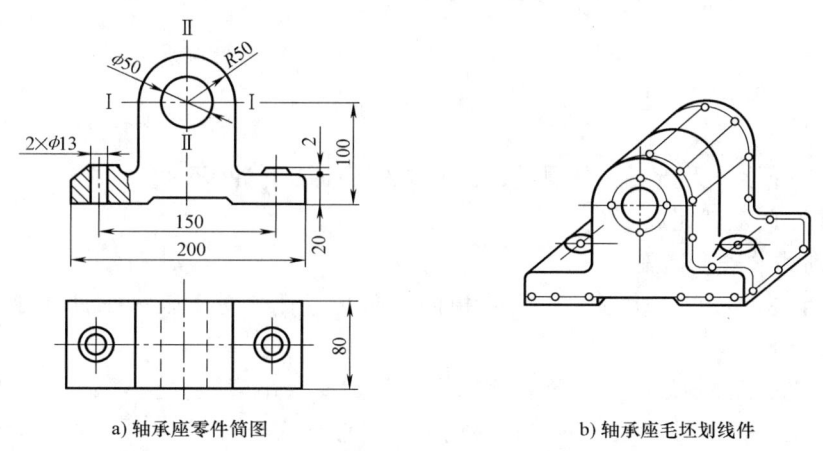

a) 轴承座零件简图　　　　　　　b) 轴承座毛坯划线件

图 2-28　轴承座划线

（2）划线步骤

1）高度方向划线。如图 2-29a 所示，将轴承座放在千斤顶上并调整，用划针盘找正工件。找正时要兼顾 $R50$mm 外轮廓以及底座上平面，以保证各处壁厚均匀。若毛坯误差较大，必要时可进行借料划线。

工件找正后，根据加工要求，在此方向上划出高度方向基准线Ⅰ—Ⅰ、底面加工线和凸台平面加工线，如图 2-29b 所示。

2）长度方向划线。第二次安放工件，将工件翻转 90°放在千斤顶上并调整，用直角尺按已划出的底面加工线找正垂直位置，划出长度基准线Ⅱ—Ⅱ；划出两螺钉孔长度方向的中心线，如图 2-29c 所示。

3）宽度方向划线。将工件翻转至图 2-29d 所示位置，通过千斤顶调整，用直角尺找正，分别使底面加工线与长度方向基准Ⅱ—Ⅱ处于垂直位置，依次划出Ⅲ—Ⅲ基准线、前后两大端面的加工线。

4）划孔的圆周线。用划规划出 $\phi50$mm 孔的圆周线和两螺钉孔的圆周线。

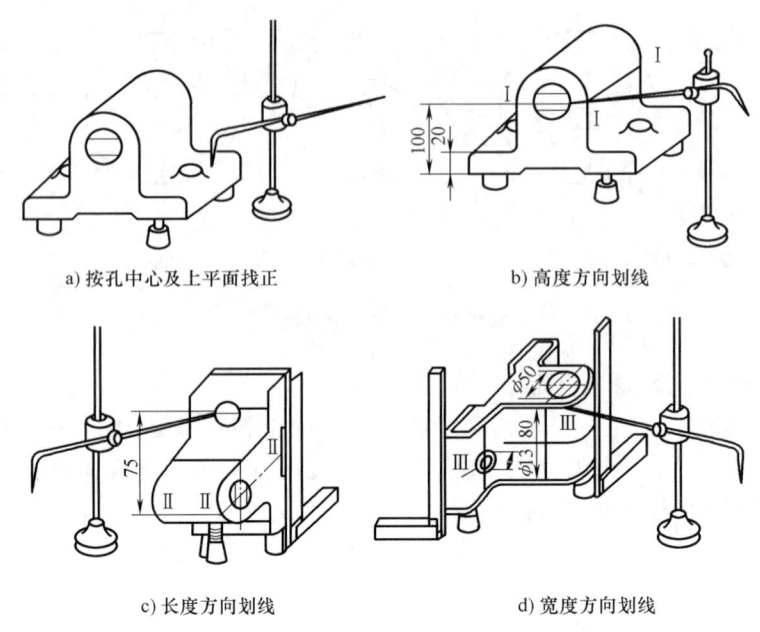

a) 按孔中心及上平面找正　　b) 高度方向划线

c) 长度方向划线　　d) 宽度方向划线

图 2-29　轴承座高度方向划线

5）对照图样检查无错划、漏划后，在所划线条上打样冲眼。

划线工作至此全部完成。

4．立体划线的安全措施

1）用千斤顶做三点支承时，一定要稳固，防止倾倒。对于较大工件，应有辅助支承，使工件安放稳定可靠。

2）对于较大工件的划线，当需要使用吊车吊运时，吊索应安全可靠。大型工件放在平台上用千斤顶支承调整时，工件下应放置垫木，以保证安全。

3）调整千斤顶高低时，不可用手直接调节，以防工件掉下将手砸伤。

师傅说

划线操作有以下注意事项。

1）工件的安放，特别是立体划线，要根据工件的形状和大小选择适当、稳妥的安放方式，以保障划线顺利进行，也是保证划线精度的重要因素。

2）划线前要读懂图样，记住主要尺寸，便于控制划线的位置和长度。因划在工件上的线条不易去除，多余线条会影响加工时的观察，容易造成误判。

3）划线时，每个方向上的线条要依次完成，尤其是立体划线，在一次支承中应划出全部相关的平行线，以免因再次支承补划而造成误差。

项目拓展

划线相关资讯收集与学习

小组合作，分头收集、共享如下加工资讯。

1) 通过网络或查阅相关书籍，了解更多划线知识，认识更多划线工具、量具，并了解其使用方法，拓展划线知识。

2) 通过网络搜索、观看钳工划线相关操作视频，巩固所学知识，积累经验。

职业技能理论知识测验

一、选择题

1. 划线的基本要求是划出的线条要清晰，一般要求划线精度为_____。
   A. 0.25~0.5mm   B. 0.05~0.2mm   C. 0.5~1mm

2. 方箱通常带有V形槽和夹紧装置，用来装夹尺寸较小、加工面较多的工件，可一次划出_____方向的加工线。
   A. 2个   B. 3个   C. 1个

3. 划线时，划针要保持尖锐，尖端应磨成_____的锥角，并将尖端淬硬。
   A. 10°~20°   B. 30°~45°   C. 10°~30°

4. 移动划针盘划线时，应使移动方向与划线表面之间保持约_____的夹角，以使划针运行顺利。
   A. 30°   B. 45°   C. 55°

5. 用划针配合钢直尺划线时，应使划针上部向外倾斜_____。
   A. 15°~20°   B. 30°~55°   C. 20°~45°

6. V形铁主要用来支承圆柱形工件，V形槽一般呈_____。
   A. 120°   B. 90°   C. 60°

7. 样冲的尖端一般磨成_____。
   A. 45°~60°   B. 35°~60°   C. 45°~90°

8. 在已有孔的工件上划线时，孔中要加塞块，较大孔用_____。
   A. 铅塞块   B. 木塞块   C. 铁塞块

9. 通过试划和调整，使各加工面的加工余量合理分配，互相借用，从而保证各加工面都有足够的加工余量的划线方法，称为_____。
   A. 找平   B. 找正   C. 借料

10. 利用分度头可在工件上划出_____。
    A. 等分线或不等分线   B. 不等分线   C. 等分线

二、判断题

1. 划线具有明晰加工界线、引导定位装夹、合理利用毛坯、提高加工效率等作用。（   ）

2. 分度盘上分度叉的作用是计数，在分度时，因为分度叉间的第一个孔作为起始点不计，所以两叉间的实际孔数要比所需孔数多一个。（   ）

3. 划线基准与设计基准一致，可减少加工过程中的基准不重合误差。（   ）

4. 划线基准是指划线时所依据的点、线、面。（   ）

5. 划直径小于15mm圆时，圆周线上需要打六个以上样冲眼。（   ）

6. 用多个千斤顶支承工件划线时，支承点尽可能离工件重心远些。（   ）

7. 工件上的划线确定加工位置，其尺寸精度需要在加工过程中通过测量来保证。

( )

8. 安装在方箱上的工件可以通过翻转方箱，一次划出长度、宽度、高度三个方向的加工线。（ ）

9. 划线涂料蓝油主要用于已加工表面的划线。（ ）

10. F11125型万能分度头型号中后三位数字表示其中心高度为125mm，即最大装夹直径为250mm。（ ）

品读工匠故事，滋养职业情怀

大国工匠　港珠澳大桥岛隧工程首席钳工——管延安

管延安的工作是在地下深四五十米的完全封闭的海底隧道中安装操作仪器，将一节节长180米、宽38米、高11.4米、重量近八万吨的沉管——对接，技术要求接缝间隙误差小于1毫米，他却能做到零缝隙。只有初中文化的他，凭自学成为这项工作的第一人。他所安装的沉管设备，已成功完成16次海底隧道对接。

管延安说，参与国家工程是自己抛家舍业的初衷，也是甘受寂寞的精神支撑，更是他铭记终身的荣誉。

项目三
锯削

用锯对材料或工件进行切断或锯槽的加工方法，称为锯削。锯削适合于较小材料或工件的加工（图3-1）。用手锯进行锯削操作是钳工基本技能的重要组成部分，熟知其工艺方法和操作要领，掌握锯削技能是钳工必备的基础。

本项目结合车间实境课堂，进行锯削工艺知识和技能的学习与训练。在任务实施过程中，注意将工艺知识融入基本技能的操作训练中，体会锯削操作要点，了解锯削加工的工艺特点，掌握锯削操作技能，具备锯削加工的基本能力。

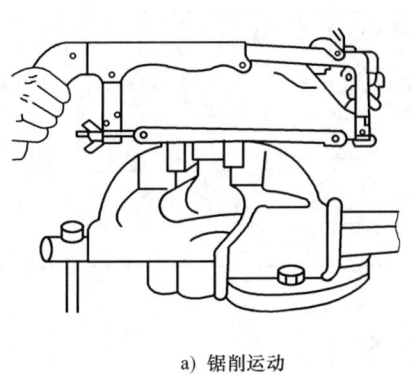
a) 锯削运动

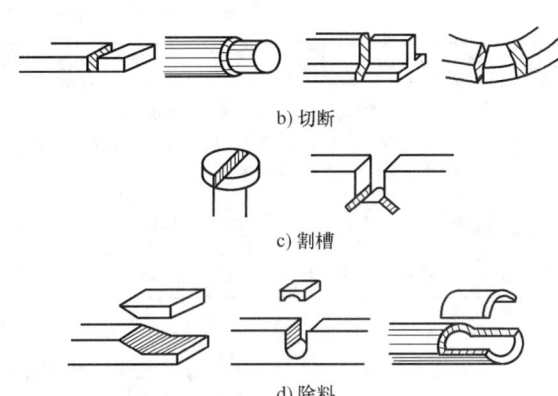
b) 切断
c) 割槽
d) 除料

图 3-1　锯削

项目重点
1. 锯削基本操作技能。
2. 各种型材的锯削方法。

锉削方法

工作情境
本项目工作情境建议及说明见表3-1。

表 3-1　锯削工作情境建议及说明

建议	说明
工作情境	车间实境教学
教学条件	钳工实训车间(配有数字化教学研讨区)

(续)

建议	说 明
主要设备	钳工工作台、台虎钳(按人数配备工位)
教学建议	理实一体、任务导向、分组教学,观察演示,操作练习,现场实训
工作过程	明确任务→获取知识→任务实施→评价与反馈

项目准备

项目材料准备清单见表 3-2,项目装备准备清单见表 3-3。

表 3-2 项目材料准备清单

序号	加工内容	材料	坯件尺寸	数量	备注
1	分割平键条料	45 钢	45mm×43mm×10mm	1	图 3-2
2	锯削样板坯件	Q235	80mm×80mm×6mm	1	图 3-31
*3	錾削方件	Q235	φ30mm×120mm		
合计					

备注:任务材料按人配备,可按实际教学需要分组调配

表 3-3 项目装备准备清单

项目装备	说 明
工艺装备	划线工具(划线平台、方箱、V形铁、划针盘、(划针、划规、样冲、锤子、划线涂料)、工具(手锯、锯条、錾子等)、钢直尺(300mm)、游标卡尺(0~125mm)、直角尺、游标高度卡尺(0~300mm)、其他辅具(按实训需要配备)
数字化教学资源	多媒体课件、音/视频等资源(按教学条件选备)

备注:划线工具、量具每组一套;手锯、锯条按人配备

任务一 分割平键条料

任务目标

1. 读懂图样,明确加工要求,完成加工前的准备工作。
2. 按加工要求进行划线。
3. 掌握锯削基本操作方法。

任务描述

结合锯削工艺方法和操作要求,完成图 3-2 所示平键条料的分割。

任务分析

用手锯进行锯削加工,具有操作简单、使用方便、灵活等特点。

通过本任务,学会锯削操作的基本要领,体会锯削运动的协调性和动作要领,掌握锯削安全操作要求,自觉养成吃苦耐劳、严谨细致的职业精神,安全文明操作。

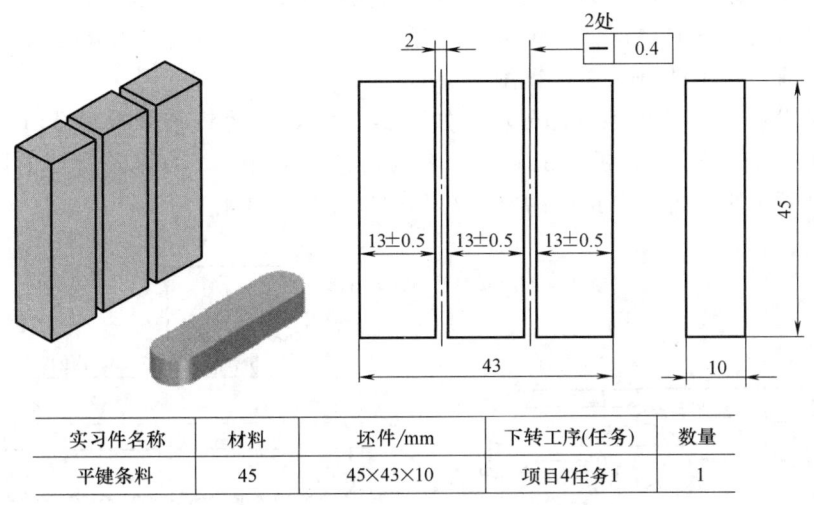

实习件名称	材料	坯件/mm	下转工序(任务)	数量
平键条料	45	45×43×10	项目4任务1	1

图 3-2 平键条料分割生产实习图

知识准备

一、锯削工具——手锯

手锯由锯弓和锯条组成，如图 3-3 所示。

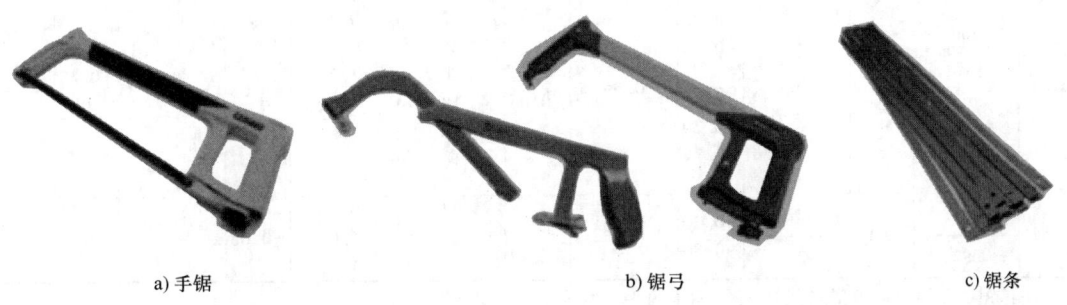

a) 手锯　　　　　b) 锯弓　　　　　c) 锯条

图 3-3 手锯及其组成

1. 锯弓

锯弓用来安装和张紧锯条，且便于双手握持操作。锯弓有固定式和可调式两种类型，固定式锯弓的弓架是整体的，只能装一种长度规格的锯条；可调节式锯弓的锯架分为前、后两段锯身，前段套在后段内可伸缩，故能安装几种长度规格的锯条，灵活便利，应用广泛。

2. 锯条

锯条一般用渗碳软钢冷轧而成，也可用碳素工具钢或合金工具钢制成，并经热处理淬硬。

（1）锯条的安装　利用锯条两端的安装孔，将其装在锯弓两端安装销上，通过翼形螺母调节紧固。安装锯条时，锯条的松紧要适度，太紧锯条受力过大，易折断，太松锯条易扭曲、折断且锯缝歪斜。同时要保证锯齿齿尖（前角）方向应朝前（图3-4），如果齿尖方向装反，则变成负前角，不能进行正常锯削。

（2）锯条的公称尺寸　锯条各部分尺寸如图3-5所示。l 为锯条两端销孔（安装孔）的中心长度，L 为锯条全长，a 为锯条的宽度，P 为齿部的齿距，b 为锯条背部的厚度，齿数则是指25mm内所含的锯齿数。锯条的类型与公称尺寸见表3-4。

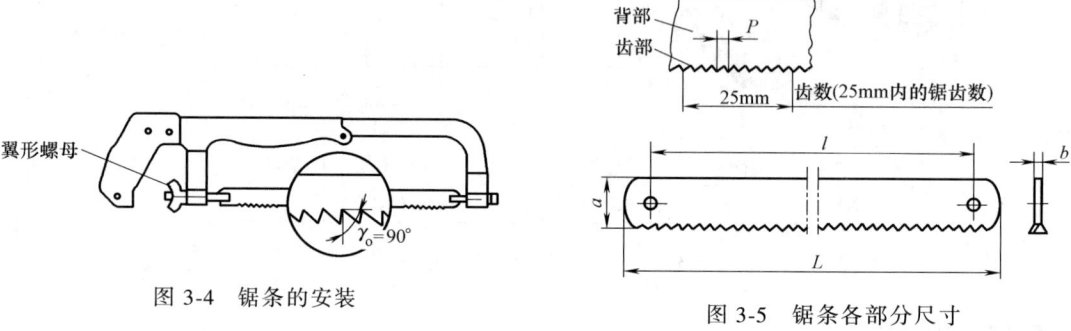

图3-4　锯条的安装　　　　　　　　　图3-5　锯条各部分尺寸

表3-4　锯条的类型与公称尺寸　　　　　　　　　（单位：mm）

类型	长度 l		宽度 a		厚度 b		齿数	齿距 P		销孔 $d(e×f)$		全长 L max
	公称尺寸	偏差	公称尺寸	偏差	公称尺寸	偏差	每25mm	公称尺寸	偏差	公称尺寸	偏差	公称尺寸
A 型	300	+2	12.0 或 10.7	+0.20 -0.50	0.65	0 -0.06	32 24 20 18	0.8 1.0 1.2 1.4	±0.08	3.8	+0.30 0	315
	250			+0.20 -0.30			16 14	1.5 1.8				265
B 型	296	±2	22	+0.20 -0.80	0.65	0 -0.06	32 24 18	0.8 1.0 1.4	±0.08	8×5 12×6	±0.30	315
	292		25									

注：锯条分为单面齿型（代号A）、双面齿型（代号B）两种类型。

（3）锯齿的切削角度和锯路　锯齿的切削角度如图3-6a所示，其楔角 β_o 与齿距有关，具体参数见表3-5。

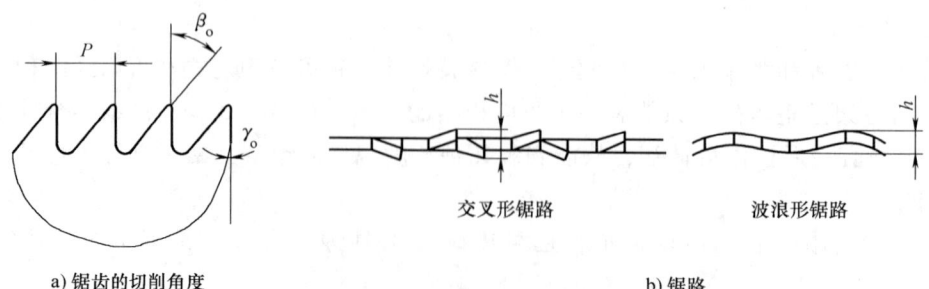

a) 锯齿的切削角度　　　　　　b) 锯路

图3-6　锯齿的切削角度和锯路

锯条的锯齿从锯条两侧凸起，使其宽度大于锯条的厚度，且按一定规律左右错开，排列成一定形状，称为锯路。锯路的作用是提供锯切间隙，减小锯缝对锯条的摩擦，使锯条在锯削时不易被锯缝夹住或折断。锯路的类型如图 3-6b 所示，锯路宽度见表 3-6。

表 3-5 楔角参数

齿距/mm	$\beta_o(°)$	$\gamma_o(°)$
0.8、1.0、1.2	46~53	−2~2
1.4、1.5、1.8	50~58	

表 3-6 锯条的锯路宽度 （单位：mm）

齿距 P	分齿宽 h	偏差（除两端 35mm 外）
0.8	0.90	+0.10 −0.07
1.0		
1.2	0.95	
1.4	1.00	±0.10
1.5		
1.8		

（4）锯条的选用 根据所锯削材料的软硬、厚薄程度，参照锯条的齿距，并按锯条产品的标记选用锯条。锯条的产品标记由产品名称、标准编号、类型代号、规格组成。

全硬型、碳素工具钢、单面齿型、长度 $l=300\text{mm}$、宽度 $a=12\text{mm}$、齿距 $P=1.0\text{mm}$ 的钢锯条标记：手用钢锯条 GB/T 14764 HTA-300×12×1.0。

生产中常把锯条按齿数疏密的不同，分为粗、中、细三种规格，其应用范围见表 3-7。

表 3-7 锯条规格及选用

规格	每 25mm 长度内的齿数（齿距）	应 用 范 围
粗齿	14~18（1.8~1.4mm）	低碳钢、黄铜、铝、铸铁等
中齿	20~24（1.2~1.0mm）	中碳钢、厚壁钢管及各种型材等
细齿	32（0.8mm）	工具钢、薄壁金属、薄壁管子等

二、锯削方法

1. 装夹工件

锯削时，工件一般装夹在台虎钳的左边，便于操作控制。工件伸出钳口不应过长，应使锯缝离钳口 20mm 左右，防止工件在锯削时产生振动。锯缝线要与钳口侧面保持平行，便于控制锯缝不偏离划线线条。工件装夹要牢固，对已加工表面要垫软钳口后再装夹。

2. 锯削姿势

锯削时，右手握住锯柄、左手轻扶锯弓前端，如图 3-7 所示。锯削时，左脚向前跨半步成小弓步，右脚稍向后，身体前倾，重心落在左脚上，两脚站稳不动，靠左膝的弯曲与伸直使身体往复摆动，如图 3-8 所示。锯削推进时身体的动作姿势如图 3-9 所示。

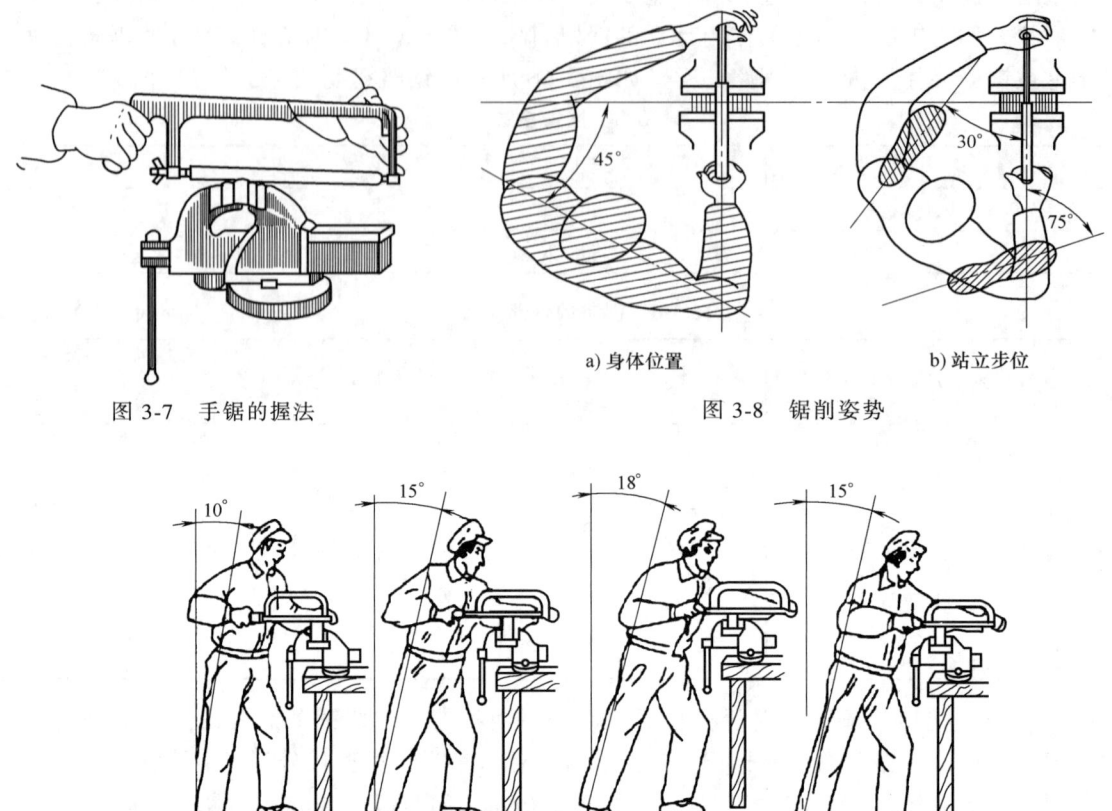

图 3-7 手锯的握法　　　　图 3-8 锯削姿势

图 3-9 锯削时身体的动作姿势

正常锯削时，右手握柄，主要负责推拉运动和掌握方向，左手轻扶锯弓前端，配合右手将锯弓扶正并向下施加一定的压力。推进时，要对锯条施加压力，退出时，不要对锯弓施加压力，应轻轻抬起手锯，尽可能减少锯齿与被锯面接触。

3. 锯削运动

锯削时，锯弓的运动有直线运动和上下摆动两种。大多数情况下，采用比较省力的小幅度上下摆动，即手锯推进时，身体略向前倾，双手压向手锯的同时，左手稍上抬、右手下压；回程时，右手上抬、左手自然跟回。直线运动方式适宜锯削管料、薄板和要求锯缝平直的工件。

锯削速度以 20~40 次/min 为宜。锯削软材料时，锯削速度可快些，锯削硬材料时，锯削速度可慢些。必要时可用切削液润滑。为避免锯条局部磨损，锯削时应使锯条的行程不小于其长度的 2/3。

4. 起锯方法

起锯是锯削的开始，有远起锯和近起锯两种方式，如图 3-10 所示。

远起锯是指从工件锯削部位的外端起锯，操作时更便于力度的掌控，因此锯条不易被卡住。近起锯是指从工件锯削部位的里端起锯，多用于外端不易观察的情况。

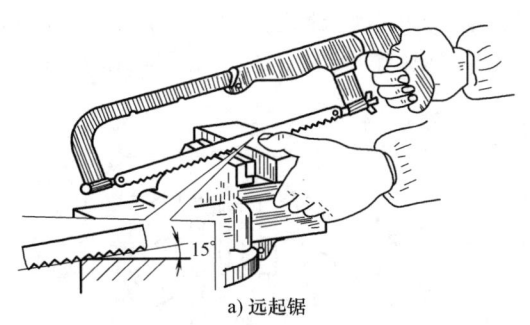 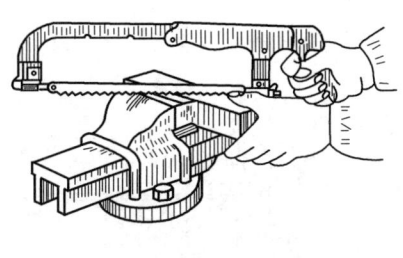

a) 远起锯　　　　　　　　　　　b) 近起锯

图 3-10　起锯方法

无论采用哪种起锯方式，起锯角 α 一般不大于 15°。如果起锯角过小，则锯条可能会打滑，不易定位（图 3-11a）；如果起锯角过大，则工件易将锯齿卡住（图 3-11b）。为使起锯平稳、定位准确，可用左手拇指靠住锯条以引导锯条切入，准确锯削（图 3-11c）。

起锯操作行程要短，速度要慢，当锯削到 2~3mm 时，锯条便不会滑出槽外，锯弓逐渐水平，进行正常锯削。

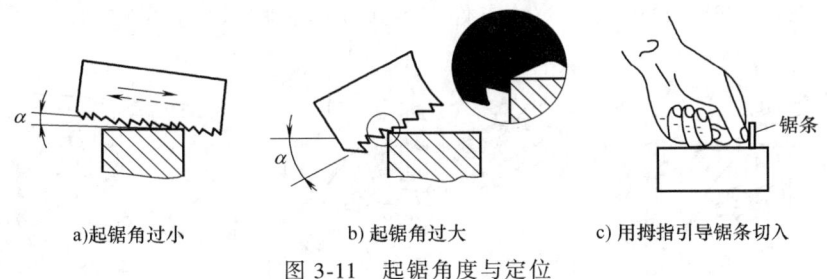

a) 起锯角过小　　　　b) 起锯角过大　　　　c) 用拇指引导锯条切入

图 3-11　起锯角度与定位

5. 常见型材的锯削

（1）棒料的锯削　如果要求棒料锯削的断面比较平整，则应从起锯开始连续锯削直至结束。如果对锯削的断面要求不高，则可转动棒料，分别从几个方向接缝锯削。由于每次转动后，棒料的锯削面变小，锯条容易切入，因此这样锯削比较省力且效率较高。

（2）管料的锯削　锯削管料不可在一个方向连续锯削到结束，否则锯齿会被管壁钩住而导致崩断。应该采用转位锯削的方式，即只锯到管子内壁，然后把管子从推锯的方向转过一定的角度，使锯条仍接原来锯缝继续锯至管子内壁，这样不断改变方向，直到锯断为止，如图 3-12a 所示。

对于薄壁管子或外圆精加工的管子，需要将其装夹在两块木制的 V 形垫块之间，以免将管子夹扁或损坏管子表面，如图 3-12b 所示。

（3）板料的锯削　板料的锯缝一般较长，工件的装夹要有利于锯削操作。

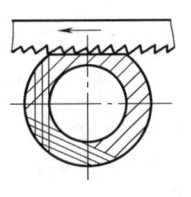 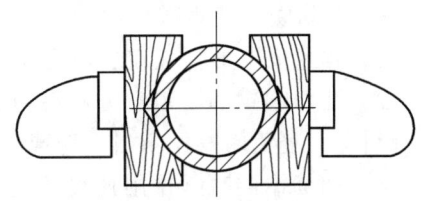

a) 管子的转位锯削方式　　　b) 薄壁管子的装夹方法

图 3-12　管料的锯削

锯削薄板时，为防止薄板颤动和变形，可将其锯缝靠近钳口装夹，手锯靠近钳口，用斜推的方法进行锯削，使锯条与薄板接触的齿数多一些，以避免钩齿现象的产生，如图 3-13a 所示。也可用两块木板夹持薄板，连同木块一起锯下，以增加薄板锯削时的刚性，如图 3-13b 所示。

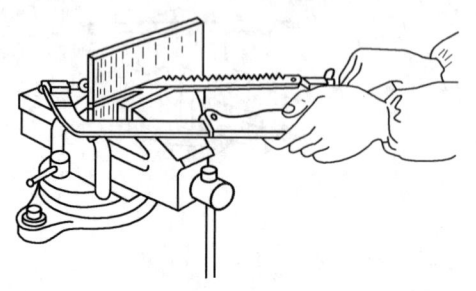
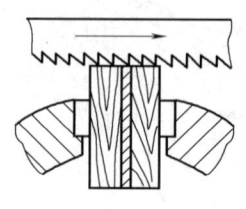

a) 靠近钳口装夹薄板　　　　　　b) 用木板夹持薄板

图 3-13　薄板的锯削

（4）深缝锯削　当锯缝的深度超过锯弓的高度时（图 3-14a），锯弓就会碰到工件，此时应将锯条拆出并转动 90°横装在锯弓上，使锯弓转到工件的侧面（图 3-14b）继续锯削至完成。也可使锯条内转 180°安装，使锯齿在锯弓内进行锯削（图 3-14c）。同时必须将工件高装，使锯削部位处于钳口附近，防止工件产生跳动而影响锯削质量或损坏锯条。

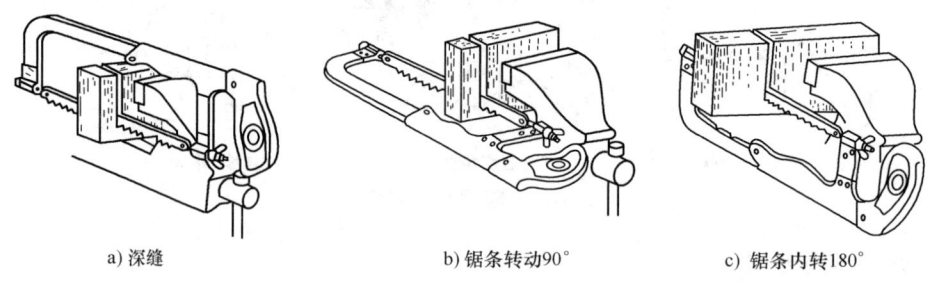

a) 深缝　　　　　　b) 锯条转动90°　　　　　　c) 锯条内转180°

图 3-14　深缝锯削

（5）扁钢的锯削　由于扁钢有窄面，沿其窄面锯削，行程短，参加锯削的锯齿齿数过少，锯条易磨损。因此应从扁钢宽面进行锯削，这样锯削的锯缝较长，同时参加切削的锯齿齿数较多，锯削平稳，往复次数较少，锯缝较浅，锯条磨损小，如图 3-15 所示。

（6）角钢与槽钢的锯削　锯削槽钢和锯削扁钢方法一样，也要尽量从宽面进行锯削。锯削槽钢要从三个方向锯削，这样才能得到较为平整的断面，并能延长锯条的使用寿命，如图 3-16 所示。

6. 锯削操作注意事项

1) 锯条安装方向正确，松紧适度，安装后不能有歪斜和扭曲，防止折断。

2) 注意起锯的姿势和方法练习。初学者会出现摆幅过大，姿势不自然等情况，应注意及时纠正，避免因操作不当而造成废品或锯条损坏。

3) 初练锯削时，锯削速度不易控制，经常出现推锯过猛的情况，易使锯条很快磨钝，特别是锯削硬的材料。

4) 锯削压力要适中，持锯要稳，不管是直线运动还是上下摆动的方式，都应避免锯条

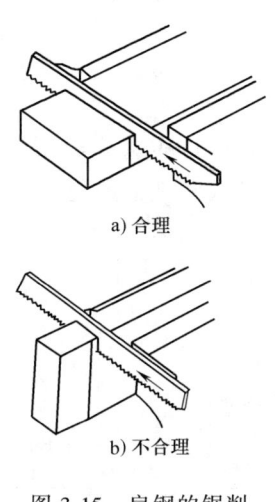

图 3-15 扁钢的锯削

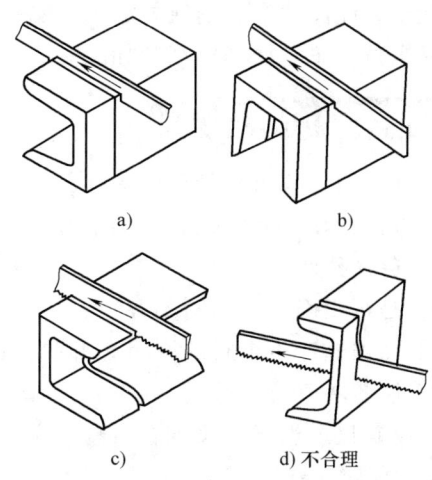

图 3-16 角钢与槽钢的锯削

左右晃动，防止锯条突然折断弹出伤人。

5）锯削中要随时观察锯缝，出现歪斜应及时找正。

6）工件快要锯断时，要及时用手扶住被锯下的部分，以防止因工件落下而砸伤脚或损伤工件。

> **师傅说**
>
> 锯削在钳工工作中是一项使用频率很高的基本技能。掌握锯削的技能和操作技巧，需要练就扎实的基本功。在锯削操作技能训练中，了解各种材料的锯削特点，合理选用和正确安装锯条，锯削姿势正确，起锯操作准确，协调的锯削运动是关键，训练中要用心体会操作要点，苦干加巧干，科学训练，促进锯削基本技能的形成。

任务实施

一、加工要求与工艺分析

由图样可知，坯件是尺寸为 45mm×43mm×10mm 的板料。分割要求锯缝面的直线度误差小于 0.4mm，操作中通过适时观察划线来保证。锯削时控制好锯缝，以保证三块条料的宽度尺寸（13±0.5）mm 的一致性。

锯缝宜选用 GB/T 14764 HTA-300×12×1.2 中齿锯条锯削。因有直线度要求，所以起锯要准，锯削应稳。推锯时，锯弓应采用直线运动的方式连续锯削至尺寸，以保证锯缝平直。接近尺寸时，应注意控制尺寸和锯削速度及方向，防止锯缝歪斜或锯条折断。工件快要锯断时，要随时用手扶住被锯下的部分，防止工件落地。

二、加工操作

平键条料分割步骤如下。

检查坯件尺寸，在划线处涂上涂料→按图样要求划出锯削位置线和锯缝宽度线→根据材料选择锯条→按划线完成锯削加工→去毛刺→检验。

任务评价与反馈

本任务的完成过程是锯削操作基本技能初步形成的过程。通过质量分析和对操作过程的总结，找出存在的问题，并在训练中加以改进，以利于积累经验和掌握技能。

1. 自我测评
1) 是否正确掌握锯削姿势？
2) 使锯缝产生歪斜的原因有哪些？如何避免？

2. 任务考评
用钢直尺、游标卡尺配合自检，填写任务考评表（表3-8）。

3. 实训心得

_____
_____
_____
_____

表 3-8 分割平键条料任务考核表

学生姓名：			班级：	学号：		时间：	
零件名称		平键条料		实习件图号		图 3-2	
考核项目		考核内容	配分	评分标准	考评得分		
					自检	互检	教师
主要项目	1	工件装夹位置适当,可靠	10分	不合要求酌情扣分			
	2	锯削姿势正确,起锯准确	20分	不合要求酌情扣分			
	3	锯削动作正确,速度合理	20分	不合要求酌情扣分			
	4	2mm锯缝（两处）	30分	每处不合要求扣15分			
	5	直线度公差为0.4mm(两处)	10分	每处不合要求扣5分			
安全文明生产		国家颁布的安全生产法规有关规定及车间管理规定	10分	违规不得分			
总配分			100分	合计			
教学评价		○优秀(85分以上) ○良好(75分以上) ○及格(60分以上) ○不及格(60分以下)			综合得分		
					教师签名		

知识链接

錾 削

用锤子敲击錾子对金属工件进行切削加工的方法，称为錾削，又称凿削。錾削常用于去除毛坯的毛刺、浇冒口，分割材料，錾削油槽，按划线对加工表面进行粗加工等不便于机械加工的场合。

一、錾削工具

1. 錾子

錾子一般是由碳素工具钢（T7A 或 T8A）锻造而成的。錾子由錾顶、切削部分和錾身三部分组成，如图 3-17 所示，其长度约为 170mm。

（1）錾子的种类　钳工常用的錾子有扁錾、尖錾、油槽錾等，如图 3-18 所示。扁錾切削刃较宽，切削部分扁平，用于錾削平面、分割薄板和去毛刺等。尖錾的切削刃较窄，用于錾槽以及将板料按曲线分割等。油槽錾的切削刃制成圆弧形且很短，用于錾削油槽等。

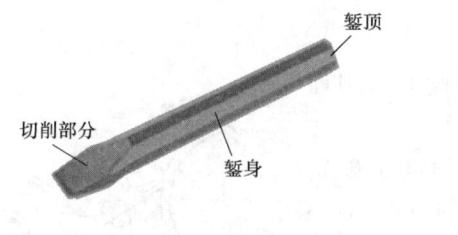

图 3-17　錾子的构造

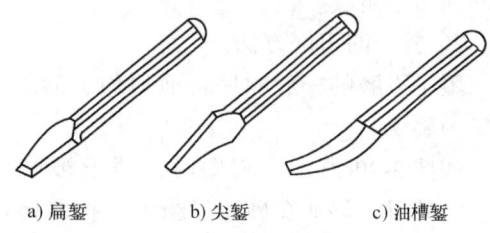

图 3-18　錾子的种类

（2）錾子的切削部分及錾削角度

1）錾子的切削部分。錾子的切削部分包括两个表面（前刀面和后刀面）和一条切削刃（前刀面与后刀面的交线）。切削部分材料的硬度要求较高（大于工件材料的硬度）。切削部分前刀面与后刀面所形成的夹角 β_o 称为楔角。

楔角经过刃磨形成，其大小应根据工件材料的硬度及切削量大小来选择。楔角增大，切削部分的强度增强，但錾削阻力也大。因此，在保证强度的前提下，尽量刃磨出最小的楔角。楔角的尺寸选择见表 3-9。

表 3-9　楔角的尺寸选择

被加工材料	楔角（β_o）
中碳钢、硬铸铁或硬材料	60°~70°
一般碳素结构钢、合金结构钢等中等硬度材料	50°~60°
低碳钢、铜、铝等软材料	30°~50°

2）錾削角度。如图 3-19 所示，錾削时，錾子前刀面与基面所形成的夹角 γ_o 称为前角；錾子后刀面与切削平面之间所形成的夹角 α_o 称为后角。

后角的大小决定了切入深度及錾削的难易程度。后角增大，切入深度增大，效率较高，但錾削难度也随之增大；后角太小，会因切入分力过小而不易切入材料，錾子易在工件表面打滑。一般后角取 5°~8°较为适中。

前角的大小决定了錾削的难易程度及切屑变形程度。由图 3-19 可知，当錾子的楔角一定时，确定了后角则前角即已确定。

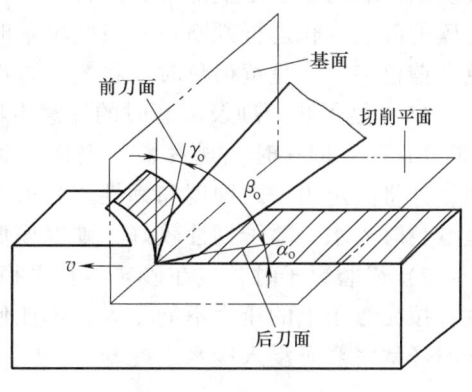

图 3-19　錾削角度

(3) 錾子的刃磨

1) 錾子的刃磨要求。錾子的楔角应与工件的硬度相适应,除油槽錾外,其余錾子的切削刃要与錾子的几何中心线垂直,且应在錾子的对称平面上;切削刃要锋利,如果錾削要求较高,则錾子在砂轮上刃磨后还应在油石上精磨。

此外,扁錾切削刃较宽,刃磨时,可使切削刃略呈弧形,以提高刃口的强度,减小錾削阻力,同时在錾削平面上有小的凸起部分时,切削刃两边的尖角不易损伤平面的其他部分。尖錾的切削刃宽度应与加工的槽宽相对应。尖錾左右两侧面间的宽度应从切削刃起向錾身处略有收窄,以使尖錾在工作时与所加工的槽侧面保持1°~3°的角隙,保证錾削顺利以及槽侧面的加工平整度。

2) 錾子的刃磨方法。

錾子刃磨的一般顺序:前刀面、后刀面→两侧面→刃面与刃口→錾顶。

如图3-20所示,刃磨时,錾子被磨部位必须高于砂轮中心,将其刃口斜放在砂轮轮缘上,控制握住錾子的方向和位置,并且均匀施力,使錾子在砂轮的全宽上做左右平行移动。刃口两面要交替刃磨,两刃面要对称、平整,楔角要正确,刃口要平直。

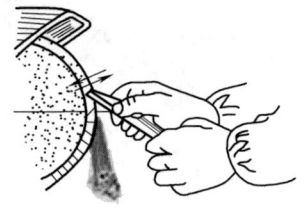

图3-20 錾子的刃磨

(4) 錾子的热处理 錾子的热处理包括淬火和回火两个工艺过程。其目的是保证錾子切削部分具有较高的硬度和一定的韧性。

1) 淬火。当錾子的材料为碳素工具钢(T7A或T8A)时,可把錾子切削部分约20mm长的一段,用电盐浴炉或乙炔焰加热到750~780℃(呈暗樱红色)后迅速取出,垂直地浸入冷水中冷却,如图3-21所示。浸入深度为3~5mm,至此,完成淬火工艺。

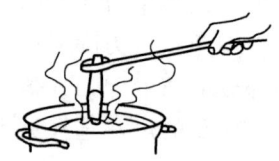

图3-21 錾子的淬火

錾子浸入冷水后,应沿水面缓慢移动,其目的是为了加速冷却,提高淬火硬度,并使淬硬部分与不淬硬部分不致有明显的界限存在。如果有明显的界限存在,则錾子易在此线上发生断裂。

2) 回火。錾子的回火是利用自身余热进行的。当錾子露出水面的部分呈黑红色时,将其从水中取出,利用上部余热进行回火,以提高韧性。回火的温度可以观察錾子表面金属氧化膜的颜色变化进行判断:一般刚出水时为白色,錾子余热外返,使其刃口依次呈黄色、红色、蓝色……当呈黄褐色时,将錾子再次放入水中冷却。至此,完成錾子热处理的全过程。

(5) 錾子热处理及刃磨时的注意事项

1) 錾子回火时,观察錾子表面金属氧化膜颜色的变化,控制錾子全部放入水中的时间,这将决定刃口的硬度和韧性。当刃口呈黄色时入水,錾子硬度较高,韧性较差;当刃口呈蓝色时入水,錾子韧性较好,硬度偏低,因此,一般可取二者之间的硬度。

2) 刃磨錾子时,应在砂轮运转平稳后进行,人的身体不准正面对着砂轮,以免发生事故;按在錾子上的压力不能太大,不能使刃磨部分因温度太高而退火,为此,必须在刃磨錾子时经常将錾子浸入冷水中冷却。

2. 锤子

钳工常用工具锤子是由锤头、柄部和楔子组成。锤子的规格以锤头的重量来表示，常用的有 0.25kg、0.5kg、1kg 等几种，如图 3-22a 所示。锤头用碳素工具钢（T7）制成，并经淬硬处理。锤子柄部采用胡桃木、檀木等质地坚韧的木材制成，其长度约为 350mm。柄部装入锤孔后用楔子楔紧，以防锤头脱落，如图 3-22b 所示。

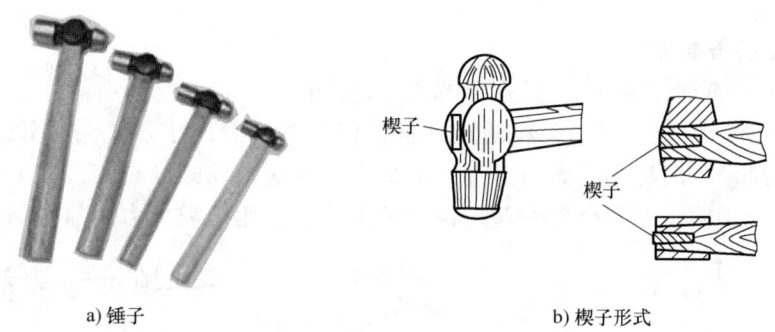

a) 锤子　　　　　　　　　　　b) 楔子形式

图 3-22　钳工手锤

二、錾削操作

1. 锤子的握法

锤子的握法分为紧握法和松握法。

（1）紧握法　用右手五指握紧柄部，大拇指合在食指上，虎口对准锤头方向，柄部尾端露出的长度为 15~30mm。在挥锤过程中五指始终握紧柄部，如图 3-23a 所示。

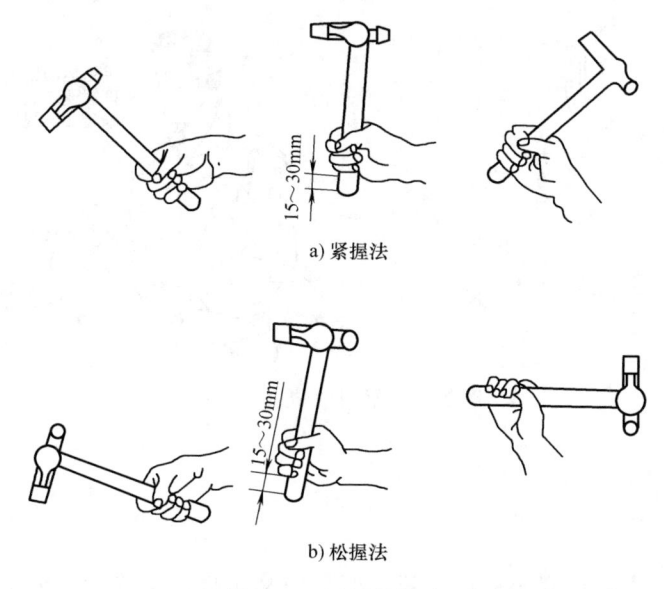

图 3-23　锤子的握法

（2）松握法　用大拇指和食指始终握紧柄部，挥锤时，中指、无名指、小指在运锤的过程中依次放松；锤击时，又依次收拢握紧柄部，如图 3-23b 所示。此法可以减轻操作者的疲劳，操作熟练后，可增大打击力。

2. 錾子的握法

錾子用左手握持，錾顶伸出长度约为 20mm。根据錾削的需要，錾子可以采用正握法或反握法（图 3-24）。采用反握法时，手心向上，手指自然捏住錾子，手掌悬空。

3. 挥锤及锤击要领

（1）挥锤　挥锤有腕挥、肘挥和臂挥三种方法，如图 3-25 所示。腕挥仅用手腕的运动进行锤击，一般用于加工余量较少的工件或錾削的开始与结尾阶段。肘挥用手腕与肘部一起挥锤，此法挥动幅度较大，锤击力量也较大，使用最多。臂挥用手腕、肘和全臂一起挥锤，锤击力大，用于需大力錾削的场合。

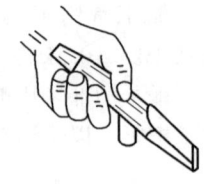

图 3-24　錾子的握法

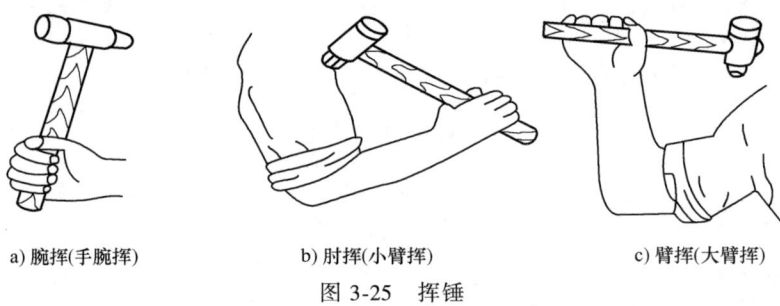

图 3-25　挥锤

（2）锤击要领　錾削时的站立位置与姿势如图 3-26 所示。錾削时锤击动作要稳、准、狠，同时要"一下一下"保持节奏，肘挥时的锤击速度一般约为 40 次/min，腕挥时约为 50 次/min。

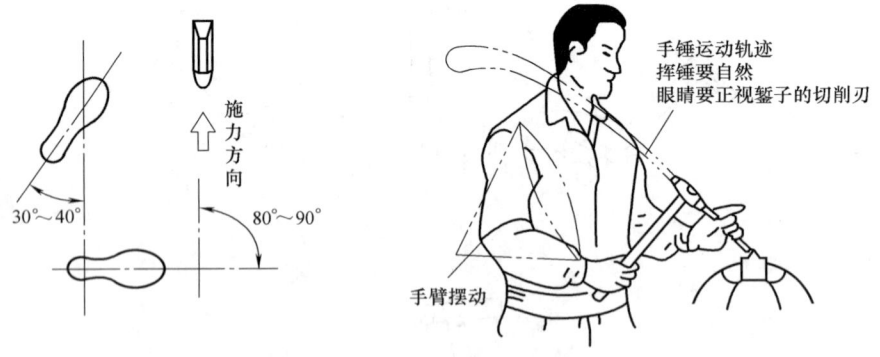

图 3-26　錾削的站位与姿势

三、錾削实例

1. 錾削平面

錾削窄平面时，主要用扁錾完成。錾削时，应从工件的边缘尖角处起錾，阻力小，易于切入。起錾后，再把錾子逐渐移向中间，使切削刃全宽参与錾削，如图 3-27a 所示。

当錾子錾削至工件尽头约 10mm 处时，应调头錾削，以防止工件崩裂，尤其是铸铁、青铜等脆性材料，如图 3-27b 所示。

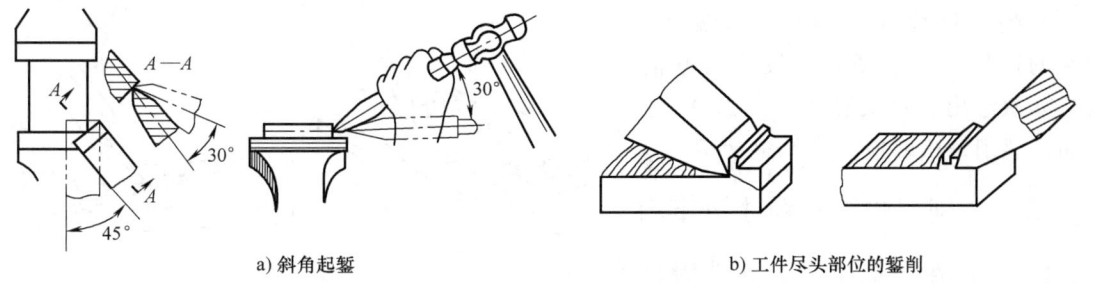

a) 斜角起錾　　　　　　　　b) 工件尽头部位的錾削

图 3-27　起錾与工件尽头部位的錾削

錾削宽平面时，可先用尖錾在工件表面錾开若干条平行槽，再以扁錾将剩余部分錾平，如图 3-28 所示。

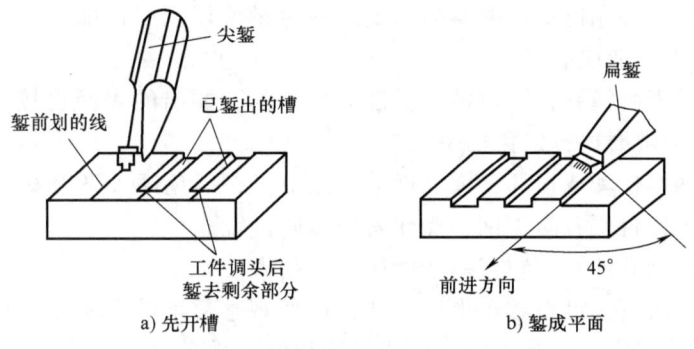

a) 先开槽　　　　　　　　b) 錾成平面

图 3-28　錾削宽平面

2. 錾切薄板

厚度在 2mm 以下的薄板以及小直径棒料，可将其装夹在台虎钳上錾削切断，如图 3-29a 所示。錾切时，板料装夹要牢固，用扁錾斜对着板料沿钳口自右向左錾切。錾切小棒料时，用力要适度，注意不要直接切断，接近断开时可用手扳断，以保安全。

对于尺寸较大的板料（或曲面下料）在台虎钳上不能装夹时，可在铁砧或厚板料的边角上錾切，如图 3-29b 所示。

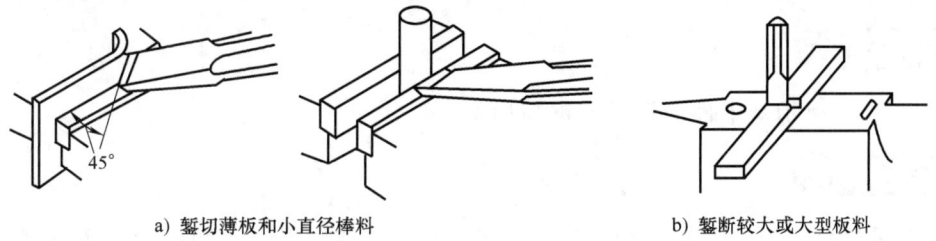

a) 錾切薄板和小直径棒料　　　　　　　　b) 錾断较大或大型板料

图 3-29　錾切断料

3. 錾削油槽及键槽

錾削油槽选用与油槽等宽的油槽錾进行錾削（图 3-30）。在曲面上錾削油槽时，錾子的倾斜角度要随曲面变动，以保持錾削时的后角不变，使錾出的油槽尺寸符合要求，深浅均匀，表面光滑。

錾削键槽应先划线，按线錾削。较窄的键槽可一次錾出，较宽的键槽要分几次錾出，每次錾削用量为0.5~1mm，錾削键槽时应留有修整余量。

四、錾削操作要求和注意事项

1) 工件在台虎钳中装夹牢固可靠，伸出钳口高度一般为10~15mm，同时要用软钳口，工件下面要加垫木制垫块。

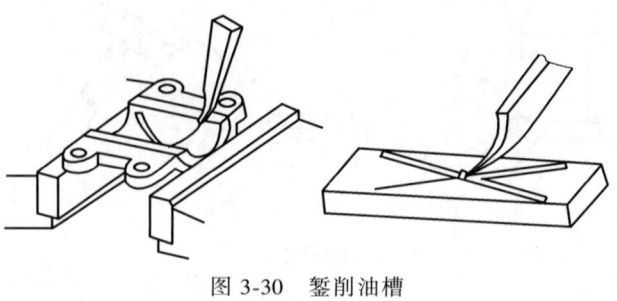

图3-30　錾削油槽

2) 錾削过程中，要保持正确的錾削角度，并尽量使切削刃都能参与錾削，以免使切削力集中在一个部位上，造成崩刃。

3) 錾子应经常刃磨锋利，刃口钝，錾削效率不高，錾出的表面也较粗糙，刀刃也易崩裂；錾顶的毛刺要经常磨掉，以免伤手。

4) 发现锤子柄部松动或损坏，要立即装牢或更换，以免锤头飞出发生事故。

5) 錾削时，工作台要有防护网，操作者应戴防护镜。

6) 锤子柄部不能有油污，防止锤子滑脱飞出伤人。

7) 每錾削两三次后，可将錾子退回一些，以便观察錾削的平整度，也可使手臂肌肉放松一下，以达到张弛有度，有利于操作的持续性和保证錾削质量。

任务二　锯削样板坯件

任务目标

1. 读懂图样，明确加工要求，完成加工前的准备工作。
2. 掌握锯削加工方法。
3. 按图样要求完成工件的锯削加工，初步掌握控制和修正误差的基本方法。

任务描述

完成图3-31所示矩形件的划线与锯削加工。

任务分析

本任务采用锯削方法预制样板坯件，通过本任务实施，掌握直角锯削、角度锯削的操作技能，同时积累基准选择和尺寸控制、测量方法等工艺知识。

知识准备

1. 锯条损坏及工件废品原因分析

锯条损坏的形式　锯齿崩断、锯条折断和锯齿过早磨损等都是锯条损坏的常见形式，其主要原因及预防措施见表3-10。

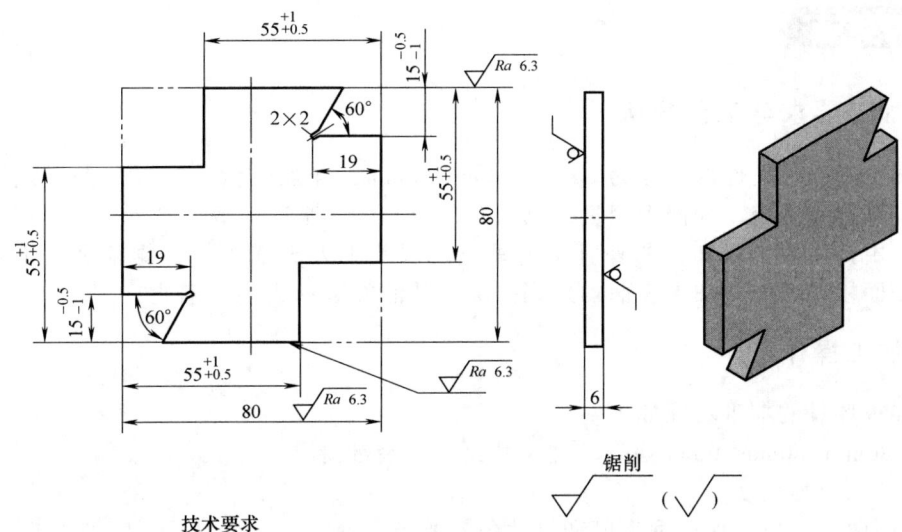

技术要求
1. 各锯削部位锯缝平直,两外直角的垂直度误差不大于0.3mm。
2. 锯削完成,锐角倒钝。

实习件名称	材料	坯件	下转工序(任务)	数量
样板坯件	Q235	80mm×80mm×6mm	锉削	1

图 3-31 矩形件生产实习图

表 3-10 锯条损坏的主要原因及预防措施

锯条损坏形式	主要原因	预防措施
锯齿崩断	1. 锯条规格选择不当 2. 起锯角度太大或采用近起锯的方式时用力过大 3. 锯削压力突然增大或身体摆动幅度过大,使锯条产生歪斜	合理选用锯条;起锯正确;锯削用力均匀、适度
锯条折断	1. 锯条安装过松或过紧 2. 工件松动或将被锯断时没有减慢锯削速度和减小用力,使手锯突然失衡而折断 3. 强行找正歪斜的锯缝或锯削速度过快,压力过大 4. 换上新锯条后仍在原锯缝中锯削时推锯过猛 5. 锯齿磨损不均匀,拉长锯削时卡滞	锯条安装适度;工件装夹要牢固,伸出端要短 锯削时及时观察锯缝,有歪斜倾向,应及时找正 更换锯条后,接缝锯用力要轻,慢慢过渡顺畅后正常锯削
锯齿过早磨损	锯削硬材料时锯削速度过快,并且没及时润滑	锯削硬材料时,锯削速度要适中,钢件加切削液润滑

2. 锯削时产生废品的原因及预防措施

锯削时产生废品的主要原因及预防措施见表 3-11。

表 3-11 锯削时产生废品的主要原因及预防措施

废品形式	主要原因	预防措施
锯缝歪斜	1. 工件安装时,锯缝划线未能与垂线方向一致 2. 锯条安装太松或与锯弓平面不共面 3. 锯削压力过大,使锯条左右摆 4. 锯弓未扶正或用力歪斜,使锯条背离锯缝中心平面	适当绷紧锯条;正确装夹工件,使划线与钳口侧面平行;及时目测,找正;扶正锯弓,锯削速度均匀、适度
尺寸超差	1. 锯削时用力不均匀,锯削速度过快,使锯条偏摆 2. 划线不准确或观察不及时,使锯削线偏离划线 3. 起锯时锯路发生歪斜	掌握好起锯操作要领,锯削时用力适当,锯削速度适中;划线准确,线条清晰

任务实施

一、加工要求与工艺分析

由图样可知,该坯件的尺寸为 80mm×80mm×6mm,锉削余量是通过公差形式给出。为保证锯削、锉削基准统一和锉削余量,划线基准应与设计基准一致,且划线尺寸应按上极限尺寸划出。由技术要求可知,两外直角的垂直度误差不大于 0.3mm,锯削后锐角倒钝,图中未标出表面粗糙度的各加工表面均采用去除材料的方法(锯削)获得。

二、加工操作

锯制样板坯件的加工步骤如下。
1) 按 80mm×80mm×6mm 检查坯件尺寸,弄清余量情况。
2) 工件涂色划线。
3) 锯削两外直角,保证垂直度和尺寸公差要求。
4) 锯削两角度至图样尺寸,要求锯削面平直。
5) 锯削 2mm×2mm 清角槽。
6) 去毛刺,检验。

任务评价与反馈

锯削基本功的形成需要通过一定量的练习才能较好掌握。合理的加工顺序、正确的锯削姿势和对锯削操作的控制是保证锯削质量的关键。通过本任务,进一步掌握锯削操作要领,明确直角锯削、角度锯削的操作要点和注意事项,积累工艺知识,形成相应技能。

1. 自我评价

1) 在直角锯削、角度锯削加工中,应如何控制尺寸?本次任务制作过程中在哪方面有所收获?
2) 是否掌握锯削操作技能?还需要在哪些方面进行提高?

2. 任务考评

用钢直尺、游标卡尺、直角尺等配合自检,填写任务考评表(表 3-12)。

3. 实训心得

表 3-12 锯削样板坯件任务考核表

学生姓名:		班级:		学号:		时间:	
零件名称		样板坯件		实习件图号		图 3-31	
考核项目		考核内容	配分	评分标准	考评得分		
					自检	互检	教师
主要项目	1	锯削姿势正确	10 分	不正确不得分			
	2	锯削面平直(八处)	24 分	每处不平扣 3 分			
	3	$55^{+1}_{+0.5}$ mm(四处)	32 分	每处超差扣 8 分			
	4	60°(两处)	12 分	角度每处超差扣 6 分			
	5	垂直度公差为 0.3mm(两处)	12 分	每处超差扣 6 分			

(续)

考核项目	考核内容	配分	评分标准	考评得分		
				自检	互检	教师
安全文明生产	国家颁布的安全生产法规有关规定及车间管理规定	10分	违规不得分			
	总配分	100分	合计			
教学评价	○优秀(85分以上)　○良好(75分以上) ○及格(60分以上)　○不及格(60分以下)		综合得分			
			教师签名			

退刀槽与砂轮越程槽

退刀槽和砂轮越程槽结构基本相同,均为零件上的工艺槽,和倒角、倒圆、凸台、凹槽等工艺结构一样,都是在满足零件使用要求的前提下,考虑零件加工的可行性和经济性而设计的工艺结构,通过这些结构使零件的加工、测量、装配等都更趋于合理和简单。

退刀槽是便于切削刀具退出而加工的沟槽,例如轴类零件上的螺纹退刀槽,套类零件不同直径内孔间过渡处的退刀槽等。

越程槽是为方便零件磨削加工而开的槽。砂轮又称固结磨具,因其是由结合剂将普通磨料固结而成,在砂轮柱面和端面之间存有圆角,在磨削台阶轴的外径和台阶端面时,夹角处无法磨削到根部得到所需的精度和表面粗糙度值,因此在交角处沿磨削表面车出砂轮越程槽,以便于砂轮退出和保证零件磨削表面精度要求。

图 3-32 所示为轴类零件上的退刀槽和越程槽。

在机械零件中,只要同时磨削两个相交面,交线处都需要有越程槽,例如平面零件中需要磨削的台阶、V 形槽、T 形槽、燕尾槽等,如图 3-33 所示。

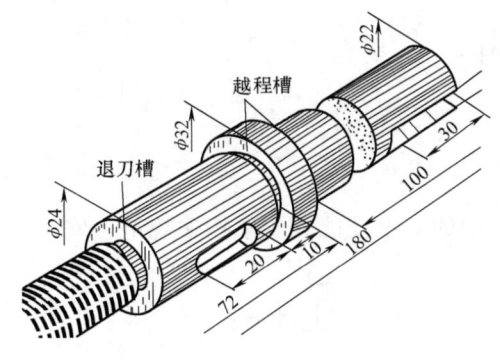

图 3-32　退刀槽和越程槽

图 3-33　磨削 V 形槽

零件上的退刀槽和砂轮越程槽其尺寸和结构大多已标准化。表 3-13 所示为燕尾导轨和矩形导轨越程槽的结构及尺寸。

本任务角度样板坯件图样中的"2×2"角槽即为工艺槽,在下道锉削工序中,有利于锉刀越程,也易于保证两相交面间角度的测量和平面度的控制。

表 3-13 燕尾导轨和矩形导轨砂轮越程槽的结构及尺寸（摘自 GB/T 6403.5—2008）

（单位：mm）

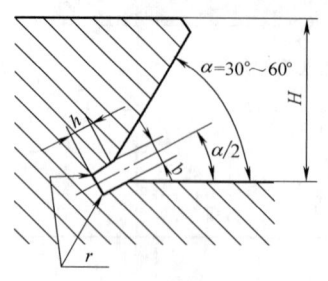
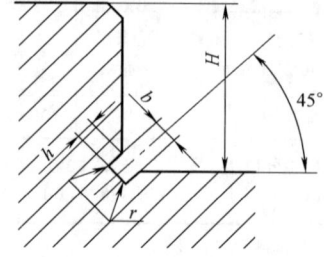

燕尾导轨砂轮越程槽　　　　　　　矩形导轨砂轮越程槽

尺寸	燕尾导轨砂轮越程槽											矩形导轨砂轮越程槽									
H	≤5	6	8	10	12	16	20	25	32	40	50	63	80	8	10	12	16	20	25	32	40	50	63	80	100
b	1	2		3			4			5			6	2				3				5			8
h	1	2		3			4			5			6	1.6				2.0				3.0			5.0

项目拓展

锯削、錾削相关资讯收集与学习

小组合作，分头收集、共享如下加工资讯。

结合操作训练，通过网络搜索、观看钳工锯削操作案例视频，理解锯条的选择和锯削运动对锯削加工质量的影响。分析操作训练中的得失，找出存在的问题，以提高训练的针对性。

拓展任务

錾 削 方 件

1. 实习件生产图样

方件生产实习图如图 3-34 所示。

2. 技能训练要求

錾削姿势正确，錾削面平直。初步具备平面錾削的基本技能。要求操作规范、安全。

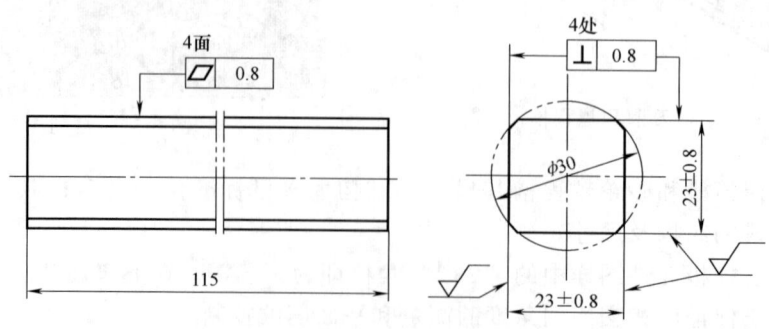

图 3-34　方件生产实习图

实习件名称	材料	坯件	下转工序(任务)	数量
方件	Q235	φ30mm棒料	鸭嘴锤头	1

图 3-34 方件生产实习图（续）

职业技能理论知识测验

一、选择题

1. 为防止锯条卡住，起锯角一般不大于_____。
   A. 15°　　　　　B. 20°　　　　　C. 10°

2. 锯条锯齿的楔角与锯条的_____有关。
   A. 齿数　　　　B. 齿距　　　　C. 厚度

3. 锯削黄铜材料，应选用齿距为_____的锯条为宜。
   A. 1.8~1.4mm　　B. 1.2~1.0mm　　C. 0.8mm

4. 锯削时，锯弓运动有直线运动和上下摆动两种方式，其中_____较为省力。
   A. 直线运动　　　B. 大幅度上下摆动　　C. 小幅度上下摆动

5. 锯削管料_____连续锯削到结束。
   A. 不可在一个方向　　B. 要在一个方向　　C. 两者都可以

6. 锯削时，工件一般装夹在台虎钳的_____，便于操作控制。
   A. 中间　　　　B. 左边　　　　C. 右边

7. 当锯缝的深度超过锯弓的高度时，锯弓就会碰到工件，此时应将锯条拆出并转动_____横装在锯弓上，使锯弓转到工件的侧面继续锯削至完成。
   A. 180°　　　B. 90°　　　C. 120°　　　D. 45°

8. 錾削时，錾子的楔角应与工件的硬度相适，工件材料为一般碳素结构钢，则錾子的楔角应刃磨至_____为宜。
   A. 50°~60°　　　B. 30°~50°　　　C. 60°~70°

9. 扁錾主要用于錾削_____。
   A. 平面　　　　B. 沟槽　　　　C. 平面和分割薄板。

10. 錾子的切削部分需要进行热处理，其加热长度约为_____。
    A. 10mm　　　　B. 20mm　　　　C. 30mm

二、判断题

1. 可调式锯弓可以安装不同长度规格的锯条。（　　）
2. 安装锯条时，锯条的松紧要适度。（　　）

3. 锯削薄板时，采用斜推方法可防止和减小其颤动和变形。（   ）

4. 被錾削件的材料很硬，则应选较大楔角的錾子。（   ）

5. 锯条安装太松，会导致锯缝歪斜。（   ）

6. 錾削平面应从工件的边缘尖角处起錾，阻力小，易于切入。（   ）

7. 锯路的作用是提供锯切间隙，减小锯缝对锯条的磨损，使锯条在锯削时不易被锯缝夹住或折断。（   ）

8. 锯削速度以 40~60 次/min 为宜。（   ）

9. 錾子回火时，观察錾子表面金属氧化膜颜色的变化，当刃口呈黄色时入水，则錾子硬度较高，韧性较差。（   ）

10. 锯削软材料时，锯削速度可快些，锯削硬材料时，锯削速度可慢些。（   ）

 品读工匠故事，滋养职业情怀

大国工匠　潜水器首席装配钳工技师——顾秋亮

中国船舶重工集团公司第七零二研究所水下工程研究开发部职工、蛟龙号载人潜水器首席装配钳工技师顾秋亮，10多年来带领全组成员，保质保量完成了蛟龙号总装集成、数十次水池试验和海试过程中零部件的拆装与维护。载人潜水器有十几万个零部件，对其进行组装的精密度要求可达"丝级"，在中国该行业领域中，目前只有顾秋亮能完成这个精密度要求。因为有着这样的绝活儿，顾秋亮被人称为"顾两丝"。

顾秋亮说："在海上工作生活确实很苦很累，但我感到很兴奋、很自豪。不管是晚上加班到半夜还是早上五点半起床保养潜水器，不管日晒还是雨淋，我感到很光荣，能为海试出一份力，我很骄傲，因为在祖国的深潜记录中有我的汗水！"

这是大国工匠们的职业情怀，正是工匠们的辛勤付出，才使得制造企业有了生命力和创造力，他们是国家的宝贵财富。

项目四
锉削

用锉刀对工件进行切削加工的方法,称为锉削。锉削一般是在錾削、锯削之后对工件进行的精度较高的加工工艺,如图 4-1 所示。

本项目结合车间实境课堂,在完成划线、锯削学习的基础上,进行锉削工艺知识的学习和基本技能的训练。本项目通过凸形槽轴、矩形件、组合角度样板等任务,掌握锉削操作基本技能,具备锉削加工的基本能力。

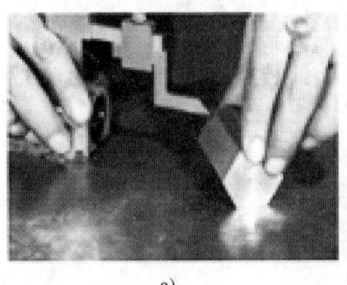
a)
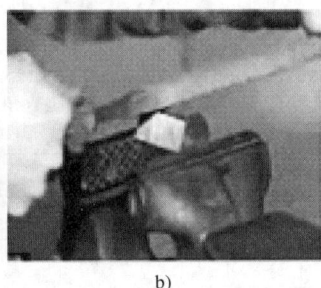
b)
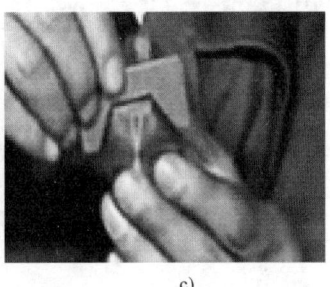
c)

图 4-1 锉削

项目重点

1. 锉削基本操作技能。
2. 各种型材的锉削方法。

工作情境

本项目工作情境建议及说明见表 4-1。

表 4-1 锉削工作情境建议及说明

建议	说明
工作情境	车间实境教学
教学条件	钳工实训车间(配有数字化教学研讨区)
主要设备	钳工工作台、台虎钳(按人数配备工位)
教学建议	理实一体、任务导向、分组教学,观察演示,操作练习,现场实训
工作过程	明确任务→获取知识→任务实施→评价与反馈

项目准备

项目材料准备清单见表 4-2，项目装备准备清单见表 4-3。

表 4-2　项目材料准备清单

序号	加工内容	材料	坯件尺寸	数量	备注
1	锉削凸形槽轴	45	φ30mm×61mm	1	图 4-2
2	加工矩形件	Q235	φ40mm×82mm	1	图 4-19
3	加工组合角度样板	Q235	62mm×47mm×8mm	1	图 4-20
*4	锉制平键	45	62mm×12mm×10mm	1	图 4-28
*5	刮削方板	HT150	铣制半成品	1	图 4-29
合计					

备注：任务材料按人配备，可按实际教学需要分组调配

表 4-3　项目装备准备清单

项目装备	说　　明
工艺装备	划线工具(划线平台、方箱、V形铁、划针盘、划针、划规、样冲、锤子、划线涂料)、工具(钳工锉、整形锉、平面刮刀)钢直尺(300mm)、游标卡尺(0~125mm)、外径千分尺(0~25mm)、游标高度卡尺(0~300mm)、刀口形直尺、刀口形直角尺、宽座直角尺、游标万能角度尺、其他辅具(按实训需要配备)
数字化教学资源	多媒体课件、音/视频等资源(按教学条件选备)

备注：划线工具、量具每组一套；锉刀按人配备

任务一　锉削凸形槽轴

任务目标

1. 读懂图样，明确加工要求，完成加工前的准备工作。
2. 能够正确安放、找正和使用划线工具进行简单立体划线。
3. 掌握锯削、锉削的基本操作方法和常用量具的正确使用方法。

任务描述

完成图 4-2 所示凸形槽轴零件的加工。

任务分析

凸形槽轴是由圆柱棒料经划线、锯削、锉削加工而成。通过本任务，将理论知识融入实践操作过程中，进一步理解和掌握划线、锯削和锉削技能要求与操作要领，注重经验积累。

知识准备

锉削应用范围很广，其加工范围有内、外表面、沟槽和各种复杂的表面。锉削加工精度最高可达 0.01mm，表面粗糙度值可达 $Ra0.8\mu m$。

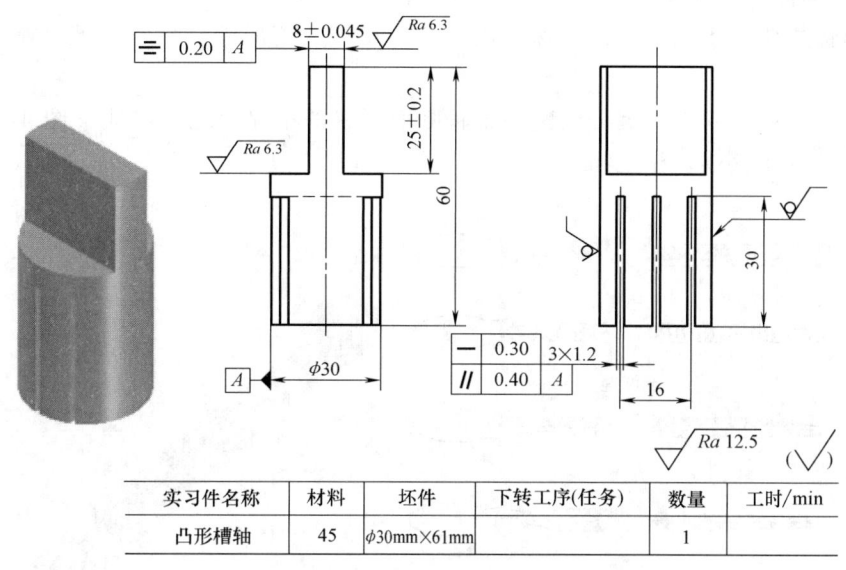

图 4-2　凸形槽轴生产实习图

一、锉刀

锉刀是用碳素工具钢（T12、T13 或 T1A2、T13）制成的，并经过热处理淬硬（62~72HRC）。

1. 锉刀的结构

锉刀各部分的名称如图 4-3 所示。

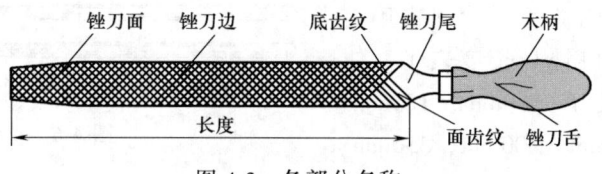

图 4-3　各部分名称

锉刀面是锉刀锉削的主要工作面；锉刀舌是指锉刀尾部装入锉刀手柄的部分；锉刀手柄有木质和塑料两种材料。木质手柄要镶制铁箍。

2. 锉刀的齿纹

锉刀的齿纹有单齿纹和双齿纹两种，如图 4-4 所示。

双齿纹锉刀是用剁齿机剁出的齿形，剁齿刀齿强度高，不易磨损，适合锉削较硬材料。单齿纹锉刀一般是用铣齿法制成，锉齿锋利，适合锉削软材料。

3. 锉刀的种类

锉刀按其用途的不同，可分为钳工锉、异形锉和整形锉三种类型。

1) 钳工锉按其断面形状不同，又可

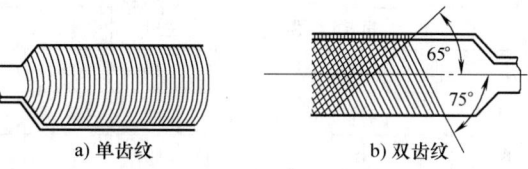

图 4-4　锉刀的齿纹

分为扁锉、半圆锉、方锉、三角锉和圆锉,如图 4-5 所示。

2) 异形锉主要用于锉削工件特殊表面,有刀口锉、菱形锉、扁三角锉、椭圆锉和圆肚锉等。

3) 整形锉又称什锦锉,因分组配备各种断面形状的小锉,也称组锉(图 4-6)。整形锉主要用于修整工件细小部分的表面。

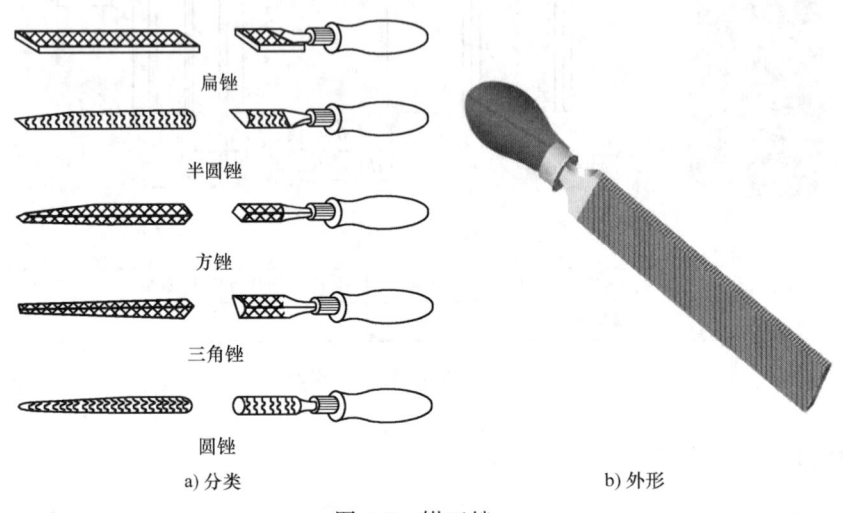

图 4-5 钳工锉

4. 锉刀的规格与选用

(1) 锉刀的规格 锉刀规格分为尺寸规格和锉纹粗细规格两种。方锉的尺寸规格以方形尺寸表示;圆锉的尺寸规格用直径表示;其他锉刀则以锉身长度表示。钳工常用的锉刀长度有 100mm、125mm、150mm、200mm、250mm、300mm、350mm、400mm、450mm 等多种。

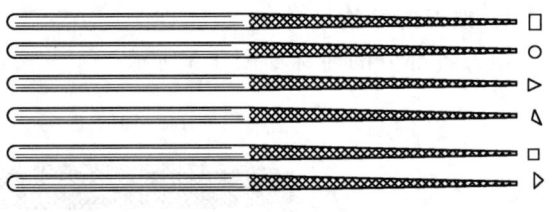

图 4-6 整形锉

锉纹的粗细以锉刀每 10mm 轴向长度内主锉纹(指锉刀上起主要切削作用的齿纹)的条数表示。按锉纹的粗细(齿距大小)可分为五个号,见表 4-4。

表 4-4 锉纹粗细规格

锉纹号	锉 名	锉身长度/mm								
		100	125	150	200	250	300	350	400	450
		每 10mm 轴向长度内的主锉纹条数								
I	粗锉(粗齿)	14	12	11	10	9	8	7	6	5.5
II	中锉(中齿)	20	18	16	14	12	11	10	9	8
III	细锉(细齿)	28	25	22	20	18	16	14	12	—
IV	油光锉(双细齿)	40	36	32	28	25	22	20	—	—
V		56	50	45	40	36	32	—	—	—

（2）锉刀的选用 锉刀的断面形状和长度应根据被锉工件表面的形状和尺寸大小选用，以适应加工要求，如图 4-7 所示。

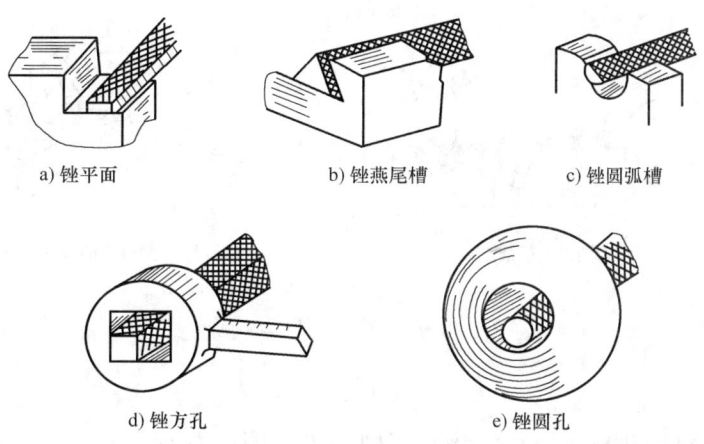

图 4-7 锉刀的选用

锉纹粗细规格需根据工件材料的性质和硬度、加工余量的大小、被加工表面的精度和表面质量要求等因素来选择。

锉纹粗细规格的选用所适宜的加工场合见表 4-5。

表 4-5 锉纹粗细规格的选用

锉纹粗细规格	适用场合		
	加工余量/mm	尺寸精度/mm	表面粗糙度值 $Ra/\mu m$
Ⅰ（粗齿锉刀）	0.5~1	0.2~0.5	100~25
Ⅱ（中齿锉刀）	0.2~0.5	0.05~0.2	25~6.3
Ⅲ（细齿锉刀）	0.1~0.3	0.02~0.05	12.5~3.2
Ⅳ（双细齿锉刀）	0.1~0.2	0.01~0.02	6.3~1.6
Ⅴ（油光锉）	0.1 以下	0.01	1.6~0.8

二、平面锉削方法

1. 锉刀的握法

锉刀长度大于 250mm 的较大型锉刀的握法：用右手握紧锉刀柄，柄端顶住掌心，将大拇指放在锉刀柄上部，其余四指握住锉刀柄；左手的中指、无名指捏住锉刀端，大拇指根部压在锉刀上，食指、小拇指自然收拢，如图 4-8 所示。

中型锉刀握法同较大型锉刀一样，左手的大拇指和食指捏住锉刀端，如图 4-9a 所示。

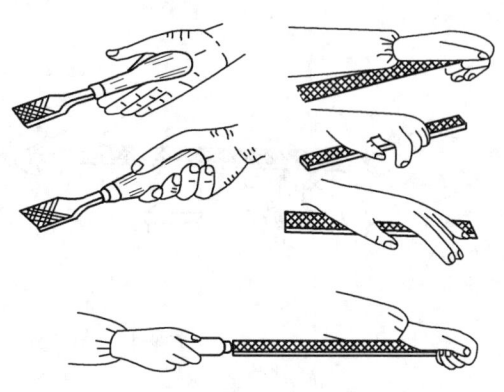

图 4-8 较大型锉刀的握法

小型锉刀右手持锉时，用食指扶住锉刀边，以增强刚度，左手手指压在锉刀的中部，以防锉刀弯曲，如图 4-9b 所示。

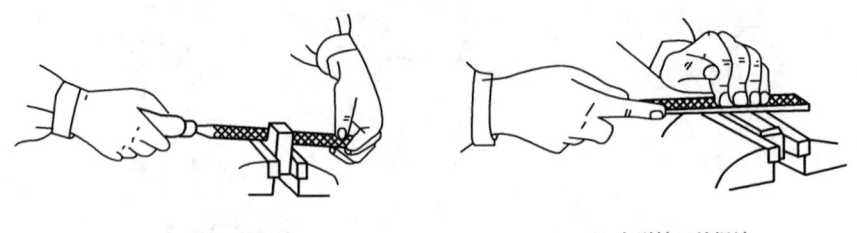

a) 中型锉刀的握法　　　　　　　b) 小型锉刀的握法

图 4-9　锉刀的握法

2. 锉削姿势

锉削时的站立位置和身体摆动姿势与锯削基本相同。左右脚间距离为 250~300mm，站立要稳，摆动要自然。

3. 锉削运动与锉削速度

要锉削出平直的平面，必须使锉刀保持直线运动。

锉削平面时两手的用力情况如图 4-10 所示。开始锉削时，左手施力较大，右手推力大于压力；随着锉刀的推进，右手的压力要逐渐增加，左手的压力随着锉刀的推动而逐渐减小。回程时将锉刀抬起，快速回到起始位置，不施加压力。

锉削速度一般应在 40 次/min 左右，推出锉刀时，速度稍慢，回程时，速度稍快，动作要自然、协调。

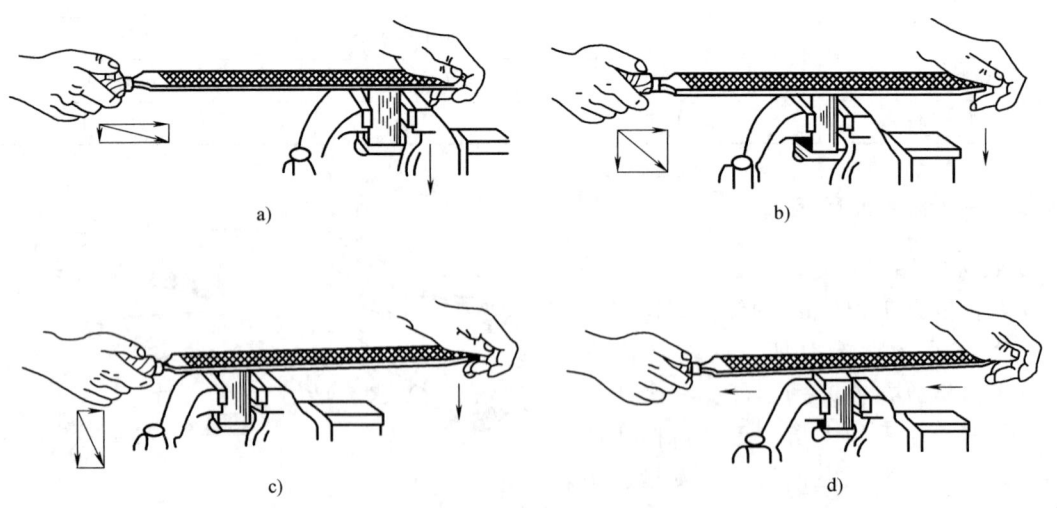

图 4-10　锉削平面时的两手用力情况

4. 平面的锉削方法

平面的锉削方法有顺向锉、交叉锉和推锉三种方法。

（1）顺向锉法　锉刀的运动方向与工件装夹方向一致，用于面积不大的平面和最后锉光，如图4-11a所示。顺向锉是最基本的锉削方法，具有锉纹清晰、整齐的特点。

（2）交叉锉法　锉刀的运动方向与工件装夹方向的夹角约为35°。该锉削方法与工件接触面积较大，易使锉刀平稳，且能从交叉的锉纹上判断锉削面的凸凹情况，以便于修整，如图4-11b所示。

当工件的加工余量大时，一般可在锉削前段用效率较高的交叉锉；当工件的加工余量较小时，可用顺向锉，以获得纹理方向一致的较光滑表面。

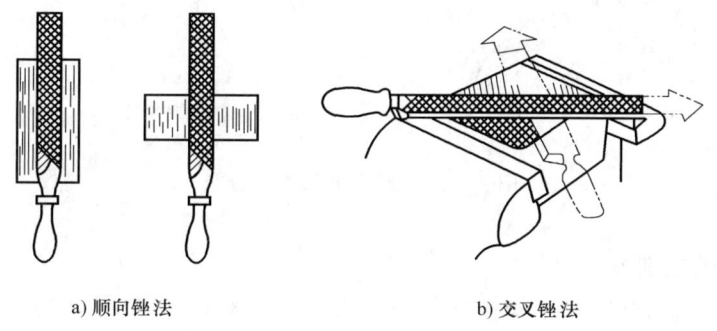

a) 顺向锉法　　　　　　b) 交叉锉法

图4-11　平面的锉削方法

（3）推锉法　锉削狭长平面或采用顺向锉受阻时常用推锉法，如图4-12所示。推锉时锉刀的运动方向不是锉刀齿纹的切削方向，且不能充分发挥手臂的力量，锉削效率较低，只适用于加工余量较小的工件和修整尺寸时采用。

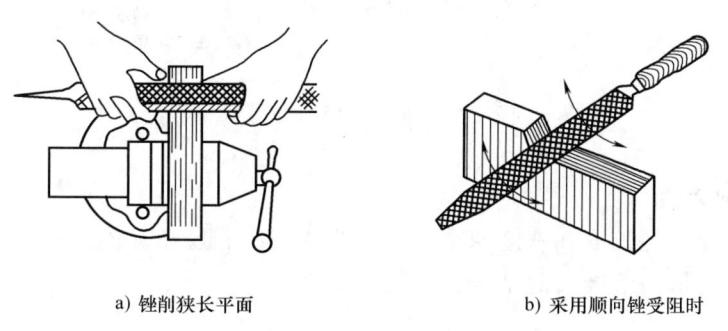

a) 锉削狭长平面　　　　　　b) 采用顺向锉受阻时

图4-12　推锉法

三、曲面的锉削方法

曲面分为外曲面和内曲面。锉削外曲面时用扁锉，锉削内曲面时用圆锉或半圆锉。对于半径较大的圆弧面，可先用方锉进行曲面的粗加工。

1. 凸圆弧面的锉削方法

（1）顺向滚锉法　锉刀同时完成前进运动和绕着工件圆弧中心的转动，如图4-13a所示。顺向滚锉法能获得较光滑的圆弧面，适用于精锉。

（2）横向滚锉法　锉刀的主要运动是沿着圆弧的轴线方向做直线运动，同时锉刀不断沿着弧面移动，在锉削表面形成接近圆弧的多个棱面，如图 4-13b 所示。此法加工效率高，适宜于圆弧面的粗加工。

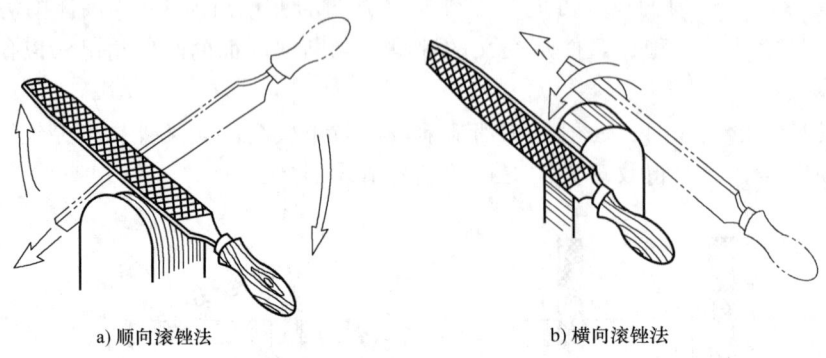

a) 顺向滚锉法　　　　　　　　b) 横向滚锉法

图 4-13　凸圆弧面的锉削方法

2. 凹圆弧面的锉削方法

通常情况下，采用圆锉或半圆锉锉削凹圆弧面。锉削时锉刀要同时完成三个运动：前进运动、绕着锉刀中心线的转动和顺着圆弧面顺时针或逆时针方向移动，如图 4-14 所示。

图 4-14　凹圆弧面的锉削

3. 球面的锉削方法

锉削球面时，锉刀在长度和宽度两个方向上绕曲率中心摆动。该锉法是凸圆弧面锉削方法中的顺向滚锉法与横向滚锉法的结合，如图 4-15 所示。

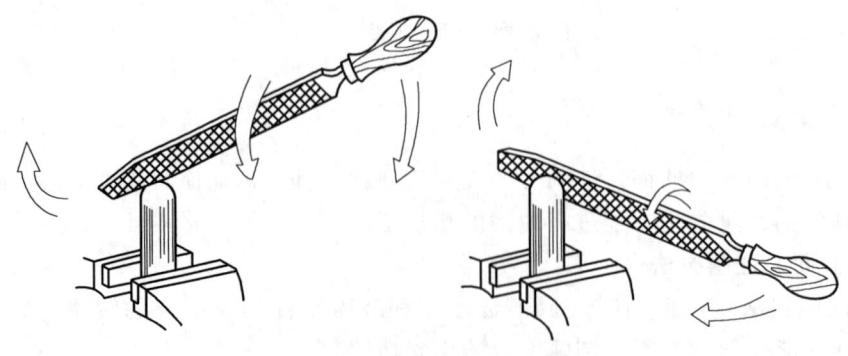

图 4-15　球面的锉削方法

四、锉削质量的检验

1. 平面度的检验

锉削平面的平面度可用钢直尺或刀口形直尺以透光法进行检验,如图 4-16 所示。检查时,刀口形直尺应垂直放在工件表面上,并在加工面的纵向、横向和对角方向多处逐一检验,按透光情况判断加工面的平直程度。

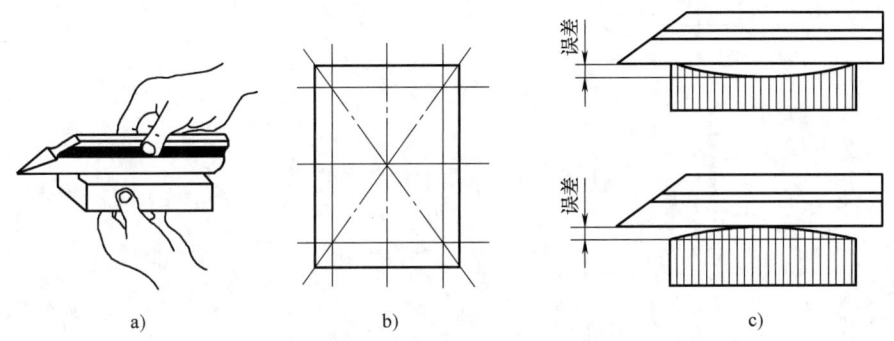

图 4-16 用刀口形直尺检验平面度

2. 垂直度的检验

锉削工件上两个相互垂直的平面时,其垂直度要用宽座直角尺通过透光法进行检验。用宽座直角尺检验工件垂直度,应先用锉刀将工件的锐边倒钝(图 4-17a)。检查时,将宽座直角尺的基面贴紧工件的基准面,然后向下移动宽座直角尺,使其测量面与被测表面接触,平视观察其透光情况,以此来判断工件被测表面与基准面是否垂直,如图 4-17b 所示。检查时应注意宽座直角尺不可斜放,否则检查结果不准确(图 4-17c)。

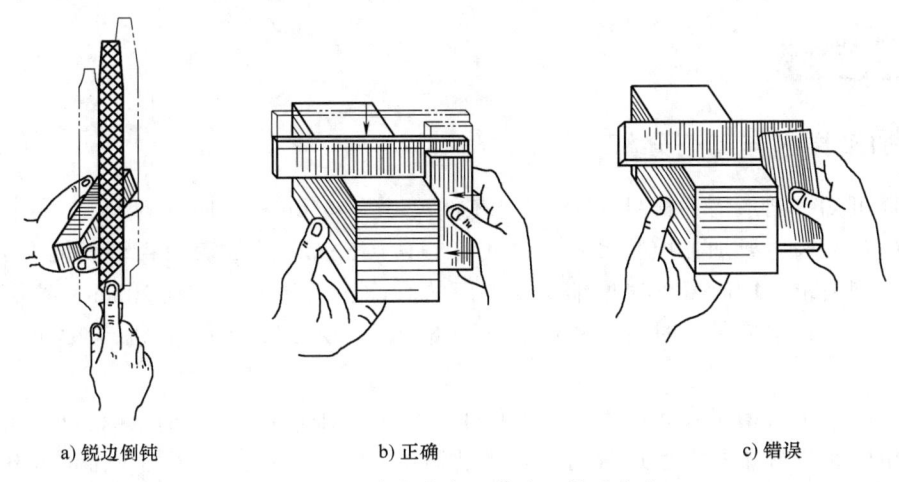

a) 锐边倒钝   b) 正确   c) 错误

图 4-17 用宽座直角尺检验工件垂直度

3. 曲面的检验

锉削曲面时,曲面的轮廓形状误差可用量规或曲面样板通过塞尺或透光法进行检验,如图 4-18 所示。

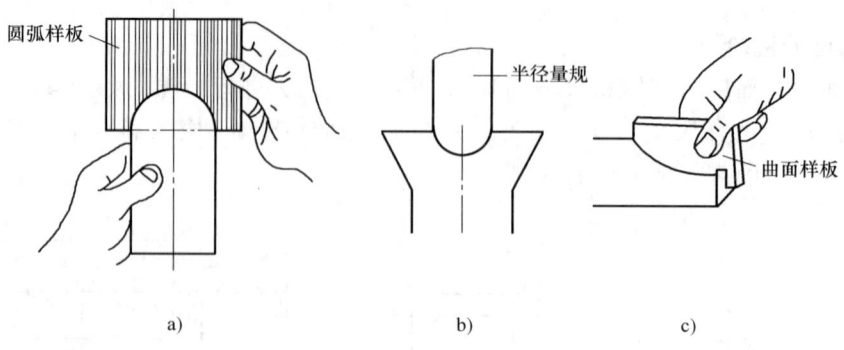

图 4-18 曲面轮廓的形状误差检验

> **师傅说**
> 锉削操作安全文明生产内容如下。
> 1) 不使用无柄或裂柄锉刀锉削工件,锉刀柄应装紧,以防脱出扎手。
> 2) 锉削工件时,铁屑要用钢丝刷子清除,不可用嘴吹,以防铁屑飞入眼内。
> 3) 新锉刀应先用一面,该面用钝后再用另一面。
> 4) 铸件上硬皮或粘砂,锻件上的飞边等,先用砂轮磨去,然后锉削。
> 5) 锉削时,不可用手触摸锉削表面,避免油污沾染使锉刀打滑造成损伤。
> 6) 锉刀要定位放置。锉刀放置在钳工工作台上时,不应使其伸出钳台以外,以免碰落伤脚。

任务实施

一、加工要求与工艺分析

由图样可知,凸形槽轴材料为 45 钢,坯件尺寸为 $\phi 30\text{mm} \times 61\text{mm}$ 棒料,外径无需加工。凸形部分的尺寸为主要加工控制尺寸,尺寸 $(8\pm 0.045)\text{mm}$ 处的表面粗糙度值为 $Ra6.3\mu\text{m}$,采用精锉达到要求。同时要求对槽轴中心平面的对称度误差不大于 0.20mm,这需要提高划线精度,并在操作中通过随时测量来保证。深度尺寸 $(25\pm 0.2)\text{mm}$ 在加工中应注意两边的一致性。

槽轴上的三个直槽有直线度及平行度要求,宜先用细齿锯条锯削,保证加工要求。

凸形槽轴采用方箱装夹后进行划线,通过翻转方箱,尽可能一次划出全部互相垂直的加工线。

二、加工操作

凸形槽轴的加工工艺过程见表 4-6。

表 4-6 凸形槽轴加工工艺过程卡片

	加工工艺过程卡片		产品型号		零部件图号		图4-2	共1页
			产品名称		零部件名称		凸形槽轴	第1页
材料牌号	45	毛坯种类	圆棒料	毛坯外形尺寸	φ30mm×61mm	每台件数	每件可锻件数	备注
实习工序	工步号	工序内容			车间	工段	设备	工艺装备
1	1	读图,锯削下料 φ30mm×61mm						台虎钳,手锯,钳工锉,游标卡尺(0~125mm)划线工具
2	1	锉削两端面至 φ30mm×60mm,Ra12.5μm						
3	1	划线,工件装夹在方箱上,以 φ30mm 两垂直中心平面为基准,划出凸台及三个锯削槽的加工位置线(凸台平面与三条锯削槽垂直)					划线平台,钳工工作台	方箱、划针盘、钢直尺等
4	2	检查无误,打样冲眼						
4	1	锯削上部凸台,各边留 0.5~1mm 锉削余量						
5	1	锉削凸台至图样尺寸,长度尺寸为(8±0.045)mm,深度尺寸为(25±0.2)mm,保证表面质量和对中心平面A的对称度要求						
6	1	按划线锯削 3mm×1.2mm 直槽至深度尺寸 30mm,保证直线度及对中心平面A的平行度要求						
7	1	锐角倒钝,检验						
								工时
								准终 单件
						设计(日期)	审核(日期)	标准化(日期) 会签(日期)
标记	处数	更改文件号	签字	日期	标记	处数	更改文件号	签字 日期

任务评价与反馈

结合本任务的加工过程,对所学知识及遇到的问题进行归纳和总结,并通过团队合作和互评,找出存在的问题,明确改进措施。

1. 自我测评
1) 凸形槽轴的划线是否顺利?是否已经熟练使用方箱进行划线?
2) 是否已掌握锯削和锉削姿势?有哪些体会?

2. 任务考评
用游标卡尺配合自检,填写任务考评表(表4-7)。

3. 实训心得

____

____

____

表4-7 锉削凸形槽轴任务考评表

学生姓名:		班级:	学号:		时间:	
零件名称	凸形槽轴		实习件图号		图4-2	
考核项目		考核内容	配分	评分标准	考评得分	
					自检	互检	教师
主要项目	1	锯削、锉削姿势正确	10分	不正确不得分			
	2	(8±0.045)mm、Ra6.3μm	12分	尺寸超差扣6分;降级扣6分			
	3	= 0.20 A	10分	超差不得分			
	4	(25±0.2)mm、Ra6.3μm	10分	尺寸超差扣6分;降级扣4分			
	5	3mm×1.2mm	12分	每处尺寸超差扣4分			
	6	∥ 0.40 A — 0.30	20分	超差不得分			
一般项目	1	16mm	6分	超差不得分			
	2	60mm、30mm	10分	每处超差扣5分			
安全文明生产		国家颁布的安全生产法规有关规定及车间管理规定	10分	违规不得分			
总配分			100分	合计			
教学评价	○ 优秀(85分以上) ○ 良好(75分以上) ○ 及格(60分以上) ○ 不及格(60分以下)				综合得分		
					教师签名		

知识链接

电动角向磨光机

电动角向磨光机是用于金属表面打磨处理的一种手持电动工具。该机可配用多种工作头,例如粗磨砂轮、细磨砂轮、抛光轮、橡胶轮、切割砂轮、钢丝轮等,利用高速旋转的工作头进行零件表面打磨、除锈、焊缝开坡口、小型钢材切割等工作。因其具有结构简单、重量轻、体积小、携带方便、使用灵活及易操作等特点,在生产及生活中被广泛使用。

电动角向磨光机按所用磨光片直径尺寸的不同,分为 100mm、115mm、125mm、150mm、180mm 等多种规格。

电动角向磨光机的使用方法如下。

1)砂轮安装使用前必须进行外观检查,查看是否有裂纹或损伤,并用木锤敲击砂轮,发出的声音应当清脆。砂轮出厂日期应在一年之内,若超一年,则需按国家标准 GB/T 2493—2013《砂轮的回转试验方法》进行回转试验,以保证使用安全。

2)在起动电动角向磨光机进行磨削或切割前,应先检查砂轮的旋转方向,使其与机头标记的旋转方向保持一致。

3)安装砂轮前必须核对设备转速,不得超过砂轮上标记的最高工作速度。

4)新安装的砂轮必须在有防护罩的情况下,以工作速度进行 3~5min 的空转。空转时,操作者不要站在砂轮的前面或者切线方向。

5)薄片砂轮和铍形砂轮在切削时,如果用力过猛,则易发生砂轮停转卡住和撞碎砂轮的现象,造成砂轮损坏。使用电动角向磨光机切削工件时,不可将多件工件叠加起来进行切削,以防止发生意外。

任务二　加工矩形件

任务目标

1. 读懂图样,明确加工要求,完成加工前的准备工作。
2. 熟悉矩形件锯削、锉削的工艺方法,提高锯削、锉削操作技能。
3. 按图样要求完成矩形件的加工,掌握控制、修正误差的方法。

任务描述

完成图 4-19 所示矩形件的加工。

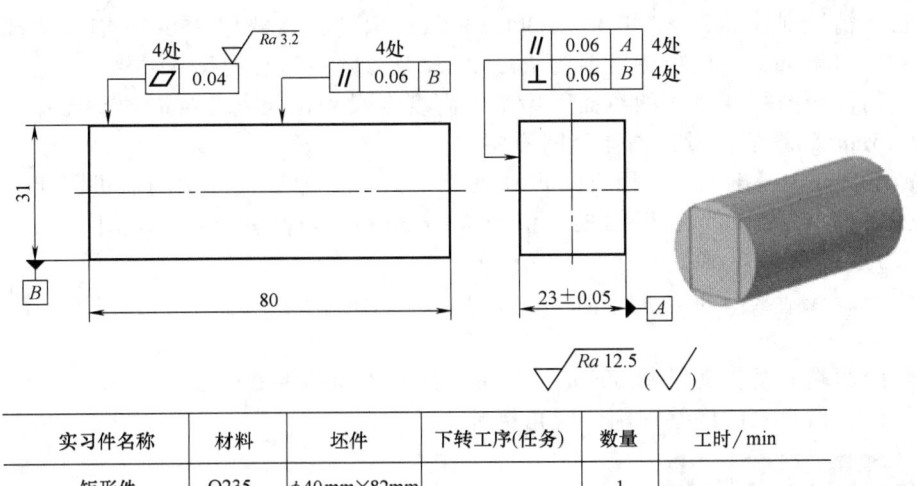

图 4-19　矩形件生产实习图

任务分析

在锯削加工中,因锯弓高度所限,超过锯弓高度的锯缝需要采用深缝锯削的方法来完成。本任务通过矩形件的锯削加工,掌握深缝锯削的操作技巧;通过矩形件的锉削加工,巩固平面锉削的基本技巧,学习平面零件加工的工艺方法,熟练掌握操作技能。

任务实施

一、加工要求与工艺分析

由图样可知,矩形件的加工精度要求较高,其尺寸精度以控制尺寸($23±0.05$)mm 为主。四个侧面的平面度公差为 0.04mm,两组相对平面的平行度公差和相邻平面的垂直度公差均为 0.06mm。工件两端面表面粗糙度值为 $Ra12.5\mu m$,其余各面为 $Ra3.2\mu m$。

加工平行面,应先加工基准面,且必须在基准面达到平面度要求后加工其平行面;加工垂直面,必须在平行面加工好后,即确保基准面、平行面达到平面度和尺寸精度要求的情况下才能进行,以使各相关面的加工具有准确的测量基准。

矩形件坯料为圆钢,采用先锯削后锉削的加工方法,因锉削基准面 A 接近划线时,还需以对边母线为测量基准,配合间接测量控制其尺寸,所以锯削一面锉削一面,避免各面因一次锯完而失去基准。

因为采用深缝锯削,锯削时持锯要稳,注意尺寸和锯缝的控制。锯削到接近锯弓高度时需重新安装锯条,接缝锯削用力要轻,调整操作姿势,保持锯削顺畅。锯削时应注意预留锉削余量。

二、加工操作

加工矩形件的步骤如下。

1)按图样尺寸锯削下料至 $\phi 40mm \times 82mm$。
2)划出基准面 A 的加工线。
3)锯削基准面 A,预留 0.5~1mm 的锉削余量。
4)粗、精锉削基准面 A。粗锉用 300mm 粗齿扁锉,精锉用 250mm 细齿扁锉,保证平面度公差为 0.04mm、表面粗糙度值为 $Ra3.2\mu m$ 及与圆柱母线的尺寸要求。
5)锯削、锉削基准面 A 的对面。用游标高度卡尺划出尺寸 23mm 的平面加工线,粗锉并预留 0.15mm 的锉削余量,精锉至图样要求。
6)锯削、锉削基准面 B。用直角尺和划针划出平面加工线,锯削后进行粗、精锉,保证平面度公差为 0.04mm、表面粗糙度值为 $Ra3.2\mu m$ 及与圆柱母线的尺寸要求,并保证与基准面 A 的垂直度要求。
7)锯削、锉削基准面 B 的对面。划出尺寸 31mm 的平面加工线,锯削、锉削至图样要求。
8)锉削两端面至长度尺寸 80mm,并保证其与 A 面的垂直度要求。
9)复检,做必要的修整锉削,锐角倒钝。

任务评价与反馈

合理的加工顺序、正确的装夹方式及测量是保证工件加工质量的关键。通过本任务的训练，要求掌握加工平行面、垂直面的工艺方法和操作要点。

1. 自我测评

1）如何根据矩形件尺寸确定圆钢直径？
2）在本次任务中有哪些收获？
3）操作中遇到了哪些困难？是否得以解决？如何解决的？

2. 任务考评

用游标卡尺、直角尺等配合自检，填写任务考评表（表4-8）。

3. 实训心得

_____

_____

_____

表4-8 加工矩形件任务考核表

学生姓名：		班级：	学号：	时间：			
零件名称		矩形件	实习件图号	图4-19			
考核项目		考核内容	配分	评分标准	考评得分		
					自检	互检	教师
主要项目	1	锯削、锉削姿势正确	4分	不正确不得分			
	2	锯削质量符合要求	4分	尺寸超差或不平直不得分			
	3	(23±0.05)mm、$Ra3.2\mu m$（两处）	15分	超差扣9分，每处降级扣3分			
	4	31mm、$Ra3.2\mu m$（两处）	13分	超差扣7分，每处降级扣3分			
	5	平面度0.04mm（四处）	16分	每处降级扣4分			
	6	平行度0.06mm（四处）	16分	每处降级扣4分			
	7	垂直度0.06mm（四处）	16分	每处降级扣4分			
一般项目	1	80mm、$Ra12.5\mu m$（两处）	6分	超差扣4分，每处降级扣1分			
安全文明生产		国家颁布的安全生产法规有关规定及车间管理规定	10分	违规不得分			
		总配分	100分	合计			
教学评价	○ 优秀（85分以上） ○ 良好（75分以上） ○ 及格（60分以上） ○ 不及格（60分以下）				综合得分		
					教师签名		

任务三　加工组合角度样板

任务目标

1. 读懂图样，明确加工要求，完成加工前的准备工作。
2. 按图样要求完成组合角度样板的锯削、锉削加工。
3. 熟悉对称结构件和角度样板的划线方法，提高划线的准确度。
4. 初步掌握角度样板的加工和质量控制方法。

🔧 任务描述

完成图 4-20 所示组合角度样板的加工。

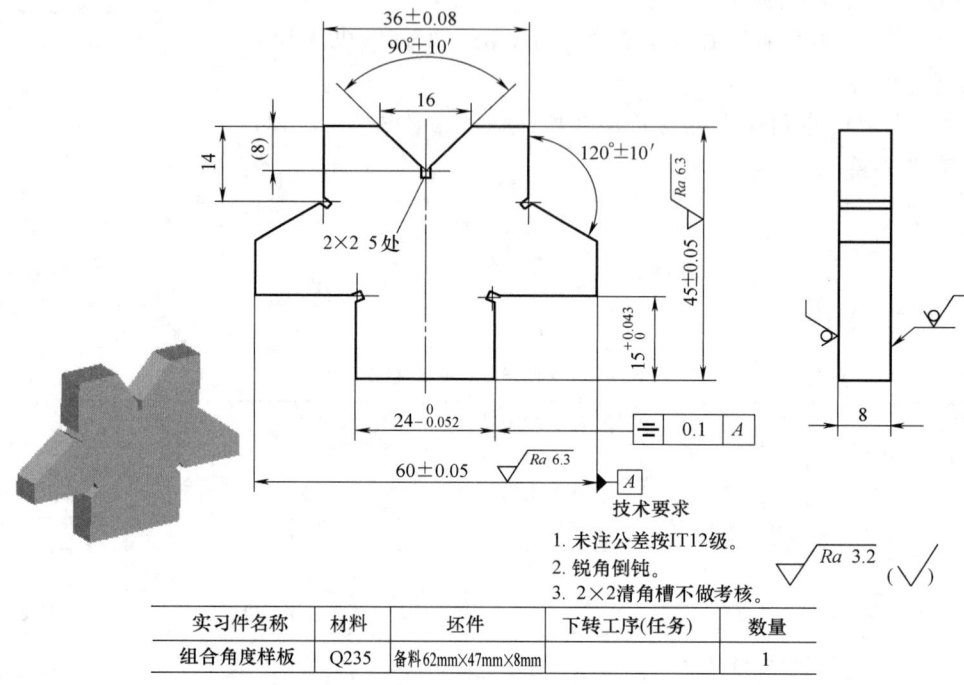

图 4-20 组合角度样板生产实习图

🔧 任务分析

角度样板是检测有一定角度范围要求的两个平面的定值量具,它对角度平面有较高的表面质量要求,同时要保证角度正确。通过本任务,学习角度样板及对称结构件的加工工艺,掌握相关计算和测量方法,夯实技能基础。

🔧 任务实施

一、加工要求与工艺分析

组合角度样板分别有两个 120°角槽和一个 90°V 形角槽,左右结构对称。加工有对称性要求的凸形部位时,为保证对称性,只能先去掉一端角料,加工至图样要求后,再去掉另一端角料,以便控制凸形部位的对称度误差。

对称度要求间接工艺控制工艺尺寸如图 4-21 所示,其计算公式为

$$M_{max} = \frac{L + T_{min}}{2} + \Delta$$

$$M_{min} = \frac{L + T_{max}}{2} - \Delta$$

式中 M——对称度要求间接工艺控制尺寸,单位为 mm;

L——工件两基准间的尺寸，单位为 mm；
T——凸台或被测面间的尺寸，单位为 mm；
Δ——对称度误差最大允许值（$t/2$），单位为 mm。

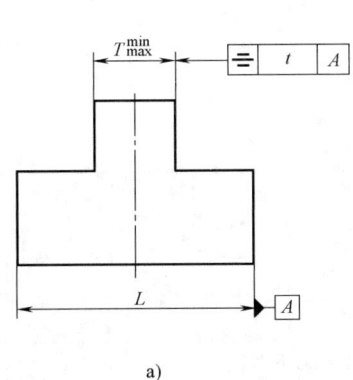
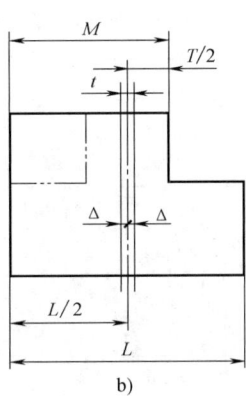

图 4-21 对称度要求间接工艺控制的工艺尺寸

加工组合角度样板凸形部分第一角时，应用上述方法根据 60mm 处的实际长度尺寸，通过计算对称度间接工艺控制尺寸 42mm＝（60mm－18mm）的最大值和最小值，来保证在取得尺寸 24mm 的同时，又能使其对称度误差小于 0.1mm。

二、加工操作

加工组合角度样板的步骤如下。
1) 来料检查，明确余量情况。
2) 锉削外轮廓至长度尺寸为（60±0.05）mm，高度尺寸为（45±0.05）mm，保证对边平行，邻边垂直。
3) 按图样要求划出各尺寸加工位置线，校准后打样冲眼。
4) 按预留 0.5～1mm 的锉削余量锯削凸形部分的一角及同边 120°角槽余料；锯削 2mm×2mm 的清角槽。
5) 锉削第一角及角槽。用上述方法控制凸台及角槽两处加工尺寸，粗、精锉削两处至图样要求。
6) 按划线锯削另一角及同边 120°角槽余料，锉削至图样要求。此时，凸形部分的尺寸要求可通过直接测量来控制加工。
7) 根据划线锯削、锉削，完成直角槽的加工。
8) 锐边倒钝，检查全部尺寸精度，用游标高度卡尺间接检测对称度。

任务评价与反馈

样板制作是钳工须掌握的重要技能之一，有较强的技能要求。通过实训，初步掌握其加工工艺和操作方法，为后续样板配作和综合技能的提高奠定基础。

1. 自我测评
1) 是否已掌握对称度间接工艺控制尺寸的相关计算？
2) 通过以上任务，自己的技能是否提高？
3) 工件质量是否符合图样要求？哪些问题尚需解决？

2. 任务考评

用游标卡尺、角度样板或游标万能角度尺配合自检，填写任务考评表（表 4-9）。

3. 实训心得

表 4-9 加工组合角度样板任务考评表

学生姓名：		班级：	学号：	时间：			
零件名称	组合角度样板		实习件图号		图 4-20		
考核项目		考核内容	配分	评分标准	考评得分		
					自检	互检	教师
主要项目	1	锯削、锉削姿势正确	10 分	不正确不得分			
	2	(36 ± 0.08)mm、$Ra3.2\mu m$	8 分	超差扣 5 分；降级扣 3 分			
	3	$90°\pm10'$、$Ra3.2\mu m$	8 分	角度超差扣 5 分；降级扣 3 分			
	4	$120°\pm10'$、$Ra3.2\mu m$（两处）	16 分	角度超差扣 5 分；降级扣 3 分			
	5	$24_{-0.052}^{\ 0}$mm	8 分	超差扣 5 分；降级扣 3 分			
	6	$15_{\ 0}^{+0.043}$mm	8 分	超差扣 5 分；降级扣 3 分			
	7	= 0.1 A	10 分	超差不得分			
	8	(45 ± 0.05)mm、$Ra6.3\mu m$	8 分	超差扣 5 分；降级扣 3 分			
	9	(60 ± 0.05)mm、$Ra6.3\mu m$	8 分	超差扣 5 分；降级扣 3 分			
一般项目	1	14mm、8mm、16mm	6 分	每处超差扣 2 分			
安全文明生产		国家颁布的安全生产法规有关规定及车间管理规定	10 分	违规不得分			
总配分			100 分	合计			
教学评价	○ 优秀（85 分以上） ○ 良好（75 分以上） ○ 及格（60 分以上） ○ 不及格（60 分以下）				综合得分		
					教师签名		

刮削方法

一、刮削

用刮刀在加工过的工件表面刮去微量金属，以提高表面几何精度、改善配合表面间接触状况的加工方法称为刮削。

刮削分为平面刮削和曲面刮削，如图 4-22 所示。

1. 刮削原理

刮削是在工件或校准工具（或与其相配合的工件）上涂一层显示剂，经过推研，使工件上较高的部位显示出来，然后用刮刀进行微量刮削，刮去较高一层的金属，并经过反复显示、推研、刮削，使工件达到所要求的几何精度。

2. 刮削的特点及作用

刮削具有切削量小、切削力小、产生热量少和装夹变形小等特点，能获得很高的几何精

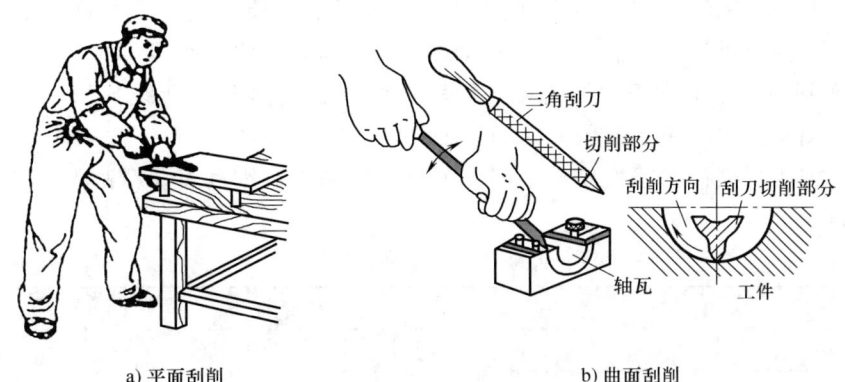

a) 平面刮削　　　　　　　　b) 曲面刮削

图 4-22　刮削

度、尺寸精度、接触精度和很小的表面粗糙度值。

刮削时，工件受到刮刀的推挤和压光作用，使工件表面组织结构变得比原来紧密，表面粗糙度值很小，可以有效提高互相配合的零件之间的配合精度。同时，由于刮削后的工件表面形成了比较均匀的微浅凹坑，给储油创造了良好条件，从而使得配合工件在往复运动时得到充足的润滑，改善其磨损情况。

刮削劳动强度大，生产率低。随着导轨磨床等专业设备的发展，较大型企业在制造、维修过程中，大多已采用以磨代刮的新工艺。但刮削所用工具简单，且不受工件形状和位置以及设备条件的限制，在工具、量具制造或维修中仍然是一种重要的手工技能。

3. 刮削余量

由于每次刮削只能刮去很薄的一层金属，刮削操作的劳动强度又很大，因此工件表面预留的刮削余量不能太大，一般为 0.05~0.4mm。合理的刮削余量与工件面积有关，具体数值见表 4-10。

表 4-10　刮削余量　　　　　　　　　　　　　（单位：mm）

	平面宽度	平面长度				
		100~500	500~1000	1000~2000	2000~4000	4000~6000
平面刮削余量	100 以下	0.10	0.15	0.20	0.25	0.30
	100~500	0.15	0.20	0.25	0.30	0.40
	孔径	孔长				
		100 以下		100~200		200~300
孔的刮削余量	80 以下	0.05		0.08		0.12
	80~180	0.10		0.15		0.25
	180~360	0.15		0.20		0.35

二、刮削工具及显点

刮削工具有刮刀、校准工具和显示剂。

1. 刮刀

刮刀一般采用 T12A 或弹性较好的 GCr15 滚动轴承钢制成，并经淬火处理后磨削而成

（硬度一般为60~65HRC）。刮削硬质工件时，也可焊上硬质合金刀头。刮刀的切削刃经过研磨后使用，磨损后可进行复磨。刮刀一般分为平面刮刀和曲面刮刀。

（1）平面刮刀　平面刮刀的切削刃一般呈直线（也有呈微小弧线）形，主要用于平面刮削和平面上刮花，也可用于刮削外曲面，如图4-23a所示。

平面刮刀按所刮表面的精度要求不同，可分为粗刮刀、细刮刀和精刮刀三种，平面刮刀规格见表4-11。

表4-11　平面刮刀规格　　　　　　　　　　　　　　　　（单位：mm）

种类	尺寸		
	全长 L	宽度 B	厚度 t
粗刮刀	450~600	25~30	3~4
细刮刀	400~500	15~20	2~3
精刮刀	400~500	10~12	1.5~2

（2）曲面刮刀　曲面刮刀主要用于刮削内曲面，例如滑动轴承的内孔等。曲面刮刀的种类较多，常用的有三角刮刀、柳叶刮刀和蛇头刮刀等，如图4-23b所示。

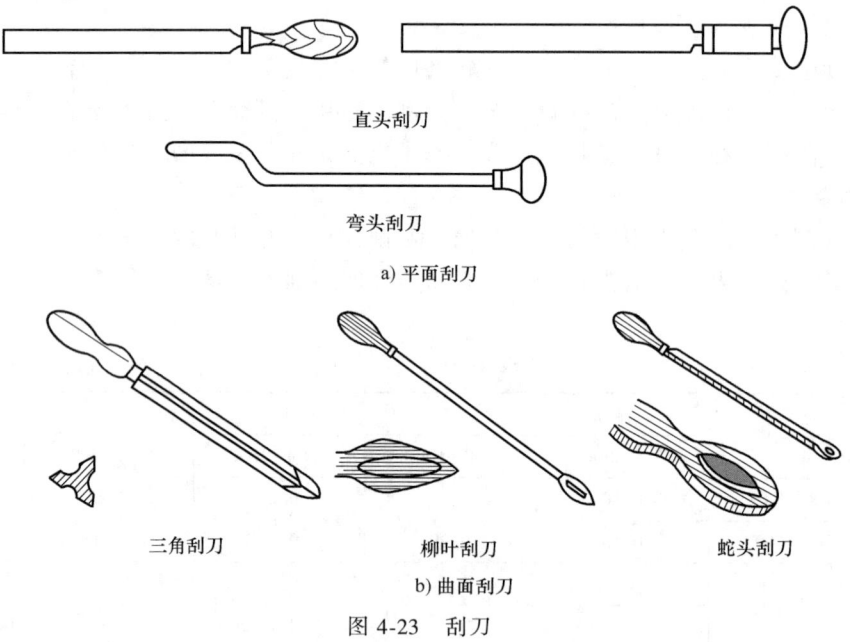

a) 平面刮刀

b) 曲面刮刀

图4-23　刮刀

2. 校准工具

校准工具是用来推磨研点和检验刮削表面准确性的工具。常用的校准工具有校准平板、校准平尺、角度平尺以及用来校验曲面或圆柱形内表面的校验芯棒等，如图4-24所示。

3. 显示剂

工件和校准工具进行对研时所加的涂料称为显示剂。常用的显示剂有红丹粉和蓝油。

（1）红丹粉　红丹粉有两种，即铁丹（氧化铁）和铅丹（氧化铅），使用时，用全损耗系统用油（或煤油、柴油）调合，将其涂在铸铁和钢件上。红丹粉具有不反光，所显示的高点清晰等特点。

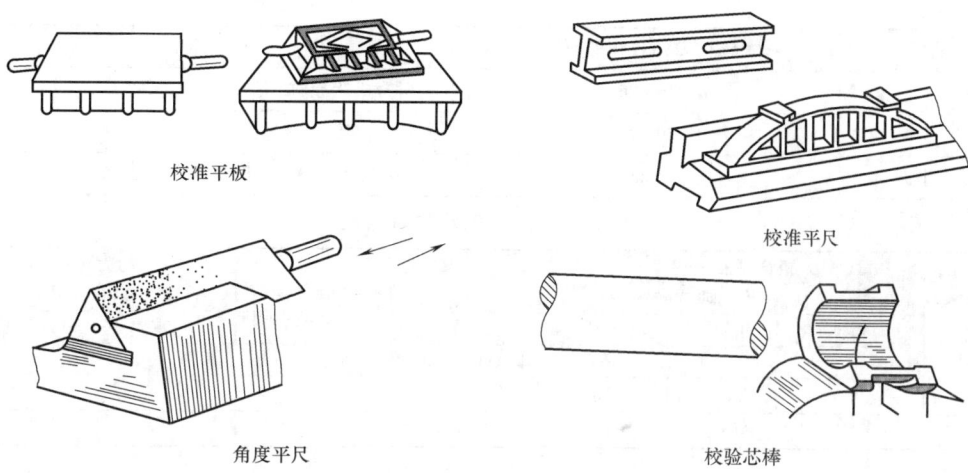

图 4-24　校准工具

（2）蓝油　蓝油用蓝粉、蓖麻油及适量全损耗系统用油调合而成，呈深蓝色，其研点小而清晰，多用于精密工件和非铁金属及其合金的工件。

4．显点方法

（1）中、小型工件的显点　校准平板不动，在被刮的工件平面涂匀显示剂后，将其在平板上进行推研。若工件长度较长，推研时超出平板的长度要小于工件长度的 1/3。

（2）大型工件的显点　工件固定，把显示剂均匀地涂在被刮的工件平面上，用校准工具在被刮的平面上进行推研。推研时，平板超出被刮工件平面的长度应小于平板长度的 1/5。

（3）形状不对称工件显点　该类工件在推研时一定要根据工件的形状，在不同位置施以不同大小及方向的力。

三、刮削精度的检验

对刮削面的质量要求，一般包括几何精度、尺寸精度、接触精度及贴合精度、表面粗糙度等。根据工件的工作要求不同，检查刮削精度的方法主要有以下两种。

1．接触精度的检验

以接触点（或研点）的数目来检查刮削精度。常用方法是用边长为 25mm 的正方形方框罩在被检查面上，根据方框内的研点数目决定接触精度，如图 4-25a 所示。各种平面接触精度的研点数见表 4-12。

曲面刮削中用得较多的是对滑动轴承的内孔刮削，滑动轴承的研点数见表 4-13。

表 4-12　各种平面接触精度的研点数

平面种类	每 25mm×25mm 内的研点数	应用举例
一般平面	2~5	较粗糙工件的固定结合面
	5~8	一般结合面
	8~12	机器台面、一般基准面、机床导向面、密封结合面
	12~16	机床导轨及导向面、工具基准面、量具接触面

(续)

平面种类	每25mm×25mm内的研点数	应用举例
精密平面	16~20	精密机床导轨、直尺
精密平面	20~25	1级平板、精密量具
超精密平面	>25	0级平板、高精度机床导轨、精密量具

表4-13 滑动轴承的研点数

轴承直径/mm	机床或精密机械主轴轴承			锻压设备、通用机械的轴承		动力机械、冶金设备的轴承	
	高精度	精密	普通	重要	普通	重要	普通
	每25mm×25mm内的研点数						
≤120	25	20	16	12	8	8	5
>120	—	16	10	8	6	6	2

2. 几何精度的检验

几何精度用框式水平仪检验；配合间隙用塞尺检验，如图4-25b所示。

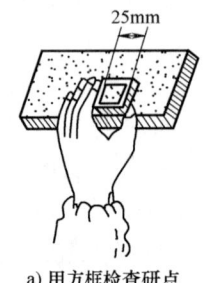 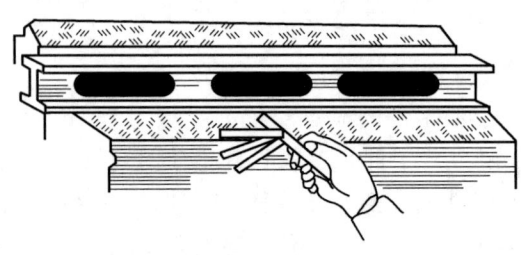

a) 用方框检查研点　　　　　b) 用塞尺检验配合面间隙

图4-25　接触精度的检验

四、平面刮削

1. 平面刮削姿势

平面刮削是一种往复的直线运动，刮刀推出去时起切削作用，返回时是空行程。刮削操作姿势直接影响刮削工作的质量和效率，按刮削时的角度和刮刀的握法，平面刮削的方法有手刮法和挺刮法两种。

（1）手刮法　刮削时，右手握住刮刀柄，左手四指向下自然弯曲握住距刮刀头端约50mm处，刮刀与刮削面的夹角为25°~30°（图4-26）。左脚向前跨一步，身体重心靠向左腿。刮削时用刮刀切削刃找准研点，身体重心往前送的同时，右手跟进刮刀；左手下压，落刀要轻，并引导刮刀的前进方向；左手随着刮削方向的同时，以刮刀的反弹作用力迅速提起刀头，刀头提起高度为5~10mm，如此便完成了一个刮削动作。

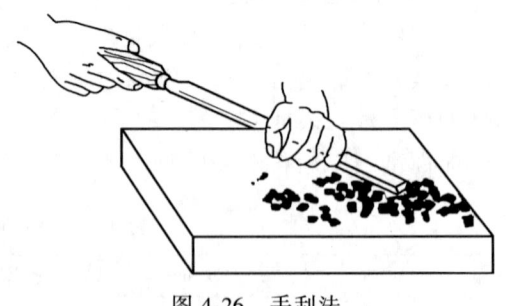

图4-26　手刮法

（2）挺刮法　使用长柄刮刀时，为了减轻疲劳，可将刮刀刀把顶在身体髋骨的侧部，两手押着刮刀头端，左手在前，右手在后，左手握于距刮刀切削刃约80mm处。刮削时，用刮刀切削刃对准研点，左手下压，利用腿部和臀部的力量将刮刀向前推进，随着研点被刮削的瞬间,双手利用刮刀的反弹作用力迅速提起刀头,刀头提起高度约为10mm。

2. 平面刮削步骤

平面刮削可分为粗刮、细刮、精刮和刮花四个步骤。

（1）粗刮　用粗刮刀在刮削面上均匀地刮去经车削、铣削、钻削或刨削等加工工艺的加工痕迹或过多的余量。方法是用粗刮刀连续推铲,刀迹要连成一片。在整个刮削面上要均匀刮削,并根据测量情况对凹凸不平的地方进行不同程度的刮削。当粗刮至每25mm×25mm内有2~3个研点时,即可转入细刮。

（2）细刮　用细刮刀在刮削面上刮去稀疏的大块研点,使刮削面的表面质量进一步改善。随着研点增多,刀迹逐步缩短。每刮一遍时,要按同一个方向刮削,刮削第二遍时要交叉刮削,以此消除原方向上的刀迹。刮削过程中要控制好刮切削刃方向,避免在刮削面上划出刀痕。当整个刮削面上在每25mm×25mm内有15~20个研点时,即可进行精刮。

（3）精刮　精刮的目的是在细刮的基础上,通过精刮来增加研点,以显著提高刮削面的表面质量。精刮时,找点要准,落刀要轻,起刀要快。在每个研点上只刮一刀,不能重复,刮削方向始终按交叉原则进行。要求最大、最亮的研点全部刮去,中等研点只刮去顶点一小片,小研点保留不刮。当研点增多至每25mm×25mm内有20个研点以上时,就要在最后几遍精刮中让刀迹交叉一致,排列整齐美观。

（4）刮花　在刮削后的外露表面上,再刮一层整齐的装饰性花纹以改善外观。在精刨、精铣或磨削后的精密滑动面上刮一层花纹,可改善工作时的润滑条件,形成微观油槽,提高耐磨性。常用的花纹有斜花纹、鱼鳞纹和半月纹三种,如图4-27所示。

a) 斜花纹

b) 鱼鳞纹
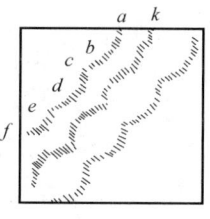
c) 半月纹

图4-27　刮花的花纹

五、刮削注意事项

1. 刮削前的准备

（1）工作场地的选择　刮削场地的光线应适当,太强或太弱都可能看不清研点。当刮削大型精密工件时,还应有温度变化小、坚实的地面和良好卫生环境的场地,以保证工件刮削后不易变形。

（2）工件的支承　工件必须安放平稳,刮削时不产生动摇。安放时支承点要合理,使工件保持自由状态,不应因支承不当而使工件受到附加压力。

（3）工件的准备　刮削前应去除工件刮削面毛刺,锐边倒钝,擦净刮削面上的油污,以免影响显示剂的涂布和显示效果。

（4）刮削工具的准备　根据刮削要求应准备所需的粗、细、精刮刀标准工具和有关量具。

2. 刮削操作安全要求

1）刮削时因操作者高度不够需要在脚下垫脚踏板时,踏板要平稳安放,防止跌倒受伤。

2）挺刮时，刮刀柄应安装可靠，防止木柄破裂使刮刀柄端穿出伤人。
3）工件要装夹牢固，大型工件要安放平稳，搬动时要注意安全。
4）刮削至工件边缘时，不可用力过猛，以免失控。
5）刮刀用完后，刮刀切削刃部要用纱布包裹好，妥善放置。

锉削、刮削相关资讯收集与学习

小组合作，分头收集、共享如下加工资讯。

在锯削训练的基础上，结合锉削操作训练，通过网络搜索、观看钳工锉削加工视频，把握好锉削运动要领，提高操作技能。

拓展任务 1——锉制平键

在钳工的修配工作中，平键制作是经常遇到的加工内容。本任务通过平键的锉削，初步掌握曲面锉削操作要领，提高锉削基本功和加工应用能力。

1. 任务件图样

平键生产实习图样如图 4-28 所示。

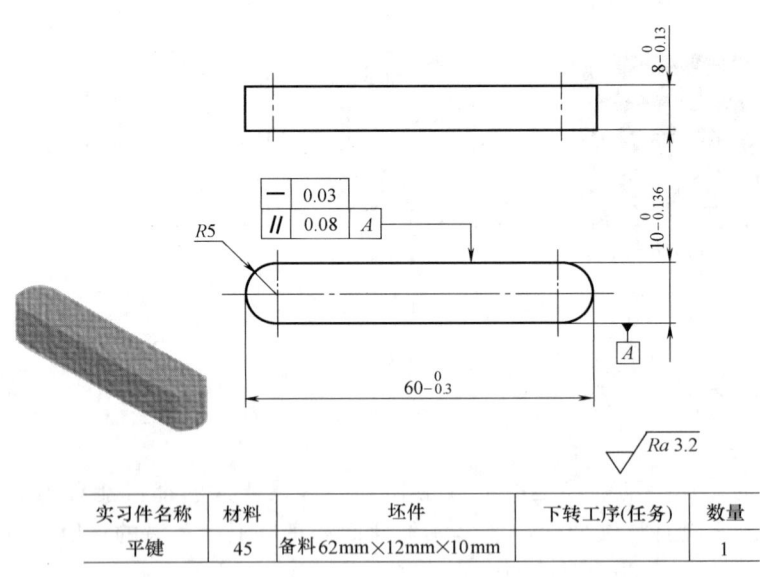

实习件名称	材料	坯件	下转工序（任务）	数量
平键	45	备料 62mm×12mm×10mm		1

图 4-28 平键生产实习图

2. 加工要求与工艺分析

平键宽度方向两侧面为工作面，加工中除控制尺寸误差外，还应保证其直线度和两面平行度要求。工件的直线度可用刀口形直角尺根据透光情况检验。

外圆弧面的粗加工，宜用粗齿扁锉采用横向滚锉法，锉去大部分加工余量后，可改较细扁锉顺向滚锉，以获得较好的表面质量。锉削中随时注意圆弧的修正。当平面与曲面连接时，一般情况下应先加工平面，然后加工曲面，便于使曲面与平面光滑过渡。

当被加工件的圆弧半径大于圆弧半径量规的量程时，可用薄铁片自制圆弧样板。

3. 技能训练要求

按图样完成平键加工。通过平键制作，掌握外圆弧面的锉削技法；熟知平键锉削加工的工艺步骤，熟练使用圆弧半径量规及圆弧样板进行圆弧面检验。

<h3 style="text-align:center">拓展任务2——刮削方板</h3>

1. 任务件图样

方板生产实习图样如图 4-29 所示。

2. 加工要求与工艺分析

刮削选用标准平板作为测量基准。方板刮削按先粗、精刮基准面 A 及对面平行面，再分别刮削基准面 B、C 及对面平行面的顺序进行，达到表面粗糙度及接触点要求：每 25mm×25mm 内有 20 个研点，平面度公差 0.01mm。

> **师傅说**
>
> 操作注意事项
>
> 1）粗刮平行面时，先用百分表测量该面对基准面的平行度误差，以确定刮削部位及其刮削量。结合涂色显点刮削，保证平面度达到要求。
>
> 2）在初步取得平面度、平行度的条件下，进入细刮工序，控制每 25mm×25mm 内有 16 个研点，结合涂色显点用百分表检测平面度，进行必要修整。
>
> 3）细刮达到要求后，进入精刮工序。此时主要按研点进行挑点精刮并注意控制，保证达到图样要求。

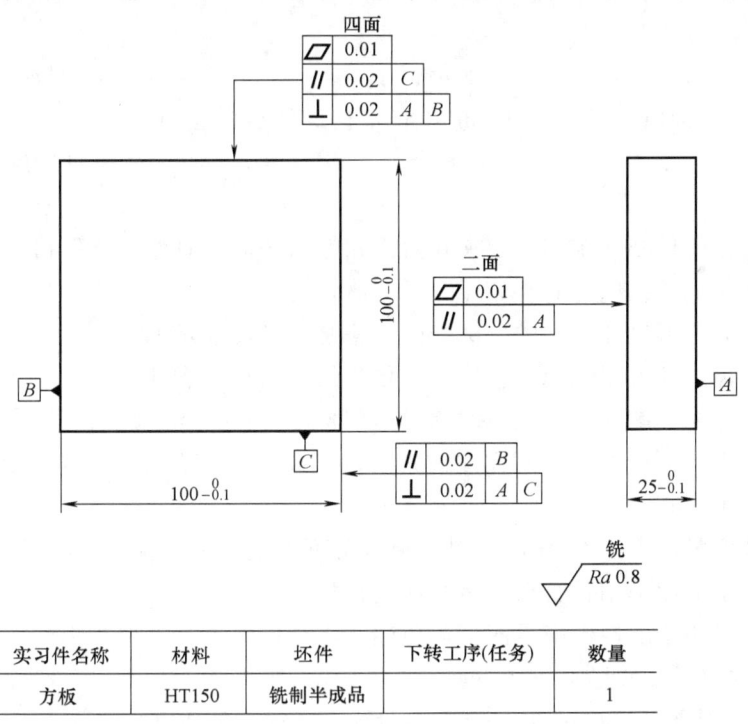

图 4-29 方板生产实习图

职业技能理论知识测验

一、选择题

1. 扁锉、半圆锉、方锉、三角锉和圆锉属于_____。
   A. 钳工锉　　　　　　　　B. 异形锉　　　　　　　　C. 整形锉
2. 顺向锉的锉刀运动方向与工件装夹方向一致,用于面积_____。
   A. 不大的平面和最后锉光　B. 较大的平面和最后锉光　C. 用于粗锉
3. 双齿纹锉刀刀齿强度高,适合加工_____。
   A. 较软材料　　　　　　　B. 较硬材料　　　　　　　C. 较薄的材料
4. 锉削操作时,不能采用_____。
   A. 推锉法　　　　　　　　B. 来回锉法　　　　　　　C. 交叉锉法
5. 锉刀齿纹的粗细以锉刀每_____轴向长度内主锉纹的条数表示。
   A. 15mm　　　　　　　　 B. 20mm　　　　　　　　 C. 10mm
6. 当被锉削平面加工余量较大时,一般先采用_____。
   A. 顺向锉法　　　　　　　B. 推锉法　　　　　　　　C. 交叉锉法
7. 锉刀断面形状的选择,取决于工件加工面的_____。
   A. 面积　　　　　　　　　B. 几何形状　　　　　　　C. 余量
8. 用于修整工件细小部分表面的锉刀称为_____。
   A. 半圆锉　　　　　　　　B. 整形锉　　　　　　　　C. 异形锉
9. _____的锉刀运动方向与工件装夹方向的夹角约为35°,且能从交叉的锉纹上判断锉削面的凸凹情况。
   A. 交叉锉法　　　　　　　B. 滚动锉法　　　　　　　C. 顺向锉法
10. 刮削一般结合面时,其在每25mm×25mm内的研点数应为_____。
    A. 2~5个　　　　　　　　B. 5~8个　　　　　　　　C. 8~12个

二、判断题

1. 锉削平面时,工件必须牢固地装夹在台虎钳钳口中间,且略高出钳口。　　　　　　　　　(　　)
2. 油光锉适用于加工精度为0.01mm的平面锉削。　　　　　　　　　　　　　　　　　　　(　　)
3. 方锉的规格以方形尺寸表示的,圆锉的规格是以长度表示的。　　　　　　　　　　　　　(　　)
4. 单齿纹和双齿纹锉刀因成形工艺不同,单齿纹锉刀更锋利些。　　　　　　　　　　　　　(　　)
5. 锉削时,推出时锉削速度要快,回程时锉削速度要慢。　　　　　　　　　　　　　　　　(　　)
6. 锉削凹圆弧面时,锉刀要同时完成前进运动、绕着锉刀的中心线转动及顺着圆弧面顺时针或逆时针方向移动。　　　　　　　　　　　　　　　　　　　　　　　　　　　　　　　　(　　)
7. 锉削加工精度最高可达0.01mm,表面粗糙度值可达$Ra0.8\mu m$。　　　　　　　　　　(　　)
8. 锉削平面的平面度可用钢直尺以透光法进行检验。　　　　　　　　　　　　　　　　　　(　　)
9. 锉削时,不可用手触摸锉削表面,避免油污沾染使锉刀打滑造成损伤。　　　　　　　　　(　　)
10. 平面刮刀的刃口一般呈直线状。　　　　　　　　　　　　　　　　　　　　　　　　　(　　)
11. 平面长和宽均小于100mm时,刮削余量为0.10mm较适宜。　　　　　　　　　　　　(　　)
12. 红丹粉显示剂的特点是不反光,显示的高点清晰。　　　　　　　　　　　　　　　　　(　　)

品读工匠故事，滋养职业情怀

大国工匠　以技服人的全能钳工"多面手"——刘辉

江铃汽车股份公司车架厂冲压车间模具钳工高级技师刘辉，自 2004 年正式入厂以来，通过自身的学习，不但精通各种模具制造及设备维修技术，并且熟练掌握了车床、铣床、刨床、磨床等机械加工设备的操作技能和相关工艺知识，从基础安装、装机调试、日常使用维护保养，到系统性能优化及技术创新等方面，他都是一把好手。

刘辉不仅技术能力强，而且在班组管理建设上也尽心尽力。凭借多年的班组管理经验，刘辉提炼出"334"工作法：坚持做到"三心"（责任心、细心、耐心），"三以"（以心待人、以情感人、以技育人），"四化"（人际关系家庭化、生产维护标准化、素质提升全面化、效益目标最大化）。

刘辉说："奉献的是爱心，得到的是快乐。"正是因为个人优秀的技能和品德，他先后荣获全国劳动模范、全国技术能手、江西省"赣鄱英才 555 工程"高技能领军人才、省首席技师等殊荣。如今，刘辉仍工作在生产一线，一步一个脚印向前进。

项目五 孔加工

零件上各种孔的加工，除去一部分由车床、镗床、铣床等机床完成外，很大一部分是由钳工利用钻床和钻削工具完成的（图5-1）。钳工加工孔的方法一般包括钻孔、扩孔、锪孔和铰孔。

孔加工是钳工的重要操作技能。本项目结合车间实境课堂，进行钻孔、扩孔、锪孔及铰孔基本操作练习，并通过加工孔板、盖板等任务，掌握孔加工的工艺方法和操作技能，夯实专业基础。

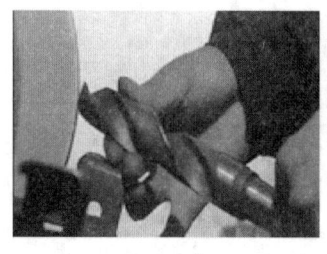
a)

b)

c)

图 5-1　孔加工

项目重点

1. 钻头与钻削加工。
2. 钻头的刃磨与工件装夹。
3. 钻孔、扩孔、锪孔和铰孔的基本操作。

工作情境

孔加工工作情境建议及说明见表5-1。

表 5-1　孔加工工作情境建议及说明

建议	说　　　明
工作情境	车间实境教学
教学条件	钳工实训车间（配有数字化教学研讨区）
主要设备	台式钻床、立式钻床、摇臂钻床、砂轮机
教学建议	理实一体、任务导向、分组教学、观察演示、操作练习、现场实训
工作过程	明确任务→获取知识→任务实施→评价与反馈

项目准备

项目材料准备清单见表 5-2,项目装备准备清单见表 5-3。

表 5-2 项目材料准备清单

序号	加工内容	材料	坯件尺寸	数量	备注
1	加工孔板	Q235	80mm×60mm×32mm	1	图 5-2
2	加工盖板	Q235	100mm×46mm×14mm	1	图 5-16
*3	制作端盖	45	车制半成品	1	图 5-22
合计					

备注:任务材料按人配备,可按实际教学需要分组调配

表 5-3 项目装备准备清单

项目装备	说明
工艺装备	划线工具(划线平台、方箱、V 形铁、划针盘、划针、划规、样冲、锤子、划线涂料、F11125 分度头)、麻花钻、扩孔钻、柱形锪钻、锥形锪钻、手用铰刀、机用铰刀、钢直尺(300mm)、游标卡尺(0~125mm)、游标高度卡尺(0~300mm)、刀口形直角尺,其他辅具(按实训需要配备)
数字化教学资源	多媒体课件、音/视频等资源(按教学条件选备)

任务一 加工孔板

任务目标

1. 了解钻头的基本结构及有关角度。
2. 掌握刃磨钻头、钻孔划线及钻孔的基本操作方法。
3. 熟知钻头定心及找正的常用方法。
4. 按图样要求完成任务件的钻孔加工和检验。

任务描述

完成图 5-2 所示孔板的钻削加工。

任务分析

通过本任务的学习和实践,熟悉钻头结构,初步掌握钻头刃磨技法,能安全操作钻床进行钻孔加工。

知识准备

一、钻孔

用钻头在实心材料上加工孔的过程称为钻孔。钻孔属粗加工,尺寸精度能达 IT11~IT13

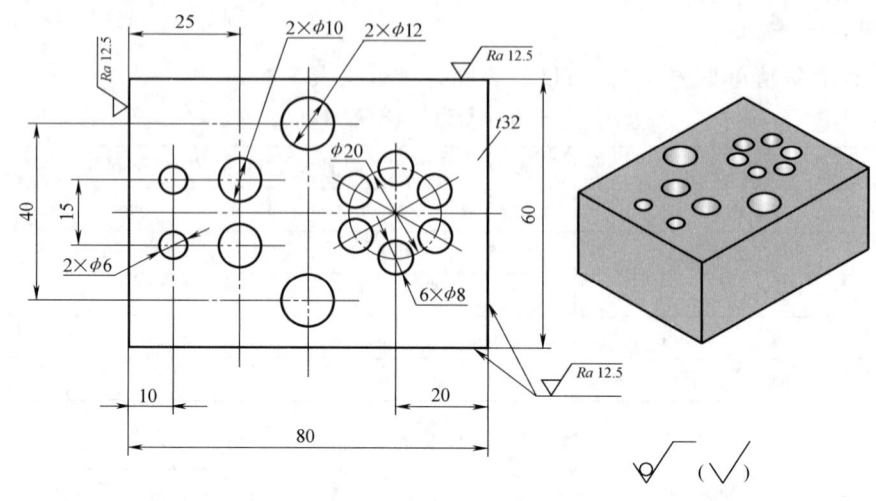

图 5-2 孔板生产实习图

实习件名称	材料	坯件(备件)	下转工序(任务)	数量
孔板	Q235	80mm×60mm×32mm		1

级，表面粗糙度值达到 $Ra12.5 \sim 50\mu m$。

1. 钻削运动

钻孔时，工件固定，钻头安装在钻床或其他设备上，依靠钻头与工件间的相对运动进行切削。在钻床上钻孔时，钻头的旋转是主运动，钻头沿轴向的移动是进给运动，如图 5-3 所示。

2. 钻削特点

钻削时，钻头是在半封闭状态下进行切削的，其转速高，切削量大，排屑困难，摩擦严重，需要较大的切削力。因散热困难，切削温度高，使钻头磨损严重，加工的孔的表面质量较差。

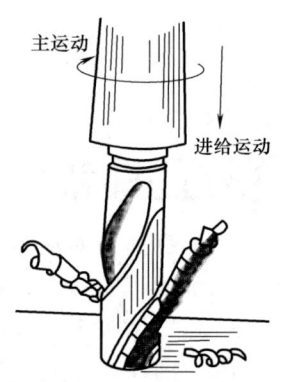

图 5-3 钻头的运动

二、麻花钻

1. 麻花钻的结构

麻花钻由柄部、颈部、工作部分组成，如图 5-4 所示。其中，工作部分由切削刃、容屑槽和刃带组成；柄部是供钻床或电钻装夹的部分，有直柄和锥柄之分，其作用是传递转矩和轴向力，一般将直径小于 13mm 钻头的制成直柄麻花钻，将直径大于 13mm 钻头的制成锥柄麻花钻；颈部主要供磨削钻头时砂轮退刀用，其上刻印有钻头规格、材料、商标等

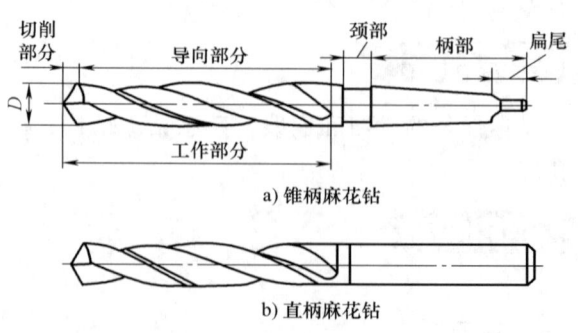

图 5-4 麻花钻的结构

信息。

2. 麻花钻的工作部分

麻花钻的工作部分由切削部分和导向部分组成。

麻花钻切削部分起主要切削作用，由两条螺旋槽及其刃带所形成的主切削刃、横刃、副切削刃、前刀面和后刀面组成，如图 5-5a 所示。

螺旋槽除构成切削刃外，还用于排屑和输送切削液。螺旋槽面称为前刀面；切削部分顶部与螺旋槽面构成两条主切削刃的曲面称为主后刀面；两条起导向和修光孔壁的刃带表面称为副后刀面。

图 5-5b 所示为麻花钻的主要角度。

（1）顶角 2φ　两条主切削刃在其轴向平行平面上投影的夹角，称为顶角。标准麻花钻的顶角为 $2\varphi=118°$，主切削刃呈直线状；当顶角大于 118°时，主切削刃呈凹形曲线；当顶角小于 118°时，主切削刃呈凸形曲线。顶角影响主切削刃轴向力的大小。顶角小，进给力小，利于散热和提高刀具寿命，但会影响排屑和切削液的输送。顶角的大小可根据加工条件在钻头刃磨时确定。

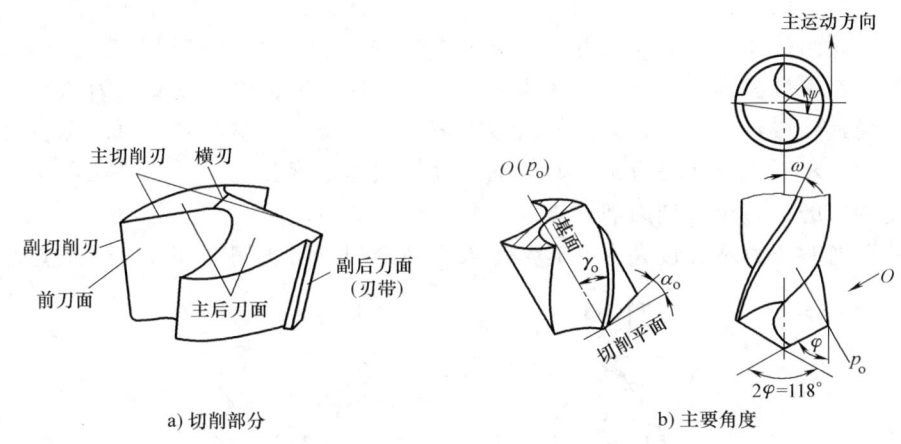

图 5-5　麻花钻的主要角度

（2）前角 γ_o　前刀面与基面之间的夹角，称为前角。其大小决定着切除材料的难易程度和切屑在前刀面上产生摩擦阻力的大小，前角越大，切削越省力。

（3）后角 α_o　主后刀面与基面之间的夹角称为后角。其大小影响主后刀面与切削表面之间的摩擦，后角越小，切削刃强度越高，摩擦越严重，因此，钻削硬材料时，后角可适当小些。主切削刃上各点的后角不等，刃磨时应使外缘处的后角减小（$\alpha_o=8°\sim14°$），向内的后角增大（$\alpha_o=20°\sim26°$），横刃处的后角最大（$\alpha_o=30°\sim36°$）。

（4）横刃斜角 ψ　切削部分刃磨时自然形成的横刃与主切削刃的轴向平行平面之间的夹角，称为横刃斜角。其大小与后角有关，当刃磨的后角大时，横刃斜角就减小，横刃长度随之变长。标准麻花钻横刃斜角 ψ 为 50°~55°。

3. 麻花钻的刃磨与检验

麻花钻切削部分用钝后或根据不同的钻削要求需要改变切削部分的几何形状时，需要对麻花钻进行刃磨。

(1) 麻花钻的刃磨要求　主要是刃磨两个主后刀面，同时要保证后角、顶角和横刃斜角的角度正确。麻花钻刃磨后需要达到以下要求。

1) 麻花钻的两条主切削刃对称、等长，即两条主切削刃与轴线成相等的角度。

2) 顶角应根据钻削材料确定，刃磨时可参照表5-4选取。

3) 横刃斜角为50°～55°。

4) 麻花钻直径在6mm以上的切削刃必须修短横刃。

表 5-4　麻花钻顶角的选择

加工材料	顶角 2φ	加工材料	顶角 2φ
钢和铸铁	116°～118°	黄铜、青铜	130°～140°
钢锻件	120°～125°	纯铜	125°～130°
锰钢	135°～150°	铝合金	90°～100°
不锈钢		塑料	80°～90°

(2) 麻花钻的刃磨方法　刃磨时麻花钻与砂轮的相对位置如图5-6所示。起动砂轮后，右手在前，左手在后，将麻花钻一侧主切削刃水平放置在砂轮中心位置或略高些，同时使麻花钻轴线与砂轮圆柱面素线的夹角等于钻头顶角2φ的一半，麻花钻柄部略向下倾斜。

磨削时，右手握住麻花钻的前端为支点，左手握住柄部，以前端支点为圆心，右手缓慢地使麻花钻绕其轴线自下而上转动，同时施加适当的压力，使整个后刀面都能磨到。左手配合右手缓慢的同步下压，并略带旋转，转动角度和摆动幅度要适当，两手配合要协调。两个后刀面要交替刃磨，直至达到刃磨要求。

麻花钻刃磨时压力不宜过大，并时常浸入水中冷却，防止切削部分过热而退火。

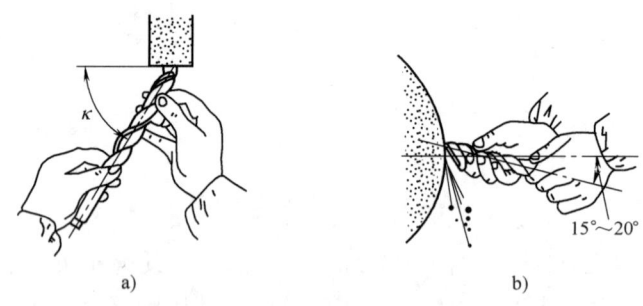

图 5-6　标准麻花钻的刃磨方法

(3) 修磨麻花钻横刃　标准麻花钻的横刃较长，横刃处有很大的负前角，钻孔时横刃的切削为挤刮状态，由此产生较大的进给力，使麻花钻定心不准，易抖动，钻出来的孔径会变大；其次引起切削热。因此，直径在6mm以上的麻花钻必须修短横刃，并适当增大近横刃处的前角。

1) 修磨要求。修磨后的横刃长度 b 为0.5～1.5mm，修磨横刃后形成内刃，使内刃斜角 τ 为20°～30°，内刃处前角 γ_τ 为-15°～0°，如图5-7a所示。

2) 修磨操作。修磨时，麻花钻轴线与砂轮径向在垂直平面内约成55°角，在水平面内麻花钻轴线与砂轮侧面约成15°角，如图5-7b所示。

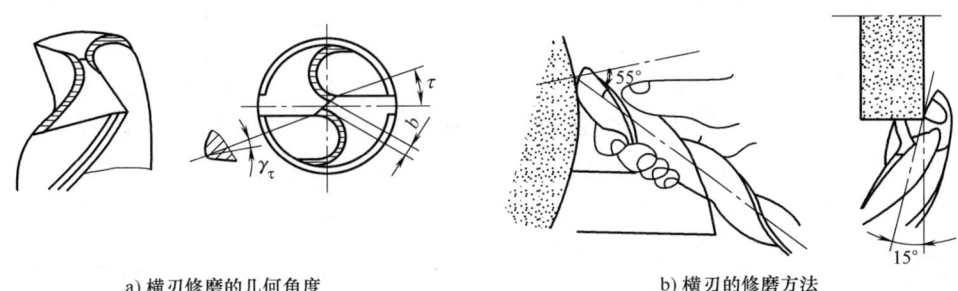

a) 横刃修磨的几何角度　　　　b) 横刃的修磨方法

图 5-7　麻花钻横刃的修磨

（4）麻花钻的检验　麻花钻在刃磨过程中和刃磨完成后都要进行检验，以便控制和修整。

麻花钻的几何角度及两条主切削刃的对称度等要求可利用角度尺（图 5-8a）或样板（图 5-8b）检验。但在刃磨过程中经常采用目测法。采用目测法进行检验时，需在清晰的背景下，把麻花钻切削部分向上竖起，两眼平视，以麻花钻轴线为基准，观察顶角及两条切削刃的对称情况，如图 5-8c 所示。由于两条主切削刃一前一后，观察时会产生视觉误差，前面的主切削刃看上去略高于后面的切削刃，为此，需将麻花钻反转 180°，反复观察几次，结果一致则说明达到对称度要求。

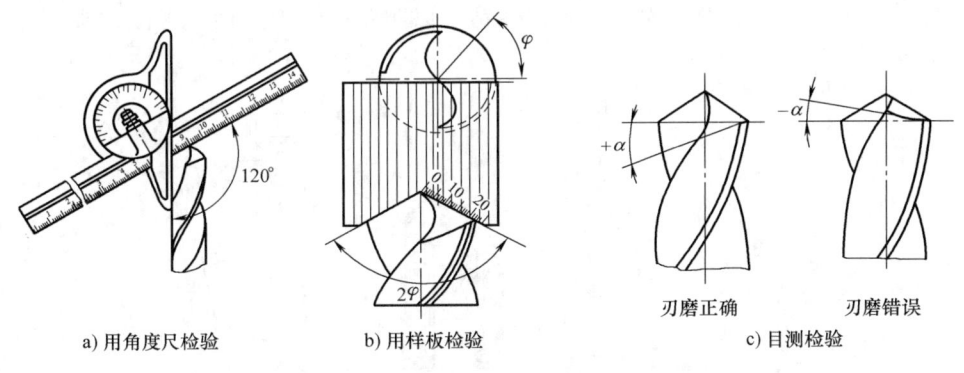

a) 用角度尺检验　　b) 用样板检验　　c) 目测检验

图 5-8　麻花钻刃磨角度的检验

> **师傅说**
> 麻花钻刃磨操作注意事项如下。
> 1）刃磨选用粒度为 F46~F80、硬度为中软（K、L）级的氧化铝砂轮为宜。
> 2）操作前检查砂轮平整无裂缝，且运转平稳，对跳动量大的砂轮需进行修整。
> 3）刃磨操作要严格按砂轮机操作规程进行。刃磨时要戴防护眼镜，严禁正对砂轮，不能用力过猛。

三、钻孔方法和一般过程

1. 工件划线

在工件上钻孔，需按钻孔的位置尺寸要求，划出孔位的十字中心线与孔的圆周线，并在孔中心及圆周上打样冲眼。中心样冲眼便于起钻定位，圆周及其上的样冲眼便于钻削时参照。

对较大的孔径，还需划出几个大小不等的检查圆（图5-9a），以便钻孔时检查和找正钻孔位置。当钻孔的几何精度要求较高时，为避免敲击中心样冲眼时会产生偏差，可以直接划出以孔的中心线为中心的几个大小不等的方框（图5-9b），作为钻孔时的检查线。

2. 钻头的装拆

（1）直柄钻头的装拆　直柄钻头用钻夹头装夹，其装夹长度不得小于15mm。装拆钻头时，使用钻夹头钥匙旋转外套，完成夹紧或放松动作，如图5-10a所示。

（2）锥柄钻头的装拆　如图5-10b所示，锥柄钻头的柄部锥体可与钻床主轴锥孔直接连接，连接时必须将钻头锥柄及主轴锥孔擦拭干净，使钻头扁尾对准主轴上的腰孔，利用加速度惯性一次装接。当钻头锥柄小于主轴锥孔时，需通过钻头过渡套变换成与钻床主轴锥孔相适宜的锥柄后，装入钻床主轴。

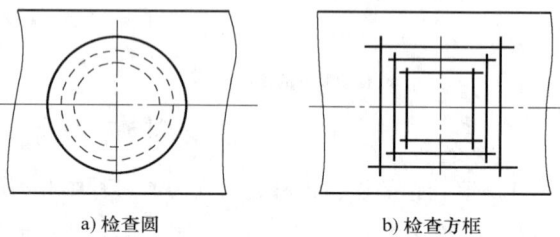

a）检查圆　　　　b）检查方框

图5-9　孔位检查线的形式

锥柄钻头用斜铁进行拆卸。拆卸钻头时，将斜铁带圆弧的一边放在上面，否则会损坏主轴上的腰孔。操作时右手轻敲斜铁，左手握住钻头以防跌落，如此便可拆出钻头。

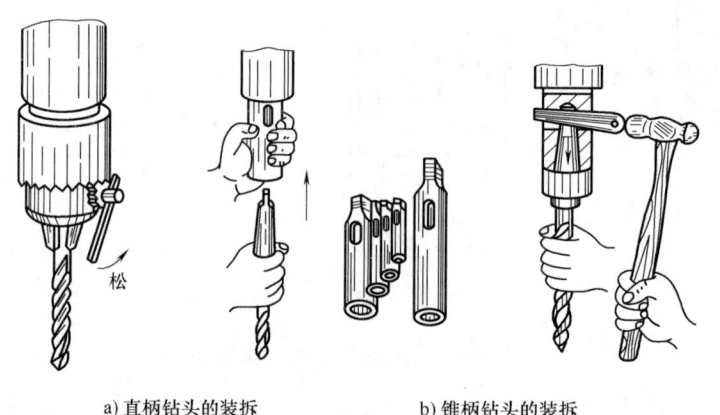

a）直柄钻头的装拆　　　　b）锥柄钻头的装拆

图5-10　钻头的装拆

（3）快换钻夹头　在钻孔加工中，时常需要换装大小不同的钻头或其他钻削刀具。用普通钻夹头或过渡套，需要停车换装，采用快换钻夹头，可使钻头的装拆更加便捷。

快换钻夹头是利用可换套来实现钻头快速换装的，其结构如图5-11所示。夹头的莫氏锥柄安装在钻床主轴锥孔内，可换套根据加工需要配备，内有莫氏锥孔以供预先装好钻头。可换套的外表面有两个凹坑，当钢球嵌入凹坑时，便可传递动力。外表滚花的滑套的内孔与夹具体松配，当需更换钻头时，可不停车，只要用手握住滑套向上推（由弹簧环限位），两粒钢球就会受到离心力的作用贴在滑套的端部大孔表面上，此时，可用另一只手把可换套向下拉出，然后再把另一个可换套插入，放下滑套，两粒钢球就被重新压入可换套的凹坑内，于是就带动钻头旋转，完成钻头的换装。

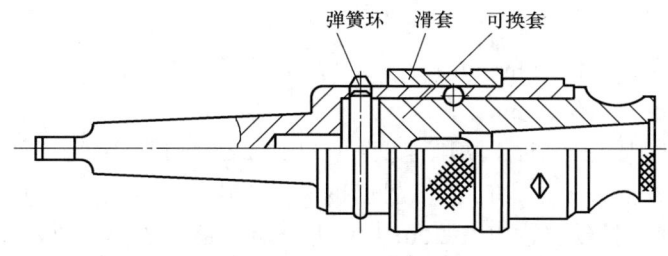

图 5-11 快换钻夹头

3. 工件的装夹

工件钻孔时，要根据工件的形状及孔径的大小等采用不同的装夹方法，以保证钻孔的质量和安全。

（1）小工件的装夹　在较小工件上钻 8mm 以下的孔时，常用手握法或用手虎钳夹持工件钻孔，如图 5-12a 所示。

（2）平整工件的装夹　可用平口钳装夹平整、规则的工件，如图 5-12b 所示。当钻孔直径大于 8mm 时，必须将平口钳固定。

（3）圆柱形工件的装夹　用 V 形块装夹圆形工件，可使工件得到良好的定位，如图 5-12c 所示。

（4）较大工件的装夹　当工件较大且钻孔直径较大时，可用阶梯垫铁或平行垫块配压或直接压装在工作台上，如图 5-12d 所示。钻通孔时，应将钻孔位置安放在工件台上方或将工件垫起。

（5）其他装夹方式　当钻孔工件基准面为侧面时，可用角铁进行装夹，如图 5-12e 所示；当在圆柱工件端面钻孔时，可用自定心卡盘进行装夹，如图 5-12f 所示。

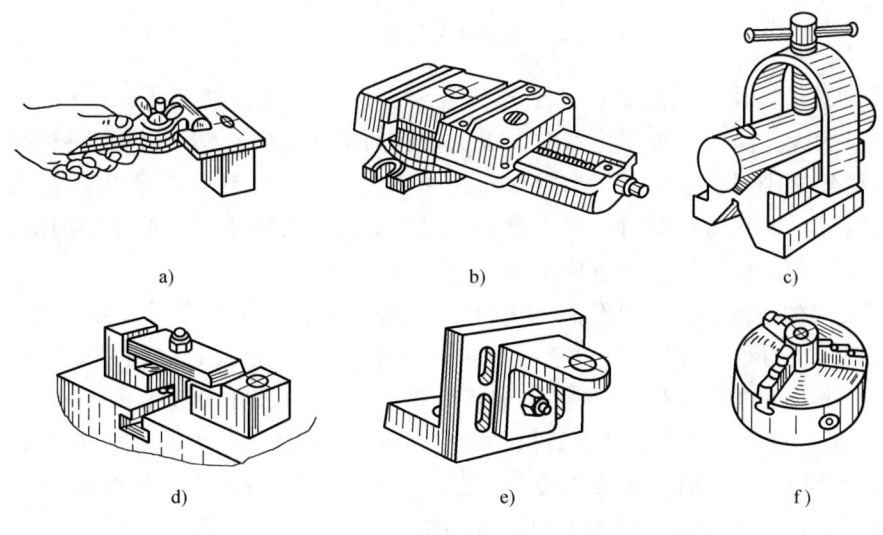

图 5-12 工件的装夹

4. 钻削操作

（1）钻床转速的选择　钻床转速需根据钻头允许的切削速度确定，即

$$n = \frac{1000v}{\pi d}$$

式中 v——切削速度,单位为 m/min;

d——钻头直径,单位为 mm。

用高速钢钻头钻削铸铁件时,切削速度 v 为 14~22m/min;钻削钢件时,切削速度 v 为 16~24m/min;钻削青铜或黄铜件时,切削速度 v 为 30~60m/min。当工件材料和强度较高时,切削速度取小值(铸铁以硬度为 200HBW 为中值,钢以 R_m = 700MPa 为中值);钻头直径小时,切削速度也取小值(以 d = 16mm 为中值);钻孔深度 L 大于直径 d 的三倍时,还应将切削速度取值乘以 0.7~0.8 的修正系数。

(2) 起钻　钻孔时,先使钻头对准钻孔中心的样冲眼试钻一个浅坑,以观察钻孔位置是否正确。若有偏位,需要不断找正,使浅坑逐步与划线圆同心。如果偏位较小,可在起钻的同时,用力将工件向偏位的反方向推移,则可实现找正;如果偏位较大,可在找正方向上打几个样冲眼或用油槽錾錾出几条槽(图 5-13),以减少此处钻削阻力,逐步找正至要求。

无论采用何种方法找正,都必须在锥孔外圆小于钻头直径的前提下完成。

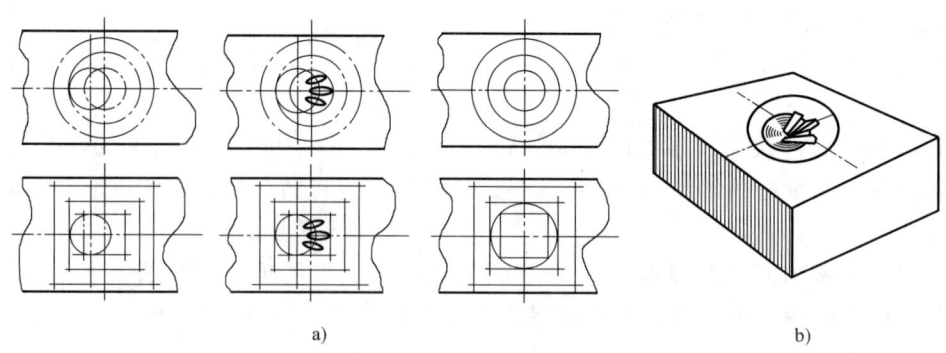

图 5-13　用錾槽找正起钻偏位的孔

(3) 手动进给操作　当起钻达到钻孔位置要求后,即可压紧工件进行钻孔。手动进给时,用力不应太大,防止钻头产生弯曲,以免使孔的轴线歪斜。钻小直径孔或深孔时,进给量要小,并要经常排屑,以免因切屑阻塞而扭断钻头,一般在钻孔深度达到直径的三倍时,一定要退钻排屑。通孔将钻穿时,用力要小,以防进给量突然增大,造成切削阻力增大,使钻头折断或使工件随钻头转动而造成事故。

(4) 钻孔时的冷却润滑　在钻削过程中,切屑变形、钻头与工件接触产生切削热,会影响钻头的切削能力和钻削精度,严重时会降低钻头的强度。因此,钻孔时要根据钻削材料的不同选用和加注不同的切削液,以对钻头进行冷却和润滑,减少钻削时钻头与工件、切屑之间的摩擦以及消除粘附在钻头和工件上的积屑瘤,提高钻头寿命和改善加工孔的表面质量。

钻削一般结构钢工件时,主要以冷却为主,可使用 3%~7%的乳化液或 7%的硫化乳化液;钻削铜、铝合金工件时,可加注 5%~8%的乳化液;钻削铸铁工件时,可加注 5%~8%的乳化液或用煤油。

5. 钻孔时产生废品的原因分析

钻孔时产生废品的原因和预防措施见表 5-5。

表 5-5 钻孔时产生废品的原因和预防措施

废品形式	产生原因	防止方法
孔呈多角形	钻头后角过大	正确刃磨钻头
	两条主切削刃不等长,角度不对称	
孔径大于规定尺寸	两条主切削刃不等长,高低不一致	正确刃磨钻头
	钻头摆动	更换钻头,修整主轴,消除摆动,修整或更换夹具
孔壁粗糙	钻头不锋利	将钻头修磨锋利
	后角太大	减小后角
	进给量太大	减小进给量
	冷却不足,切削液润滑性能不好	及时输入润滑性能良好的切削液并正确使用
钻孔位置偏移或孔偏斜	工件划线不正确,起钻过偏而没有找正	检查划线,及时找正
	钻头横刃太长	磨短横刃
	钻床主轴与工作台不垂直	找正主轴与工作台垂直度
	工件表面与钻头不垂直	正确装夹找正工件
	工件固定不牢	将工件装夹牢固
钻头工作部分折断	钻头用钝仍继续钻孔;未及时排屑	刃磨、更换钻头;及时排屑
	孔将钻通时没有减小进给量	孔将钻穿时,减小进给量
	工件未夹紧,钻孔时产生松动	将工件装夹牢固

 任务实施

一、加工要求与工艺分析

孔板的材料为 Q235 优质碳素结构钢,坯件尺寸为 80mm×60mm×32mm。由图样可知,工件外形周边表面粗糙度值为 $Ra12.5\mu m$,前后两平面为不加工表面,该件可由厚度为 32mm 的钢板备制。工件上共有 12 个不同直径的通孔,其中有六个 $\phi 8mm$ 的孔在距工件右端面 20mm 处的水平中心线上呈圆形均布,定位圆的直径为 20mm;其余各孔以水平中心线对称分布,且有两个 $\phi 12mm$ 的孔在垂直中心线上。

工件上各孔中孔径最大的为 12mm,适合用台式钻床加工。工件采用平口钳装夹,因钻通孔,装夹时用垫板垫起工件找正,夹紧后抽掉垫板。

二、加工操作

加工孔板的步骤如下。

检查坯件尺寸→划出工件在水平、垂直方向的对称中心线→以对称中心线及左、右端面为基准划出各孔定位线→划出各孔圆周线后打样冲眼→按划线完成钻孔→清理孔口毛刺→检验。

任务评价与反馈

钻孔在机器制造业中是一项很普遍而又重要的操作。结合孔板的制作过程,掌握钻孔的

操作方法和一般过程，学会钻头刃磨的基本技能。

1. 自我测评

1）标准钻头的顶角和横刃斜角分别是多少°？为什么要修磨横刃？

2）通过本任务，是否已掌握钻削的一般操作过程？在哪些方面还需进一步强化？有哪些问题需要解决？如何提高操作技能？

2. 任务考评

用钢直尺、游标卡尺配合自检，填写任务考评表（表5-6）。

3. 实训心得

_____

_____

_____

表5-6 加工孔板任务考评表

学生姓名：		班级：	学号：		时间：		
零件名称	孔板		实习件图号		图5-2		
考核项目	考核内容	配分	评分标准	考评得分			
				自检	互检	教师	
主要项目	1 工件划线正确，样冲眼准确	12分	尺寸有误不得分 样冲眼每孔不合要求扣1分				
	2 工件装夹适当，可靠	8分	不合要求不得分				
	3 钻头刃磨合理，装夹可靠	10分	不合要求酌情扣分				
	4 2×φ6mm	10分	每孔不合要求扣5分				
	5 2×φ10mm	10分	每孔不合要求扣5分				
	6 2×φ12mm	10分	每孔不合要求扣5分				
	7 6×φ8mm	30分	每孔不合要求扣5分				
安全文明生产	国家颁布的安全生产法规有关规定及车间管理规定	10分	违规不得分				
	总配分	100分	合计				
教学评价	○ 优秀（85分以上） ○ 良好（75分以上） ○ 及格（60分以上） ○ 不及格（60分以下）			综合得分			
				教师签名			

知识链接

电　钻

电钻是一种手持电动钻孔工具，它适合在金属材料和非金属材料上钻孔。电钻体积小、重量轻、便于携带，操作灵活，使用安全，在机械、建筑、家居装修等领域得到广泛应用。

在钳工装配、修理工作中，经常要在大型工件或工件上某些特殊位置钻孔，在这些不便用钻床加工的场合，适合用电钻钻孔。

电钻的电源电压分单相（220V或36V）和三相（380V）两种，其规格以在钢材上钻孔的最大直径来表示。采用单相电压的电钻常用有 6mm、8mm、10mm、13mm 等规格,采用三相电压的电钻有 13mm、19mm、23mm 等规格。对非铁金属、塑料等材料最大钻孔直径可比原规格大 30%~50%。

常用的电钻有手枪式和手提式两种,如图 5-14 所示。

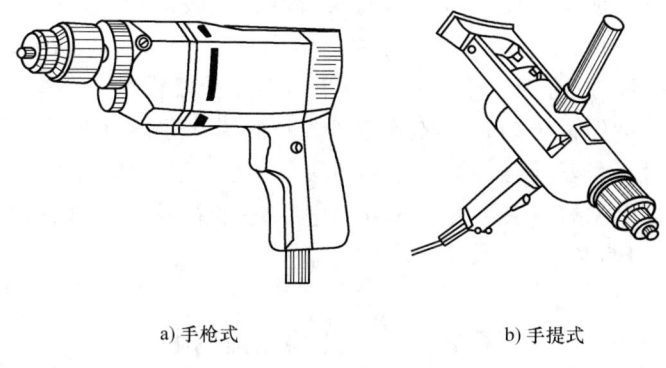

a) 手枪式　　　　b) 手提式

图 5-14　电钻

一、电钻的结构

电钻的结构如图 5-15 所示。其工作原理是电动机通过圆柱齿轮减速机构减速后,驱动电钻主轴转动。电动机能自行通风冷却,转子(电枢)、定子经特殊绝缘处理。开关是手揿式快速切断,且具有自锁装置。在主轴上装有钻夹头(用于 ϕ13mm 以下钻头)或套筒(用于 ϕ13mm 以上锥柄钻头)。

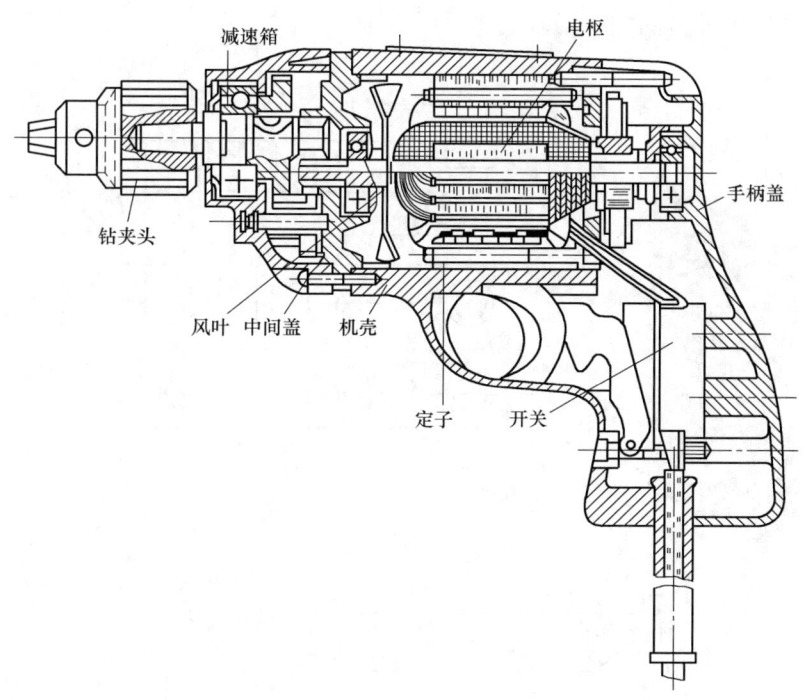

图 5-15　电钻的结构

二、电钻的使用与维护

1）使用前确认所使用的电源与工具铭牌上标记的规格相符。

2）使用前检查钻夹头是否松动，若有松动，则沿顺时针方向将其拧紧。

3）电钻在使用前必须先空转1min，检查传动部分运转是否正常。

4）保持钻头锋利，钻孔时不宜用力过猛，钻削中转速明显降低时，应立即减小压力，以防电钻过载；当孔即将钻穿时，也要相应减小压力，缓慢进给。

5）电钻因停电突然停止转动时，必须立即切断电源并进行检查。

6）对电钻的塑料外壳要妥善保护，不能碰裂，不能与汽油接触。

7）在使用中移动电钻时，必须握持电钻手柄，不能拉动软线拖拽电钻，以防因软线被擦破或割坏而造成触电事故。

任务二 加工盖板

任务目标

1. 熟知扩孔、锪孔的用途，掌握其相关工艺方法和操作技能。
2. 熟悉铰刀及铰削操作要领，知道铰削余量的作用和选择方法。
3. 按图样要求完成盖板的加工和检验。

任务描述

完成图 5-16 所示盖板的加工。

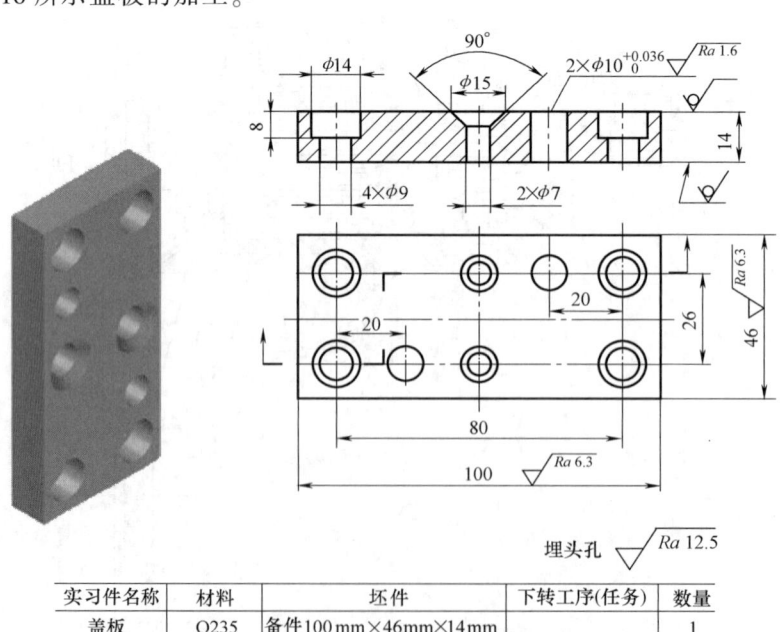

实习件名称	材料	坯件	下转工序(任务)	数量
盖板	Q235	备件100mm×46mm×14mm		1

图 5-16 盖板生产实习图

任务分析

扩孔、锪孔和铰孔是在钻削光孔的基础上按图样要求进一步对孔进行的后续钻削或铰削加工。通过本任务,掌握扩孔、锪孔和铰孔的基本操作技能,熟悉工件上各种孔的加工过程和方法,培养孔加工的综合技能。

知识准备

一、扩孔

用扩孔工具将工件上已有的孔进行扩大的加工方法称为扩孔,如图 5-17a 所示。扩孔的尺寸精度可达 IT9~IT10 级,表面粗糙度值可达 $Ra6.3~25\mu m$。

常用的扩孔方法有用麻花钻扩孔和用扩孔钻扩孔。

1. 用麻花钻扩孔

用麻花钻扩孔时,由于钻头横刃不参加切削,进给力小,进给省力,但因钻头外缘处前角较大,易把钻头从钻套中拉下来,所以需将钻头外缘处的前角刃磨得小一些。

2. 用扩孔钻扩孔

扩孔钻的结构与麻花钻相比有较大的不同,如图 5-17b 所示。扩孔钻有 3~4 个刃带,因中心不参与切削,所以无横刃。前角和后角沿切削刃的变化小,加工时导向效果好,进给力小,切削条件优于钻孔,因此,多用于孔的半精加工及终加工,或铰削、磨削前的预加工。

扩孔时的进给量为钻孔进给量的 1.5~2 倍,切削速度是钻孔切削速度的 1/2。由于扩孔钻的钻心较粗,并具有较好的刚性,因此在扩孔时可选择较大的进给量。

在实际生产中,单件或小批量生产一般用麻花钻代替扩孔钻使用,扩孔钻多用于大批量生产。

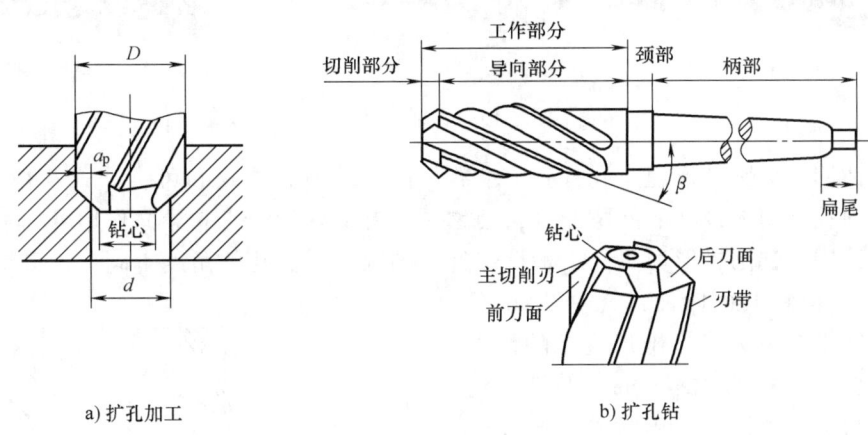

a) 扩孔加工   b) 扩孔钻

图 5-17 扩孔与扩孔钻

3. 扩孔加工注意事项

1)扩孔时,工件必须定位可靠、装夹牢固。当扩孔是在工件钻孔之后继续进行时,无特殊要求,工件一般不需重新装夹。

2)扩孔钻的安装方法和锥柄钻头的安装方法相同。

3)扩孔时要合理选用切削用量和切削液,可以提高孔的表面质量和生产率。

二、锪孔

用锪钻（或改制的钻头）在孔口处加工出一定形状的孔的过程称为锪孔。

锪孔类型主要有锪圆柱形埋头孔、锪圆锥形埋头孔以及锪平孔口端面，如图 5-18 所示。以上孔结构是保证孔与联接件具有正确的相对位置，使联接更可靠。

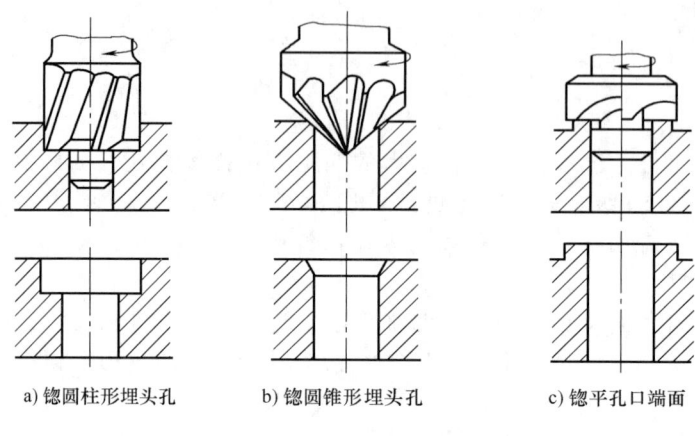

a) 锪圆柱形埋头孔　　b) 锪圆锥形埋头孔　　c) 锪平孔口端面

图 5-18　锪孔类型

1. 锪钻的种类

与锪削加工要求相对应，常用的锪钻有柱形锪钻、锥形锪钻和端面锪钻，如图 5-19 所示。

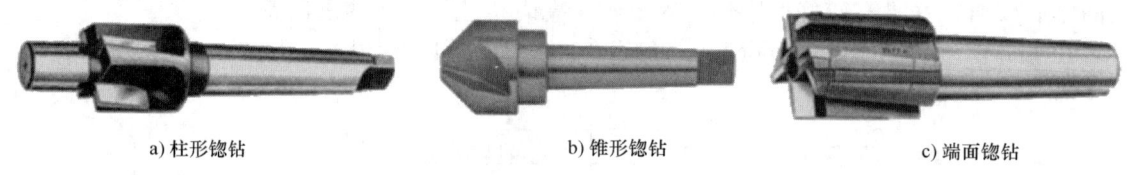

a) 柱形锪钻　　b) 锥形锪钻　　c) 端面锪钻

图 5-19　锪钻的种类

柱形锪钻用于锪圆柱形埋头孔，其前端有导向柱（有整体式和可拆卸式两种）。导向柱直径与已有的孔采用 H7/f7 的间隙配合，使锪钻具有良好的定心和导向作用。

锥形锪钻用于锪圆锥形埋头孔。根据工件上圆锥形埋头孔的角度不同，锥形锪钻的锥角有 60°、75°、90°和 120°四种，其中以 90°最为常用。锪钻是多齿刀具，锥形锪钻的齿数与其直径有关，直径为 12～60mm 的锥形锪钻，其齿数为 4～12 齿。选用时参照孔径进行选择。

柱形锪钻和锥形锪钻都可由标准麻花钻改制而成。

用麻花钻改制的不带导向柱的锪钻加工圆柱形埋头孔时，必须先用麻花钻扩出一个台阶孔作为导向，然后再用端面锪钻锪至深度要求，即按"一钻、二扩、三锪"的加工

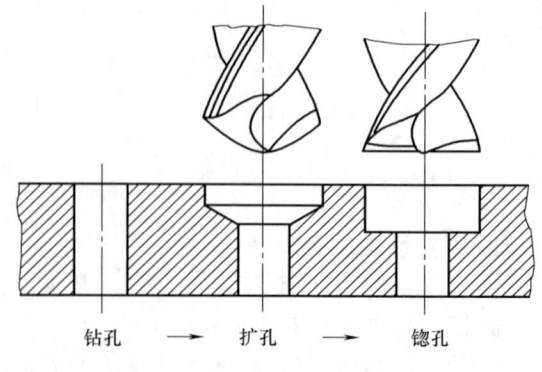

钻孔　→　扩孔　→　锪孔

图 5-20　用麻花钻锪柱形沉孔

顺序进行，如图 5-20 所示。

端面锪钻主要用来锪平孔口端面和凸台平面。

2. 锪孔加工注意事项

锪孔时，刀具容易产生振动，使锪出的端面或锥面出现振痕，特别是由麻花钻改制的锪钻尤为严重。因此，锪孔时需注意如下事项。

1）锪孔时的进给量为钻孔的 2~3 倍，切削速度为钻孔的 1/3~1/2 为宜。锪削至尺寸时，可停车利用钻轴惯性来刮锪，修刮振痕，使工件获得较好的表面质量。

2）使用麻花钻改制锪钻时，尽量选用较短的钻头，并适当减小后角和外缘处的前角，以防止扎刀和减小振动。

3）锪钢件时，应在导向柱和切削表面加注切削液。

三、铰孔

用铰刀从工件孔壁上切除微量金属层，以提高孔壁尺寸精度和降低表面粗糙度值的方法称为铰孔。铰孔主要用于工件上钻削加工后的孔的精加工或半精加工，其公差等级可达 IT7~IT9，表面粗糙度值可达 $Ra1.6\mu m$。

1. 铰刀

铰刀是尺寸精确的多刃工具，因刀齿数量多，切削余量小，故具有切削阻力小，导向性好，加工精度高等特点。铰刀种类很多，按加工孔的形状的不同，分为圆柱形铰刀和圆锥形铰刀。按使用方式的不同，分为手用铰刀和机用铰刀（图 5-21），手用铰刀是直柄型的，机用铰刀则有直柄和锥柄之分。

手用铰刀工作部分较长，柄部做成方榫形，以便扳手或铰杠套入夹持，用手旋转铰刀来进行铰削。机用铰刀的特点是工作部分较短，而颈部较长，切削锥角 φ 较大。

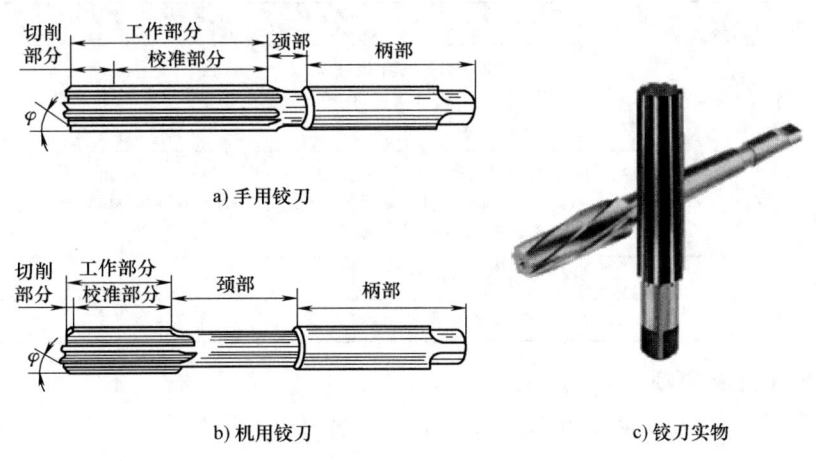

图 5-21 铰刀

2. 铰削用量的选择

铰削用量包括铰削余量、切削速度和进给量。

（1）铰削余量 上道工序（钻孔或扩孔）完成后留下的直径方向的加工余量称为铰削余量。铰削余量是否适当，对铰出孔的表面粗糙度值和精度有很大影响。

铰削余量太大，会加大刀齿的切削负荷，增加切削热量，加大变形，使铰出孔的尺寸精度降低，表面粗糙度值增大；铰孔余量太小，使上道工序残留的变形和加工刀痕难以纠正和去除，影响孔的尺寸精度和表面质量，同时，由于余量过小，铰刀在啃刮状态下切削，磨损严重，从而缩短了铰刀寿命。

铰削余量参照表 5-7 进行选取。

表 5-7 铰削余量

铰刀直径/mm	铰削余量/mm	铰刀直径/mm	铰削余量/mm
<6	0.05~0.1	18~30	一次铰：0.2~0.3 二次铰、精铰：0.1~0.15
6~18	一次铰：0.1~0.2 二次铰、精铰：0.1~0.15	30~50	一次铰：0.3~0.4 二次铰、精铰：0.15~0.25

（2）机铰时切削速度的选择　机铰时，为获得较高的表面质量，必须避免产生刀瘤，减少切削热变形，因而应取较小的切削速度。用高速钢铰刀铰削钢件时，切削速度为 4~8m/min；铰削铸件时，切削速度为 6~8m/min；铰削铜件时，切削速度为 8~12m/min。

（3）机铰时的进给量　铰削钢件及铸铁件时，进给量为 0.5~1mm/r；铰削铜或铝材料时，进给量为 1~1.2mm/r。

3. 铰孔时的冷却润滑

铰削的切屑细碎且易粘在切削刃上或挤压在孔壁与铰刀之间，使已加工表面被拉毛、孔径扩大，同时因散热困难，也会加快铰刀的磨损。铰孔时，根据工件材料的不同选用适当的切削液对铰刀进行冷却的同时，应对切屑进行冲洗，改善铰削条件，提高铰孔质量，延长铰刀寿命。

铰孔时切削液的选择可参照表 5-8。

表 5-8 铰孔时切削液的选择

加工材料	切削液
钢	1. 10%~20%的乳化液 2. 30%工业植物油加 70%的浓度为 3%~5%的乳化液 3. 工业植物油
铸铁	1. 不用 2. 煤油（会引起缩孔，最大缩小量为 0.02~0.04mm） 3. 3%~5%的乳化液
铝	煤油、松节油
铜	5%~8%的乳化液

4. 铰孔加工注意事项

1）铰孔时工件装夹要牢固可靠，孔的轴线要垂直。对薄壁零件，装夹要适当，防止夹紧力过大使孔变形。

2）手动铰孔时，两只手用力均匀稳定，以免在孔的进口处出现喇叭状或使状径扩大；进给时，不要猛力推压铰刀，应一边旋转，一边均匀加压。

3）只能顺时针方向转动铰刀，不能倒转，防止铰刀磨损及划伤孔壁。

4）铰刀排屑功能差，要及时取出切屑，以免铰刀被卡住。

5）铰刀是精加工工具，要保护好铰刀的切削刃，避免碰撞，切削刃上如有毛刺或切屑，可用油石小心地磨去，以保持其精度。

6）机动铰孔退刀时，应先退刀，后停车。铰通孔时铰刀的校准部分不要全部露出，以防孔的下端被刮伤。

7）机动铰孔时，要注意机床主轴、铰刀、待铰孔三者之间的同轴度是否符合要求，对于高精度孔的加工，必要时采用浮动铰刀夹头装夹铰刀。

任务实施

一、加工要求与工艺分析

盖板是材料为 Q235、外形尺寸为 100mm×46mm×14mm 的多孔零件。由图样可知，盖板钻削加工包括四个 φ9mm 圆柱形埋头孔、两个 φ7mm 圆锥形埋头孔和两个 φ10mm 销孔。各埋头孔（圆柱形、圆锥形）表面粗糙度值要求为 $Ra12.5\mu m$。两个销孔加工精度要求最高，其表面粗糙度值为 $Ra1.6\mu m$，尺寸公差为 0.036mm，查表可知，该孔的公差代号为 H9，即基本偏差代号为 H，公差等级为 9 级的基准孔。按其精度要求，铰削至图样尺寸要求，同时要保证两孔的相对位置。

以上分析可知，盖板上各孔的钻削加工需要经过钻孔、扩孔、铰孔多个工步完成。在钻削两个 φ10mm 的销孔时，要预留铰削余量。为保证各孔的钻削质量，钻头刃磨要保持切削刃锋利和光洁。用钻头代替锪钻时，角度刃磨要正确。工件划线要准确，确保各孔的相对位置；工件采用平口钳悬空装夹并找正，装夹要稳定可靠。手动铰孔时的操作要正确稳定。

二、加工操作

加工盖板的步骤如下。

检查坯料尺寸→划出工件在水平、垂直方向的对称中心线→以对称中心线为基准划出各孔定位线→划出各孔圆周线后打样冲眼→按划线完成各埋头孔的钻削→钻削 φ10mm 销孔，预留 0.2mm 的铰削余量→铰孔至尺寸要求→清理孔口毛刺→检验。

任务评价与反馈

通过本任务，体会并掌握孔加工各项技能的基本方法和操作要领。注重理论与实践相结合，理清孔加工的工艺要点，使孔加工技能的形成和实践应用能力提升。

1. 自我测评

1）是否已基本掌握扩孔、锪孔和铰孔的基本操作？铰孔操作应注意哪些问题？
2）本次加工中遇到哪些困难？是如何解决的？

2. 任务考评

用钢直尺、游标卡尺配合自检，填写任务考评表（表 5-9）。

3. 实训心得

表 5-9 加工盖板任务考评表

学生姓名：		班级：	学号：		时间：	
零件名称	盖板	实习件图号		图 5-16		
考核项目	考核内容	配分	评分标准	考评得分		
				自检	互检	教师
主要项目	1 划线正确、清晰	8 分	不正确不得分			
	2 圆锥形埋头孔 2×ϕ7mm、Ra12.5μm	14 分	每处超差扣 5 分；降级扣 2 分			
	3 圆柱形埋头孔 4×ϕ9mm、Ra12.5μm	28 分	每处超差扣 5 分；降级扣 2 分			
	4 2×ϕ10$_{0}^{+0.036}$mm、Ra1.6μm	20 分	每处超差扣 6 分；降级扣 4 分			
一般项目	1 80mm、26mm、20mm、20mm	20 分	每处超差扣 5 分			
安全文明生产	国家颁布的安全生产法规有关规定及车间管理规定	10 分	违规不得分			
	总配分	100 分	合计			
教学评价	○ 优秀（85 分以上） ○ 良好（75 分以上） ○ 及格（60 分以上） ○ 不及格（60 分以下）			综合得分		
				教师签名		

零件图上几何公差的识读

零件图样上的尺寸都是有公差要求的，这一要求有的注写在图形上，有的注写在技术要求或技术文件上。图 5-16 中有些尺寸没有标注公差，例如盖板中 80mm、20mm 等定位尺寸，ϕ9mm、ϕ7mm 直径尺寸等，因为这些尺寸在车间通常加工条件下能够保证其尺寸精度，这类尺寸公差称为一般公差。采用一般公差的尺寸，在该尺寸后不需注出其极限偏差数值或公差带代号，又称未注公差。

在本任务中，80mm、20mm、ϕ9mm、ϕ7mm 等尺寸都是未注公差尺寸，即该类尺寸要求通过划线和机床精度就可保证其加工要求而无需标注。

同理，对零件上的几何精度也是有要求的。当加工精度要求高于制造设备通常情况下所能保证的中等制造精度时，需要在图样上标出。若加工精度可以在设备精度下保证时，则同样无须在图样上注出。

在识读图样时，应对图样上未注公差的要求有所了解，并在加工中注意保证该类尺寸及各要素的几何精度。

项目拓展

钻孔相关资讯收集与学习

小组合作，分头收集、共享加工资讯。

1) 通过网络或查阅相关书籍了解钻头几何角度对钻削材料的影响及选用原则，结合任务完成情况，体会钻头的刃磨要求和重要性。

2) 查阅、搜集群钻相关信息，了解群钻的应用场合和刃磨要求，扩大钻头认知范围，积累相关工艺知识。

3) 通过网络或查阅相关书籍了解孔加工的相关工艺知识，结合任务完成情况，体会各种方法的异同和各自的操作要点。

拓展任务

端盖制作

端盖生产实习图如图 5-22 所示。看懂图样，明确加工要求，拟订加工方法和钻孔步骤，完成加工准备工作；学会分度头的分度方法和划线操作。

端盖属圆盘类零件，备件为车制半成品，本任务需完成端盖划线、钻孔和 70mm 偏方的锯削、锉削加工，根据教学安排择机加工。

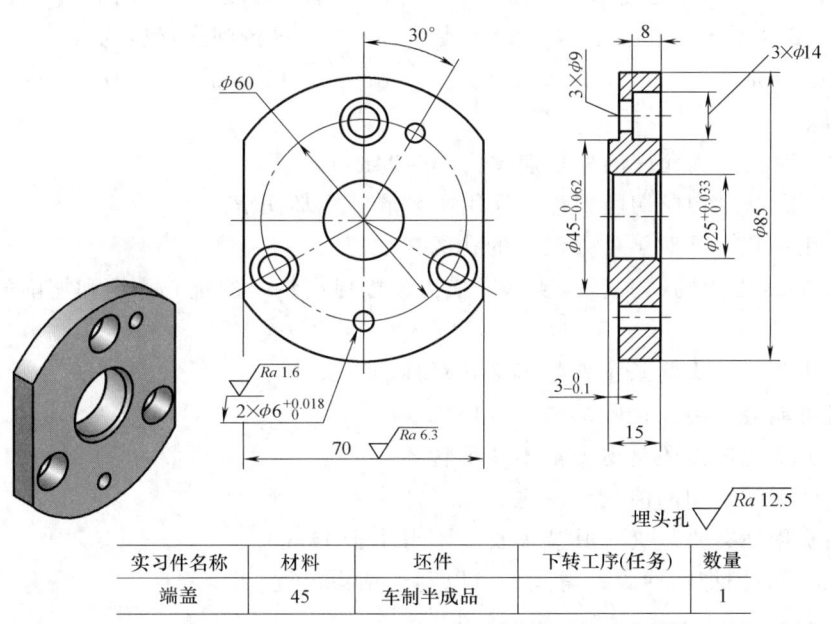

图 5-22 端盖生产实习图

职业技能理论知识测验

一、选择题

1. 钻孔加工的尺寸公差等级为_____。
   A. IT11～IT13   B. IT8～IT10   C. IT9～IT13   D. IT10～IT12

2. 钻孔加工表面粗糙度值为 Ra _____。
   A. 6.3～12.5μm   B. 12.5～50μm   C. 3.2～25μm   D. 3.2～50μm

3. 钻头直径大于_____时，柄部一般做成锥柄。
   A. 13mm   B. 15mm   C. 12mm   D. 20mm

4. 标准麻花钻的顶角为 $2\varphi =$ _____。
   A. 120°　　　　　B. 110°　　　　　C. 118°　　　　　D. 90°
5. 麻花钻的横刃斜角一般为 _____。
   A. 50°~60°　　　B. 50°~55°　　　C. 45°~60°　　　D. 50°~75°
6. 用高速钢钻头钻铸铁件时，切削速度为 _____。
   A. 14~22m/min　B. 16~28m/min　C. 30~60m/min　D. 16~24m/min
7. 扩孔时的进给量为钻孔进给量的 _____ 倍，切削速度是钻孔切削速度的1/2。
   A. 1.5~2　　　　B. 1.5~3　　　　C. 1~3.5　　　　D. 2~4
8. 柱形锪用于锪制圆柱形埋头孔，其前端有导向柱，导向柱直径与已有的孔采用 _____ 间隙配合，使其有良好的定心和导向作用。
   A. H7/f7　　　　B. H5/f7　　　　C. h7/F7　　　　D. H6/f8
9. 铰孔主要用于工件上钻削加工后孔的精加工或半精加工，其公差等级可达 _____，表面粗糙度值可达 $Ra1.6\mu m$。
   A. IT11~IT13　　B. IT8~IT10　　　C. IT10~IT12　　D. IT7~IT9
10. 当孔的直径不大于6mm，铰削时需预留 _____ 的铰削余量较为合适。
    A. 0.05~0.1mm　B. 0.1~0.2mm　　C. 0.2~0.25mm　D. 0.05~0.2mm

二、判断题

1. 钻削钢件时，钻头允许的切削速度为16~24m/min。　　　　　　　　　（　　）
2. 钻头的螺旋槽除构成切削刃外，还用于排屑、冷却润滑。　　　　　　（　　）
3. 扩孔是用扩孔工具对工件上已有的孔的精加工。　　　　　　　　　　（　　）
4. 直径在6mm以上的钻头，需要修磨横刃，以提高钻头的定心作用和切削的稳定性。
　　　　　　　　　　　　　　　　　　　　　　　　　　　　　　　　（　　）
5. 刃磨钻头时，钻头两条主切削刃必须对称、等长。　　　　　　　　　（　　）
6. 铰孔时可能会产生孔径收缩或扩张现象。　　　　　　　　　　　　　（　　）
7. 铰孔时，不论进刀还是退刀都不能反转。　　　　　　　　　　　　　（　　）
8. 钻削一般钢时，切削液的作用主要以冷却为主。　　　　　　　　　　（　　）
9. 直柄钻头用钻夹头装夹，其装夹长度不得小于15mm。　　　　　　　（　　）
10. 钻孔前，应先把样冲眼打得大些，以利于钻头定位。　　　　　　　（　　）

品读工匠故事，滋养职业情怀

大国工匠——徐小平

上海大众汽车有限公司发动机厂维修科技术总监徐小平，从一名普通维修工逐渐成长为技术专家，带领团队为企业贡献了十几项发明专利，创造了数以亿计的经济效益。他以前瞻的视野不断挑战新技术、开拓新领域、争取新突破。他勤于学习、善于思考、勇于创新，在平凡的岗位上创造出不凡的业绩。

徐小平说："人一定要有梦想，有梦想就有追梦的动力。我在学徒的时候，一直梦想着哪天能超过师傅；当我走进上海大众，看到德国专家对先进设备那种驾驭能力的时候，我又想什么时候能超过德国专家；当我参观了德国设备制造公司以后，我又开始做梦，什么时候我们也能造出这样的机器。36年来，我不仅赶上了师傅，解决了德国专家没能解决的问题，还拥有了自主知识产权的发明专利"。

　　谈到下一个梦想，徐小平说，"如果一个修设备的人整天就是修，那是悲哀。在我的脑海里，天天都在想如何不要修。如今，发动机厂设备预防性保养时间已经达到设备维修总工时的 86%，因此，实现百分之百的预防维修才是我们团队的终极目标，我要圆的就是这个梦。"

项目六 螺纹加工

螺纹广泛应用于各种机械零件中,根据用途不同,可将螺纹分为联接螺纹和传动螺纹。

加工螺纹的方法很多,攻螺纹和套螺纹是加工普通螺纹最常见的方法,批量生产时,可在车床、钻床上进行;单件小批量生产或精度要求不高时,多采用手动攻螺纹和套螺纹(图6-1)。本项目结合车间实境课堂,进行攻螺纹、套螺纹相关工艺知识的学习以及基本操作练习,完成组合孔板和螺杆等任务件的加工,掌握攻螺纹和套螺纹的工艺方法和操作技能。

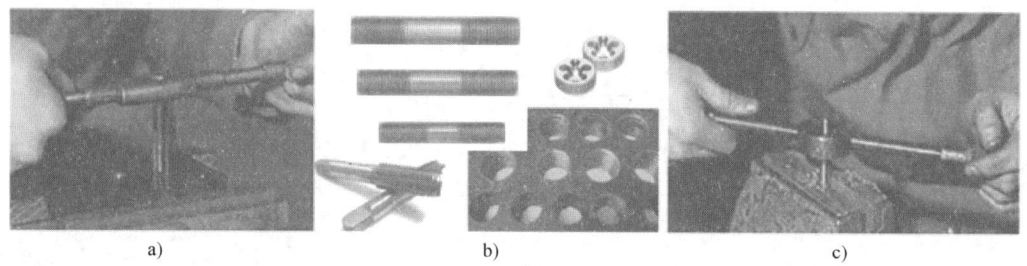

图 6-1 攻螺纹与套螺纹

项目重点

1. 攻螺纹和套螺纹的工艺方法和步骤。
2. 攻螺纹和套螺纹操作技能。
3. 攻螺纹和套螺纹时产生废品的原因及预防措施。

工作情境

本项目工作情境建议及说明见表6-1。

表 6-1 螺纹加工工作情境建议及说明

建议	说明
工作情境	车间实境教学
教学条件	钳工实训车间(配有数字化教学研讨区)
主要设备	钳工工作台、台虎钳
教学建议	理实一体、任务导向、分组教学、观察演示、操作练习、现场实训
工作过程	明确任务→获取知识→任务实施→评价与反馈

项目准备

本项目材料准备清单见表6-2，项目装备准备清单见表6-3。

表6-2 项目材料准备清单

序号	加工内容	材料	坯件尺寸	数量	备注
1	加工组合孔板	Q235	126mm×40mm×15mm	1	图6-2
2	加工双头螺柱	Q235	ϕ8mm×100mm ϕ10mm×150mm ϕ12mm×200mm	各1	图6-8
合计					

备注：任务材料按人配备，可按实际教学需要分组调配

表6-3 项目装备准备清单

项目装备	说　明
工艺装备	划线工具（划线平台、方箱、V形铁、划针盘、划针、划规、样冲、锤子、划线涂料）、麻花钻、手用丝锥、板牙、铰杠、板牙架（按图样准备）、钢直尺（300mm）、游标卡尺（0~125mm）、游标高度卡尺（0~300mm）、刀口形直角尺）、其他辅具（按实训需要配备）
数字化教学资源	多媒体课件、音/视频等资源（按教学条件选备）

任务一　加工组合孔板

任务目标

1. 熟知丝锥、铰杠及其使用方法。
2. 会在攻螺纹前确定螺纹的底孔直径。
3. 掌握攻螺纹的操作要领，正确操作。
4. 按图样要求完成组合孔板的加工和检验。

任务描述

完成图6-2所示组合孔板的加工。

任务分析

用丝锥在工件的孔中切削出内螺纹的加工方法称为攻螺纹。对于小尺寸内螺纹的加工，常用手用丝锥攻螺纹，由于手动操作，它适合于精度不高的普通螺纹的加工。

攻螺纹是在确定并钻出螺纹底孔直径的基础上进行的内螺纹加工操作。本任务以组合孔板的加工为载体，熟悉攻螺纹的操作方法和步骤，通过攻螺纹的实际操作，感知操作要点，

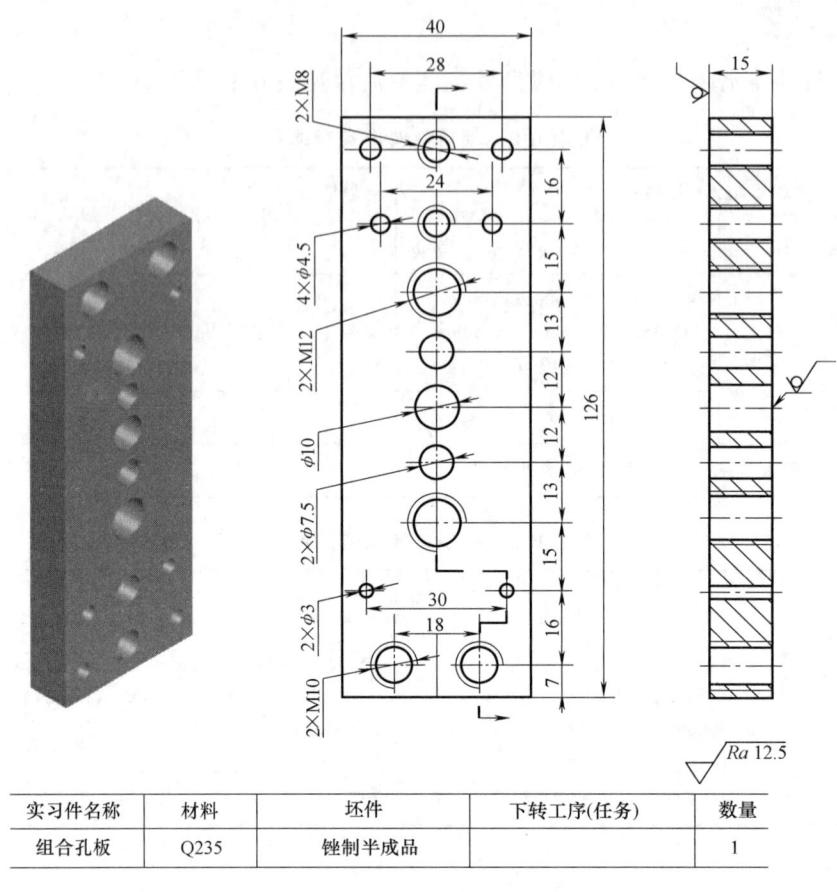

实习件名称	材料	坯件	下转工序(任务)	数量
组合孔板	Q235	锉制半成品		1

图 6-2 组合孔板生产实习图

掌握操作技法，达到钳工岗位应有的攻螺纹技能要求。

知识准备

一、攻螺纹工具

1. 丝锥

（1）丝锥的概念和结构 丝锥是加工内螺纹的工具，常用的丝锥分为手用丝锥、机用丝锥、圆柱管螺纹丝锥和圆锥管螺纹丝锥。丝锥由柄部和工作部分组成，其结构如图 6-3 所示。柄部是攻螺纹时被夹持的部分，起传递转矩的作用。工作部分由切削部分和校准部分组成，其上有几条沿轴向分布的容屑槽容纳切屑，同时

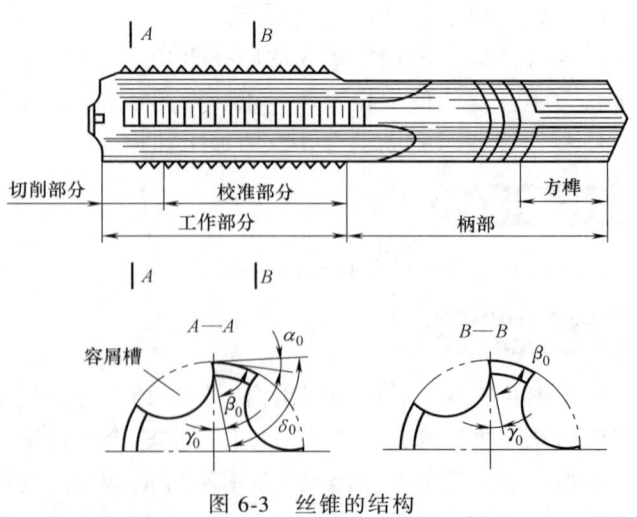

图 6-3 丝锥的结构

形成切削刃和前角。切削部分的前角 γ_0 为 8°~10°、后角 α_0 为 6°~8°，起切削作用；校准部分有完整的牙型，用来修光和校准已切出的螺纹，并引导丝锥沿轴线前进，校准部分的后角为 0°。

（2）丝锥的成组分配　攻螺纹时，为了减小切削阻力和延长丝锥的使用寿命，一般将整个切削量分配给几只丝锥来承担。通常 M6~M24 的丝锥每组有两只；M6 以下及 M24 以上的丝锥每组有三只；细牙普通螺纹丝锥每组有两只。

成组丝锥切削量的分配有锥形分配和柱形分配两种形式。

1）锥形分配切削量的丝锥称为等径丝锥。一组丝锥中，每只丝锥的大径、中径、小径都相等，只是切削部分的长度和锥角不等。头锥的切削部分的长度为 5~7 个螺距；二锥的切削部分的长度为 2.5~4 个螺距；三锥的切削部分的长度为 1.5~2 个螺距。当攻通孔螺纹时，一般只用头锥进行一次切削即可完成。攻不通孔螺纹时，为了增加螺纹的有效长度，分别采用头锥、二锥和三锥进行切削。

2）柱形分配切削量的丝锥称为不等径丝锥。一组丝锥中，头锥、二锥的大径、中径和小径都比三锥小。头锥、二锥的中径一样大大，大径不一样大，头锥大径小，二锥大径大。这种丝锥切削量的分配比较合理，三只一组的丝锥按 6：3：1 的比例分担切削量；两只一组的丝锥按 7.5：2.2 的比例分担切削量。柱形分配的丝锥，切削省力，每只丝锥磨损量差别小，使用寿命长，攻制的螺纹表面粗糙度值小。

2. 铰杠

铰杠是手工攻螺纹时用来装夹丝锥的工具。铰杠分为普通铰杠和丁字铰杠两类，每类铰杠又有固定式和活络式（可调式）两种，如图 6-4 所示。

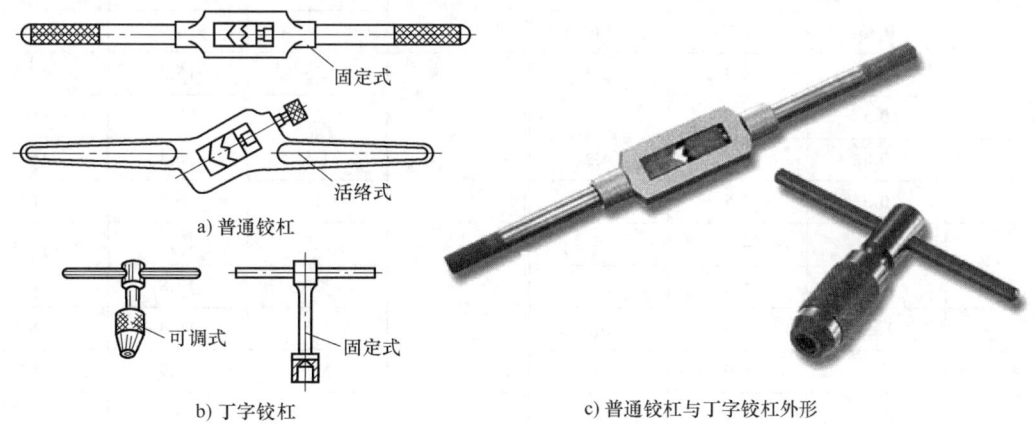

图 6-4　铰杠

普通固定式铰杠用于装夹 M5 以下的丝锥。普通活络铰杠可调节其方孔尺寸，规格以柄长表示，适应范围见表 6-4。

表 6-4　普通活络铰杠适应范围

铰杠规格/mm	150	225	275	375	475	600
适应丝锥范围	M5~M8	M8~M12	M12~M14	M14~M16	M16~M22	M24 以上

丁字铰杠通常用于攻工件凸台旁的螺纹或箱体内部的螺孔。较小的丁字活络铰杠是通过一个四爪弹簧夹头来装夹 M6 以下的丝锥。大尺寸的丁字铰杠一般都是固定式的，它通常是

按实际需要制成专用铰杠。

二、攻螺纹前底孔直径和底孔深度的确定

用丝锥攻螺纹时，丝锥在切削金属的同时还伴随着较强的挤压作用，使金属产生变形，形成凸起并挤向牙尖，这样攻出的螺纹小径小于底孔直径，且丝锥极易被挤出的切屑卡住，造成丝锥折断，因此，攻螺纹时螺纹底孔直径必须略大于螺纹小径，以改善丝锥切削条件，保证攻出的螺纹具有完整的牙型。

1．攻螺纹前底孔直径的确定

（1）普通螺纹底孔直径的确定　螺纹底孔的大小需根据工件的材料性质和钻孔时的扩张量来考虑。加工普通螺纹底孔直径可根据经验公式计算并以此选择钻头，也可直接查表6-5确定钻头直径尺寸。

表 6-5　普通螺纹攻螺纹前钻底孔的钻头直径　　　　　　　　（单位：mm）

螺纹大径 D	螺距 P	钻头直径 d		螺纹大径 D	螺距 P	钻头直径 d	
		铸铁、青铜、黄铜	钢、可锻铸铁、纯铜、层压板			铸铁、青铜、黄铜	钢、可锻铸铁、纯铜、层压板
2	0.4	1.6	1.6	14	2	11.8	12
	0.25	1.75	1.75		1.5	12.4	12.5
2.5	0.45	2.05	2.05		1	12.9	13
	0.35	2.15	2.15	16	2	13.8	14
3	0.5	2.5	2.5		1.5	14.4	14.5
	0.35	2.55	2.65		1	14.9	15
4	0.7	3.3	3.3	18	2.5	15.3	15.5
	0.5	3.5	3.5		2	15.8	16
5	0.8	4.1	4.2		1.5	16.4	16.5
	0.5	4.5	4.5		1	16.9	17
6	1	4.9	5	20	2.5	17.3	17.5
	0.75	5.2	5.2		2	17.8	18
8	1.25	6.6	6.7		1.5	18.4	18.5
	1	6.9	7		1	18.9	19
	0.75	7.1	7.2	22	2.5	19.3	19.5
10	1.5	8.4	8.5		2	19.8	20
	1.25	8.6	8.7		1.5	20.4	20.5
	1	8.9	9		1	20.9	21
12	1.75	9.1	9.2	24	3	20.2	21
	1.75	10.1	10.2		2	21.8	22
	0.5	10.4	10.6		1.5	22.4	22.3
	1.25	10.6	10.7		1	22.9	23
	1	10.9	11				

普通螺纹底孔直径的经验公式为

攻制钢件等韧性材料　　　　　　$D_{孔}=D-P$

攻制铸铁等脆性材料　　　　　　$D_{孔}=D-(1.05P\sim1.1P)$

式中　$D_{孔}$——螺纹底孔直径，单位为 mm；

　　　D——螺纹大径，单位为 mm；

　　　P——螺距，单位为 mm。

（2）寸制螺纹、圆柱管螺纹、圆锥管螺纹底孔直径的确定　寸制螺纹底孔直径可以根据经验公式计算，也可直接查表确定。表 6-6 所列为寸制螺纹和圆柱管螺纹攻螺纹前钻底孔的钻头直径，可供加工时选用。攻制圆锥管螺纹时，其钻底孔的钻头直径可查表 6-7。

表 6-6　寸制螺纹和圆柱管螺纹攻螺纹前钻底孔的钻头直径

寸 制 螺 纹				圆 柱 管 螺 纹		
螺纹直径/in	每 in 牙数	钻头直径/mm		螺纹直径/in	每 in 牙数	钻头直径/mm
		铸铁、青铜、黄铜	钢、可锻铸铁			
3/16	24	3.8	3.9	1/8	28	8.8
1/4	20	5.1	5.2	1/4	19	11.7
5/16	18	6.6	6.7	3/8	19	15.2
3/8	16	8	8.1	1/2	14	18.9
1/2	12	10.6	10.7	3/4	14	24.4
5/8	11	13.6	13.8	1	11	30.6
3/4	10	16.6	16.8	1¼	11	39.2
7/8	9	19.5	19.7	1⅜	11	41.6
1	8	22.3	22.5	1½	11	45.1
1⅛	7	25	25.2			
1¼	7	28.2	28.4			
1½	6	34	34.2			
1¾	5	39.5	39.7			
2	4½	45.3	45.6			

表 6-7　圆锥管螺纹攻螺纹前钻底孔的钻头直径

55°圆锥管螺纹			60°圆锥管螺纹		
公称直径/in	每 in 牙数	钻头直径/mm	公称直径/in	每 in 牙数	钻头直径/mm
1/8	28	8.4	1/8	27	8.6
1/4	19	11.2	1/4	18	11.1
3/8	19	14.7	3/8	18	14.5
1/2	14	18.3	1/2	14	17.9
3/4	14	23.6	3/4	14	23.2
1	11	29.7	1	11½	29.2
1¼	11	38.3	1¼	11½	37.9

(续)

55°圆锥管螺纹			60°圆锥管螺纹		
公称直径/in	每 in 牙数	钻头直径/mm	公称直径/in	每 in 牙数	钻头直径/mm
1½	11	44.1	1½	11⅓	43.9
2	11	55.8	2	11½	56

寸制螺纹底孔直径的经验公式为

攻制钢件等韧性材料　$D_{孔} = 25\left(D - \dfrac{1}{n}\right) + (0.2 \sim 0.3)$

攻制铸铁等脆性材料　$D_{孔} = 25\left(D - \dfrac{1}{n}\right)$

式中　$D_{孔}$——螺纹底孔直径，单位为 mm；

　　　D——螺纹大径，单位为 in；

　　　n——每 in 牙数。

2. 攻螺纹前底孔深度的确定

钻不通孔螺纹底孔时，由于丝锥的切削部分不能攻出完整的螺纹，所以钻孔的底孔深度要大于螺纹的有效深度，一般为螺纹有效深度加上螺纹大径的 0.7 倍，即

$$H_{钻} = h_{有效} + 0.7D$$

式中　$H_{钻}$——底孔深度，单位为 mm；

　　　$h_{有效}$——螺纹有效深度，单位为 mm；

　　　D——螺纹大径，单位为 mm。

三、攻螺纹的操作方法

1. 划线、钻底孔

计算或查表确定出螺纹的底孔直径，选用钻头，工件按图样要求划线，钻出底孔。

2. 孔口倒角

攻螺纹前孔口必须倒角，且通孔螺纹两端都要倒角，倒角处直径可略大于螺纹大径，这样使丝锥开始切削时容易切入，并可防止孔口出现挤压的凸边，且在螺纹攻穿时，最后的牙顶易崩裂。

3. 攻螺纹

攻螺纹的操作过程如图 6-5 所示。起攻时要将装夹在铰杠上的头锥插入孔内，使丝锥轴线与底孔轴线重合，不得歪斜，可用右手握住铰杠中部，沿丝锥轴线施加适当的压力，左手配合做顺时针方向旋进（图 6-5a），或者用双手分别握住铰杠两端，均匀施压，将丝锥顺时针方向旋进。在丝锥攻入 1~2 圈后，从前后、左右两个方向用直角尺进行检查（图 6-5b），并不断找正至垂直度符合要求。

当丝锥旋入工件 2~3 圈后，进入正常攻制，此时只需双手平稳地转动铰杠，无需施加压力（图 6-5c），依靠螺纹自然旋进。操作中应经常将丝锥倒转 1/2 圈左右，使切屑碎断后容易排出，避免因切屑阻塞而使丝锥卡住。攻不通孔螺纹时，要分次退出丝锥，排除孔中的切屑。

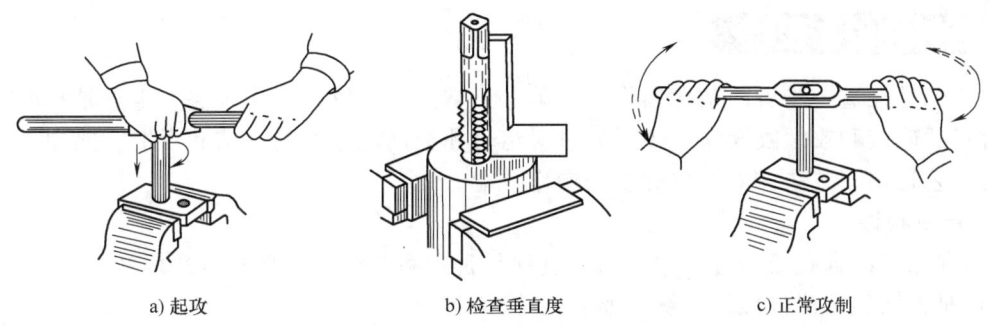

a) 起攻　　　　　　b) 检查垂直度　　　　　c) 正常攻制

图 6-5　攻螺纹的操作过程

师傅说

攻螺纹操作注意事项如下。

1）攻通孔螺纹时，丝锥校准部分不应全部攻出头，否则会扩大或损坏孔口螺纹。

2）丝锥退出时，应先用铰杠带动螺纹平稳地反向转动，当用手能直接旋动丝锥时，停止使用铰杠，用手旋出。

3）头锥攻毕用二锥攻制时，应先用手将二锥旋入已攻出的孔内，直到用手旋不动时再使用铰杠改制。

4）在硬质材料上攻螺纹时要加注切削液，以减小切削阻力和提高孔的表面质量，延长丝锥使用寿命。

5）机动攻螺纹时，当丝锥即将进入孔的底部时，进刀要慢，防止丝锥与孔的底部发生撞击。在螺纹切削部分开始攻螺纹时，施加在钻床进给手柄上的压力要均匀。当切削部分全部切入工件时，应停止对进给手柄施加压力。

任务实施

一、加工要求与工艺分析

由图样可知，组合孔板坯件是尺寸为 126mm×40mm×15mm 的锉制半成品。在该坯件上需要加工九个直径不同的光孔，2×M8、2×M10 和 2×M12 三组六个螺纹孔。

钻孔适合在台式钻床上完成。攻螺纹在钳工工作台上用台虎钳装夹找正后攻制。

二、加工操作

组合孔板加工步骤如下。

1）检查坯料，清理毛刺。

2）在坯料上按图样要求划出各孔的加工位置线，校准后打样冲眼。

3）在坯料上钻出 $\phi 3mm$、$\phi 4.5mm$、$\phi 7.5mm$、$\phi 10mm$ 孔，保证各位置尺寸。

4）在坯料上钻出各螺纹底孔，并对孔口进行倒角，保证各位置尺寸。

5）依次攻制 M8、M10、M12 螺纹，并用相应的螺钉进行配检。

6）去毛刺，检验零件。

任务评价与反馈

本任务是在进一步巩固钻孔操作的基础上，掌握攻螺纹的操作技法。重点是掌握攻螺纹底孔直径的确定和攻螺纹操作要领。通过对组合孔板加工过程的总结和反馈，熟知攻螺纹应具备的工艺知识和方法，掌握攻螺纹的操作技能。

1. 自我测评

1）在加工组合孔板的过程中，钻孔过程是否顺利？钻孔质量是否达标？
2）是否已经掌握攻螺纹的操作要领？

2. 任务考评

用游标卡尺、螺纹标准件配合自检，填写任务考评表（表6-8）。

3. 实训心得

表 6-8 加工组合孔板任务考评表

学生姓名：		班级：	学号：	时间：		
零件名称	组合孔板		实习件图号		图6-2	
考核项目	考核内容	配分	评分标准	考评得分		
				自检	互检	教师
主要项目	1 中线位置准确	5分	不正确不得分			
	2 各孔定位尺寸正确	20分	每处不正确扣2分			
	3 M8：螺纹完整，无乱牙、不歪斜	12分	每项不合要求扣4分			
	4 M10：螺纹完整，无乱牙、不歪斜	12分	每项不合要求扣4分			
	5 M12：螺纹完整，无乱牙、不歪斜	12分	每项不合要求扣4分			
	6 $2×\phi3mm$、$4×\phi4.5mm$、$2×\phi7.5mm$、$\phi10mm$、$Ra12.5\mu m$	29分	每孔超差扣3分，降级扣2分			
安全文明生产	国家颁布的安全生产法规有关规定及车间管理规定	10分	违规不得分			
总配分		100分	合计			
教学评价	○ 优秀（85分以上） ○ 良好（75分以上） ○ 及格（60分以上） ○ 不及格（60分以下）			综合得分		
				教师签名		

知识链接

攻螺纹保险夹头

攻螺纹保险夹头是机动加工内螺纹的一种多用装夹丝锥的夹具。攻螺纹保险夹头种类多样,已成系列化,按攻螺纹工艺的不同,可分为刚性攻螺纹保险夹头和浮动(扭力保护)攻螺纹保险夹头两种形式;按尾柄的不同,可分为直柄攻螺纹保险夹头和锥柄攻螺纹夹头,锥柄攻螺纹保险夹头使用较广泛。

在钻床上攻螺纹时,多采用保险夹头装夹丝锥,以免当丝锥的负荷过大或攻制不通孔螺纹到达孔底时产生丝锥折断或损坏工件等现象。

1. 攻螺纹保险夹头的类型

常用的攻螺纹保险夹头有以下两种。

(1) 钢球式保险夹头　结构如图 6-6 所示,本体 3 借助弹簧 7 的压力,使沿圆周均布的 12 个钢球 8 带动离合盘 11 转动。在离合盘 11 的内孔中有两个凸键,滑动套 15 的圆周上有相应的两个长槽,可使离合盘 11 的转矩传递给滑动套 15,使滑动套 15 可沿轴向自由滑动。转动调压套 4 可调节钢球 8 传递转矩的大小。

在本体 3 内有一个长孔,其中拉簧 2 的一端用销 1 与本体 3 固定,另一端用销 13 和垫圈 12 与滑动套 15 固定。两个 $\phi 2.5$mm 的钢球用于减小摩擦力,在离合盘 11 过载打滑时,滑动套 15 仍能相对于本体 3 转动。

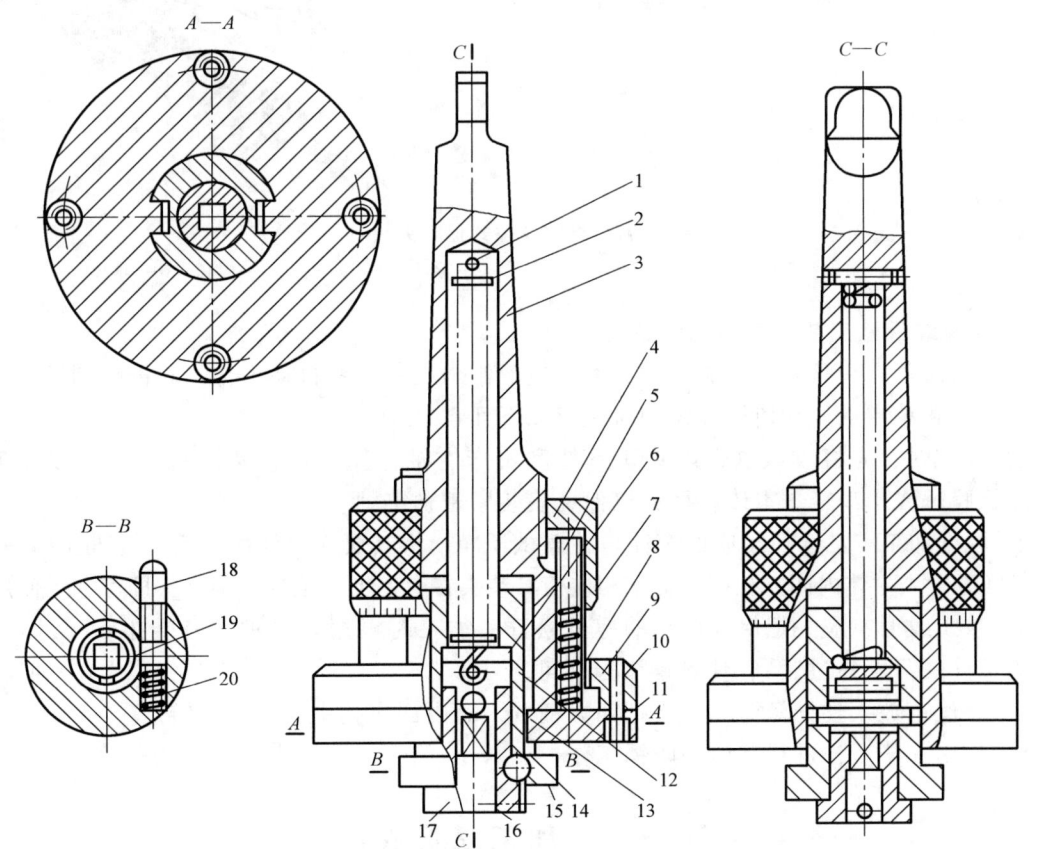

图 6-6　钢球式保险夹头

1、13—销　2—拉簧　3—本体　4—调压套　5—滚柱　6、8—钢球　9—压盘
7、20—弹簧　10—螺钉　11—离合盘　12—垫圈　14—轴　15—滑动套
16—紧定螺钉　17—快换套　18—快换轴　19—小销

滑动套 15 的转矩通过轴 14 传递给快换套 17，快换套 17 上有一条圆弧环槽，靠快换轴 18 卡入，而将快换套 17 吊住。按下快换轴 18 便可取下或装上快换套 17。

在调压套 4 的锥面上、本体 3 圆周上刻有标尺标记，作为调节转矩大小之用。

钢球式保险夹头适用于攻 M16 以下的螺纹。由于采用钢球、弹簧作为安全过载机构，故具有反应灵敏、安全可靠和使用方便等特点。

（2）锥体摩擦式保险夹头 结构如图 6-7 所示，本体 10 的左端孔中装有轴 5，本体中部上开了四条槽，嵌入四块 L 形锡锌铅青铜摩擦块 8。螺母 7 的轴向位置靠两个螺钉 6 固定。拧紧螺套 9 时，就把摩擦块 8 压紧在轴 5 上，本体 10 的动力便传递给了轴 5。各种不同规格的丝锥事先装好在可换夹头内，用螺钉压紧丝锥的方榫，可在不停车的情况下更换丝锥。

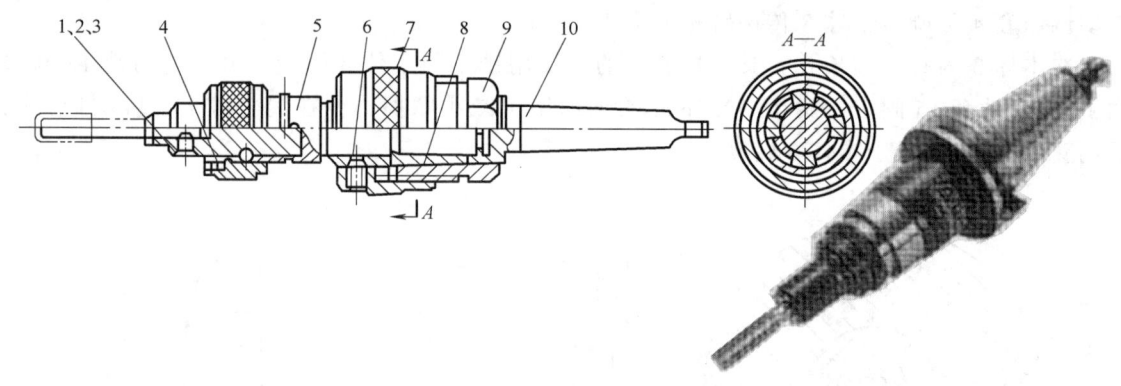

图 6-7 锥体摩擦式保险夹头
1、2、3—可换夹头 4—滑套 5—轴 6—螺钉 7—螺母 8—摩擦块 9—螺套 10—本体

2. 攻螺纹保险夹头的使用与维护

攻螺纹保险夹头具有能控制螺纹深度，使丝锥与底孔轴线自动重合，丝锥顺利插入，且方便丝锥装卸等特点。在使用和维护时注意以下几点。

1）安装时，先将攻螺纹保险夹头本体和机床主轴擦拭干净，然后将本体安装在主轴上，用橡胶锤或木锤轻击本体端面，以保证安装紧密、牢固。

2）根据加工需要选择相应的套筒，并擦拭干净，将其放入主体内孔后，轻推主体滑帽，使套筒四方置入主体内四方孔中，再把相应刀具装夹在套筒上，装夹完毕后，即可加工使用。

3）攻螺纹时，应先把保险夹头的螺母松开，加工时根据丝锥种类及转矩大小的需要，拧紧螺母（螺母不易过紧），使丝锥固定即可。

4）将丝锥放入丝锥套筒时，应把四方柄置入筒内四方孔中，以增加转矩。

5）使用完毕后，进行清洁和防锈工作。

任务二 加工双头螺柱

任务目标

1. 熟知板牙、板牙架及其使用方法。

2. 熟知套螺纹前圆杆直径及圆杆端部倒角的确定方法。
3. 掌握套螺纹的操作要领，正确操作。
4. 按图样要求完成双头螺柱的加工与检验。

任务描述

完成图 6-8 所示双头螺柱（M8，M10，M12）的加工。

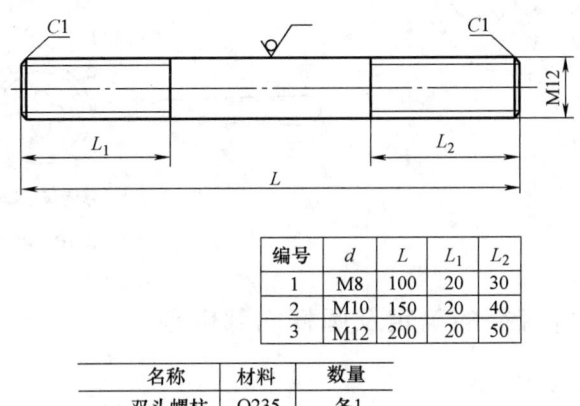

编号	d	L	L_1	L_2
1	M8	100	20	30
2	M10	150	20	40
3	M12	200	20	50

名称	材料	数量
双头螺柱	Q235	各1

图 6-8 双头螺柱生产实习图

任务分析

用板牙在圆杆上切削出外螺纹的加工方法称为套螺纹。本任务通过加工双头螺柱熟悉套螺纹的操作方法和步骤，通过套螺纹的实际操作，掌握套螺纹操作要点和操作技法，达到钳工岗位应有的套螺纹技能要求。

知识准备

套螺纹

一、套螺纹的工具

1. 板牙

板牙是加工外螺纹的工具，它由合金工具钢或高速钢制作而成，并经淬火处理。板牙的结构如图 6-9 所示，板牙外形像一个圆螺母，绕其轴线钻有几个排屑孔，从而形成了板牙的切削部分，板牙中间为校准部分，也是套螺纹的导向部分。

M3.5 以上的板牙，其外圆柱面上有四个调整螺钉锥坑和一条 V 形槽，其中两个锥坑轴线通过板牙螺钉孔。将板牙固定在板牙架中，用来传递转矩。板牙中间的校准部分因磨损而使螺纹尺寸变大而超差时，可用锯片砂轮沿 V 形槽将板牙切割出一条通槽，将 V 形槽变成调整槽，通过板牙架的调整螺钉使其孔径缩小。由于受结构的限制，螺纹孔径的调整量一般为 0.10~0.25mm。

2. 板牙架

板牙架是装夹板牙的工具，其结构如图 6-10 所示，板牙架上有四个用于调整、紧固板牙的螺钉和一个调松螺钉。使用时，紧固螺钉将板牙固定在板牙架上用来传递转矩；两个调整板牙螺钉用于需要通过 V 形槽调整板牙螺纹直径时使用。

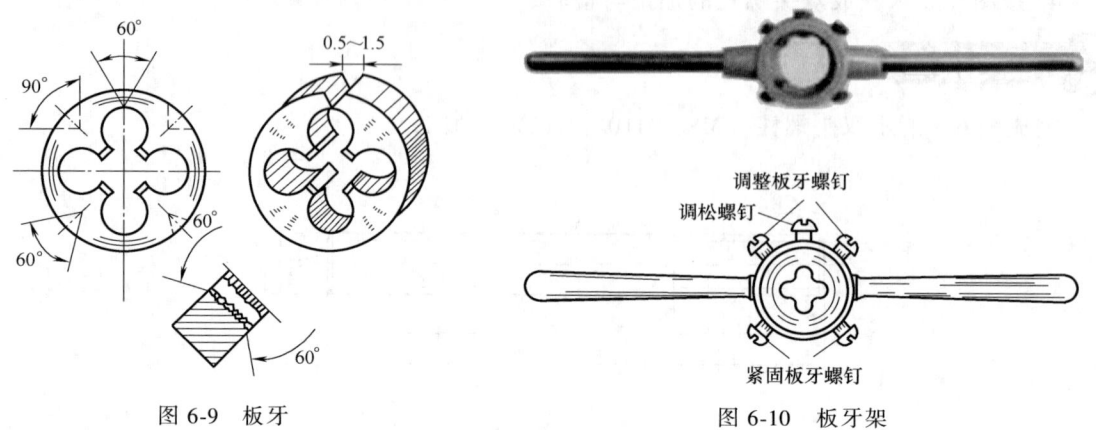

图 6-9　板牙　　　　　　　　　　图 6-10　板牙架

二、套螺纹时圆杆直径的确定及圆杆端部倒角

1. 套螺纹时圆杆直径的确定

与攻螺纹一样，套螺纹切削过程中也有挤压作用，因此，圆杆直径要小于螺纹大径。圆杆直径的确定可用经验公式计算，也可直接查表 6-9 确定直径尺寸。

圆杆直径的经验公式为

$$d_{杆} = d - 0.13P$$

式中　$d_{杆}$——圆杆直径，单位为 mm；
　　　d——螺纹大径，单位为 mm；
　　　P——螺距，单位为 mm。

表 6-9　套螺纹时圆杆直径的确定

米制螺纹				寸制螺纹			管螺纹		
螺纹直径/mm	螺距/mm	螺杆直径 d/mm		螺纹直径/寸	螺杆直径 d/mm		螺纹直径/寸	管子外径 d/mm	
		最小直径	最大直径		最小直径	最大直径		最小直径	最大直径
M6	1	5.8	5.9	1/4	5.9	6	1/8	9.4	9.5
M8	1.25	7.8	7.9	5/16	7.4	7.6	1/4	12.7	13
M10	1.5	9.75	9.85	3/8	9	9.2	3/8	16.2	16.5
M12	1.75	11.75	11.9	1/2	12	12.2	1/2	20.5	20.8
M14	2	13.7	13.85	—	—	—	5/8	22.5	22.8
M16	2	15.7	15.85	5/8	15.2	15.4	3/4	26	26.3
M18	2.5	17.7	17.85	—	—	—	7/8	29.8	30.1
M20	2.5	19.7	19.85	3/4	18.3	18.5	1	32.8	33.1
M22	2.5	21.7	21.85	7/8	21.4	21.6	11/8	37.4	37.7
M24	3	23.65	23.8	1	24.5	24.8	11/4	41.4	41.7
M27	3	26.65	26.8	11/4	30.7	31	13/8	43.8	44.1
M30	3.5	29.6	29.8	—	—	—	11/2	47.3	47.6
M36	4	35.6	35.8	11/2	37	37.3	—	—	—

2. 套螺纹时圆杆端部倒角

为了使板牙在起套时容易切入工件，一般在圆杆端部需制出 15°～20° 的倒角，倒角的最小直径可略小于螺纹小径，使切出的螺纹端部避免出现锋口和卷边。

三、套螺纹的方法

1. 圆杆的夹持方法

套螺纹时的切削力较大，且工件都为圆杆，一般要用 V 形块或厚铜衬做衬垫，以保证装夹可靠。

2. 起套

起套时，用一只手的手掌按住板牙架的中部，沿圆杆轴向施加压力，另一只手配合做顺向切进，转动要慢，压力要大，并保证板牙端面与圆杆轴线垂直。在板牙切入圆杆 1.5～2 圈时，再次检查其垂直度并及时找正，至符合要求后进入正常套制，如图 6-11 所示。

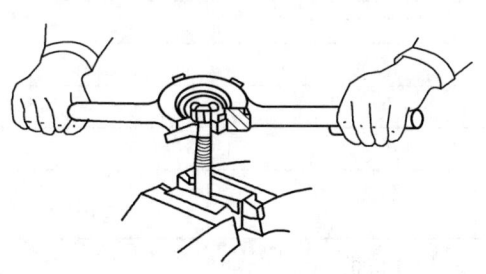

图 6-11 套螺纹

3. 套螺纹的操作要点

1）进入正常套制后，不要对板牙加压，让板牙自然引进，以免损坏螺纹和板牙。

2）套制时要时常倒转以断屑。

3）在钢件上套螺纹时要加切削液，以降低螺纹的表面粗糙度值，延长板牙使用寿命。一般可用全损耗系统用油或较浓的乳化液，要求高时可用工业植物油。

任务实施

一、加工要求与工艺分析

由图样可知，双头螺柱按螺纹公称直径的不同，有 M8、M10、M12 三种规格，螺纹有效长度和螺杆总长也各不相同，共为 3 件。该组螺柱可与组合孔板的螺纹孔配合加工，也可用标准六角螺母旋合检验。

二、加工操作

双头螺柱加工步骤如下。

1）检查圆杆直径和倒角，清理毛刺。

2）选择合适的板牙架，正确安装板牙；工件装夹可靠。

3）分别完成 M8、M10、M12 三件双头螺柱的套制，并用相应工件螺孔或螺母进行配检。

4）去毛刺，检验零件。

任务评价与反馈

螺纹加工已经成为钳工日常工作内容之一，也是必须熟练掌握的基本操作技能。通过本任务的加工操作，熟知攻螺纹、套螺纹的加工方法，结合操作过程，分析、总结存在问题及产生原因，明晰解决问题的措施和方法，掌握攻螺纹、套螺纹的加工技能。

1. 自我测评

在实训过程中，双头螺柱的加工过程是否顺利？套螺纹质量是否满足要求？如何进一步改进？

2. 任务考评

用游标卡尺、螺纹标准件配合自检，填写任务考评表（表6-10）。

3. 实训心得

_____
_____
_____
_____

表 6-10　加工双头螺柱任务考评表

学生姓名：		班级：	学号：	时间：		
零件名称	双头螺柱		实习件图号		图6-8	
考核项目	考核内容	配分	评分标准	考评得分		
				自检	互检	教师
主要项目	1 螺纹无乱牙、滑牙(六处)	30分	每处不合要求扣5分			
	2 螺纹形状完整(六处)	30分	每处不合要求扣5分			
	3 M8×20mm、30mm	10分	每处不合要求扣5分			
	4 M10×20mm、40mm	10分	每处不合要求扣5分			
	M12×20mm、50mm	10分	每处不合要求扣5分			
安全文明生产	国家颁布的安全生产法规有关规定及车间管理规定	10分	违规不得分			
总配分		100分	合计			
教学评价	○ 优秀(85分以上)　　○ 良好(75分以上) ○ 及格(60分以上)　　○ 不及格(60分以下)			综合得分		
				教师签名		

知识链接

一、攻螺纹、套螺纹废品分析

1. 攻螺纹时产生废品的原因

攻螺纹时产生废品的原因见表6-11。

2. 套螺纹时产生废品的原因

套螺纹时产生废品的原因见表6-12。

3. 攻螺纹、套螺纹时工具损坏的原因

攻螺纹、套螺纹时工具损坏的原因见表6-13。

表 6-11 攻螺纹时产生废品的原因

废品形式	产生的原因
烂牙	1. 螺纹底孔直径太小,丝锥不易切入,孔口烂牙 2. 换用二锥、三锥时,与已切出的螺纹没有旋合好就强行攻制 3. 头锥攻螺纹不正,用二锥、三锥时强行校正 4. 攻塑性材料时未加切削液或丝锥不经常倒转,而把已切出的螺纹损伤 5. 丝锥磨钝或切削部分有黏屑 6. 丝锥铰杠掌握不稳,攻铝合金等强度较低的材料时,容易被切烂
滑牙	1. 攻不通孔螺纹时,丝锥已到底仍继续扳转 2. 在强度较低的材料上攻较小螺纹孔时,丝锥已切出螺纹但仍继续施加压力,或攻完退出时连铰杠一起转出
螺孔攻歪	1. 丝锥位置不正 2. 机动攻螺纹时,丝锥与孔不同心
螺纹牙深不够	1. 攻螺纹前底孔直径太大 2. 丝锥磨损
螺纹中径大 (齿形瘦)	1. 在强度低的材料上攻螺纹时,丝锥切削部分全部切入孔后,仍对丝锥加压力 2. 机动攻螺纹时,丝锥晃动,或切削刃磨得不对称

表 6-12 套螺纹时产生废品的原因

废品形式	产生的原因
烂牙	1. 圆杆直径太大 2. 板牙磨钝 3. 套螺纹时,板牙没有经常倒转,切屑阻塞把螺纹啃坏 4. 铰杠掌握不稳,套螺纹时,板牙左右摇晃 5. 板牙歪斜太多,套螺纹时强行校准 6. 用带调整槽的板牙套螺纹,第二次套螺纹时板牙没有与已切出螺纹旋合,就强行套螺纹 7. 未采用合适的切削液
螺纹歪斜	1. 板牙端面与圆杆不垂直 2. 用力不均匀,铰杠歪斜
螺纹中径小 (齿形瘦)	1. 板牙已切入仍施加压力 2. 由于板牙端面与圆杆不垂直而多次校正,使部分螺纹切去过多
螺纹牙深不够	1. 圆杆直径太小 2. 用带调整槽的板牙套螺纹时,直径调节太大

表 6-13 丝锥和板牙损坏的原因

损坏形式	损坏的原因
崩牙或扭断	1. 工件材料硬度太高,或硬度不均匀 2. 丝锥或板牙切削部分的前角、后角太大 3. 螺纹底孔直径太小或圆杆直径太大 4. 丝锥或板牙位置不正 5. 用力过猛,铰杠掌握不稳 6. 丝锥或板牙没有经常倒转,致使切屑将容屑槽堵塞 7. 刀齿磨钝,并黏附有积屑瘤 8. 未采用合适的切削液 9. 攻不通孔螺纹时,丝锥已到底仍在继续扳转 10. 套台阶旁的螺纹时,板牙碰到台阶仍在继续扳转

二、从螺孔中取出断丝锥的方法

在取出断丝锥前,应先把孔中的切屑和丝锥碎屑清除干净,以防轧在螺纹与丝锥之间而阻碍丝锥的退出。从螺孔中取出断丝锥有以下几种方法。

1) 用狭錾或冲头抵在断丝锥的容屑槽中顺着退出的方向轻轻敲击,必要时再顺着旋进方向轻轻敲击,使丝锥在多次正反方向的轻敲下产生松动,则退出就容易了。这种方法仅适用于断丝锥尚露出孔口或接近孔口的情况。

2) 在带方榫的断丝锥上拧上两个螺母,用钢丝(根数与丝锥槽数相同)插入断丝锥和螺母的空槽中,然后用铰杠按退出方向扳动方榫,把断丝锥取出(图6-12)。

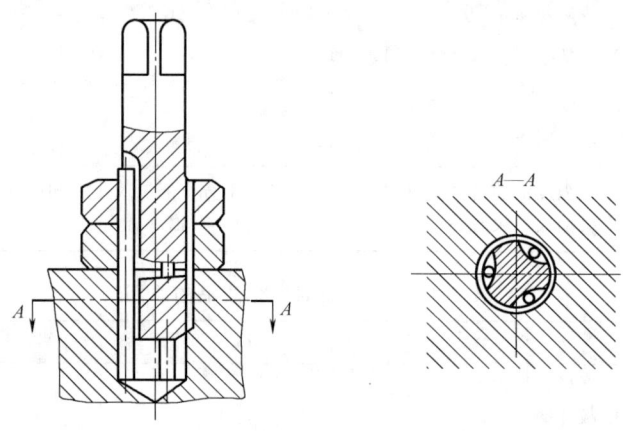

图6-12　用钢丝插入槽内取出断丝锥的方法

3) 在断丝锥上焊上一个六角螺钉,然后用扳手扳动六角螺钉而使断丝锥退出。

4) 用乙炔火焰或喷灯使断丝锥退火,然后用钻头钻一不通孔。此时钻头直径应比螺纹底孔直径略小。

5) 用电火花加工设备将断丝锥熔掉。

项目拓展

螺纹联接件的装配及其他固定联接的相关资讯收集与学习

小组合作,分头收集、共享加工资讯。

1) 通过网络或查阅相关书籍了解螺纹联接件装配的相关知识和操作方法。了解其他紧固联接的种类和形式,拓展认知范围,积累机械常识。

2) 预习项目七的内容,为综合训练的实施做好准备。

职业技能理论知识测验

一、选择题

1. 螺纹从左向右升高的称为_____。

A. 左旋螺纹　　　　B. 右旋螺纹　　　　C. 密封用螺纹

2. 丝锥_____部分有完整的牙型，用来修光和校准已切出的螺纹。
   A. 切削　　　　　　B. 校准　　　　　　C. 定位
3. 攻螺纹时，一般将整个切削量分配给一组丝锥来承担，其中锥形分配法是指_____。
   A. 等径丝锥　　　　B. 不等径丝锥　　　C. 锥形丝锥
4. 普通固定式铰杠用于装夹_____以下丝锥。
   A. M5　　　　　　　B. M6　　　　　　　C. M8
5. 攻螺纹时，螺纹底孔直径必须_____螺纹小径。
   A. 略小于　　　　　B. 略大于　　　　　C. 等于
6. 攻螺纹时，当丝锥旋入工件_____圈后，进入正常攻制，此时只需双手平稳地转动铰杠，无需施加压力。
   A. 2~3　　　　　　 B. 1~2　　　　　　 C. 3~4
7. 攻通孔螺纹时，丝锥校准部分_____攻出头，防止损坏孔口螺纹。
   A. 应全部　　　　　B. 不应全部　　　　C. 不要
8. M3.5以上板牙其外圆柱面有一条V形槽，功用是当板牙校准部分磨损后将其切开变成调整槽，使校准部分孔径可在_____间调整。
   A. 0.10~0.25mm　　 B. 0.20~0.30mm　　 C. 0.15~0.35mm
9. 套螺纹切削过程有挤压作用，因此，圆杆直径要略小于螺纹_____。
   A. 大径　　　　　　B. 小径　　　　　　C. 中径
10. 套螺纹时，为使板牙易于切入，一般在工件圆杆端部制出_____倒角。
    A. 30°~45°　　　　 B. 10°~30°　　　　 C. 15°~20°

二、判断题

1. 丝锥的工作部分由切削部分和校准部分组成。（　　）
2. 在攻螺纹的操作过程中，起攻时通过右手握住铰杠并沿丝锥轴线施加适当的压力，左手配合做顺时针方向旋进。（　　）
3. 在攻螺纹操作中，需时常将丝锥倒转1/2圈左右，使切屑碎断后容易排出，避免切屑阻塞。（　　）
4. 头锥攻毕用二锥攻制时，应先用手将二锥旋入已攻出的孔内，直到用手旋不动时再使用铰杠攻制。（　　）
5. 在硬质材料上攻螺纹时要加注切削液，以减小切削阻力和提高孔的表面质量，延长丝锥使用寿命。（　　）
6. 板牙的切削部分是由其上绕轴线钻出的几个排屑孔而形成的。（　　）
7. 板牙架上的五个螺钉全部用于紧定板牙。（　　）

三、计算题

1. 在钢件上攻制M10、M12×1mm的普通螺纹，计算其底孔直径。
2. 套制M8普通螺纹，确定圆杆直径。

品读工匠故事，滋养职业情怀

大国工匠　我用我手守边疆——方文墨

25 岁成为高级技师，拿到钳工的最高职业资格；26 岁参加全国青年职业技能大赛，夺得钳工冠军。29 岁，成为了中航工业最年轻的首席技能专家，他是 80 后钳工方文墨。

在徒弟眼中，他是钳工界奇才，在妻子眼中，他是个浪漫的胖子。而在 2015 年 9·3 阅兵的装备中，飞过天安门的 5 架歼-15 舰载机上，有不少的核心零件，是方文墨和他的班组做出来的。

教科书上，人的手工锉削精度极限是千分之十毫米。而方文墨加工的零件精度达到了千分之三毫米，这是数控机床都很难达到的精度。中航工业将这一精度命名为——"文墨精度"。

方文墨整个工作历程都是在不间断、不懈怠的自我超越中走过的。自参加工作以来，方文墨改进工艺方法 60 多项，自制新型工具 100 多件，整理了 20 多万字的钳工技术资料。这是方文墨自身技术进步的最佳实证，是人生境界的扎实跨进。

项目七 矫正、弯形与铆接

矫正、弯形和铆接都是钳工工作的一部分。消除条料、棒料等原材料或工件的弯曲、翘曲、凸凹不平等缺陷的加工方法称为矫正。将坯件弯成所需形状的加工方法称为弯形。在钳工工具制作、设备修护等工作中经常需对薄板零件进行矫正平复或弯形制作。同样，铆接因操作简便、连接可靠也在工具制作及设备维修中发挥重要作用。矫正、弯形和铆接（图 7-1）都是钳工应知应会的基本技能之一。

本项目结合车间实境课堂，以加工内、外卡钳为载体，学习矫正、弯形与铆接工艺知识并进行相应的技能训练，将各技能融会贯通，提高理实转化和实际应用能力，积累技能技巧。

 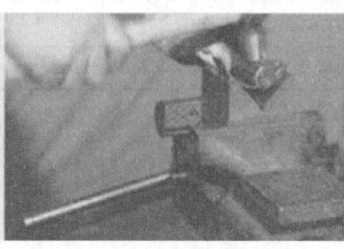 

a)   b)   c)

图 7-1 矫正、弯形与铆接

项目重点

1. 手工矫正工件的方法与操作技能。
2. 弯形前坯件展开长度的计算方法。
3. 铆接基本技能，铆钉规格的选用。

工作情境

本项目工作情境建议及说明见表 7-1。

表 7-1 矫正、弯形与铆接工作情境建议及说明

建议	说明
工作情境	车间实境教学
教学条件	钳工实训车间(配有数字化教学研讨区)
主要设备	钳工工作台、台虎钳

(续)

建议	说　　明
教学建议	理实一体、任务导向、分组教学、观察演示、操作练习、现场实训
工作过程	明确任务→获取知识→任务实施→评价与反馈

项目准备

项目材料准备清单见表 7-2，项目装备准备清单见表 7-3。

表 7-2　项目材料准备清单

序号	加工内容	材料	坯件尺寸	数量	备注
1	加工内卡钳	Q235	180mm×23mm×2.5mm	1	图 7-2
2	加工外卡钳	Q235	206mm×23mm×2.5mm	1	图 7-24
合计					

备注：任务材料按人配备，可按实际教学需要分组调配

表 7-3　项目装备准备清单

项目设备	说明
工艺装备	划线平台、划针、划规、样冲、锤子、划线涂料、钳工锉、手锯、整形锉、异形锉、钻头、铰刀、铰杠、木板、锤子、垫圈、半圆头罩模、半圆头铆钉、平板、120°角度样板、钢直尺（300mm）、游标卡尺（0～125mm）、其他辅具（按实训需要配备）
数字化教学资源	多媒体课件、音/视频等资源（按教学条件选备）

任务一　加工内卡钳

任务目标

1. 正确识读工件图样，明晰加工要求，做好加工前的准备。
2. 掌握加工内卡钳的工艺方法，矫正、弯形和铆接操作正确、规范。
3. 按图样要求完成内卡钳的加工，质量要求达标。

任务描述

完成图 7-2 所示内卡钳的加工。

任务分析

手工矫正、弯形及铆接在许多场合发挥着重要作用。本任务通过加工内卡钳，掌握矫正、弯形与铆接的基本工艺知识和操作技能。

知识准备

一、矫正

矫正的实质是让金属材料消除原有的不良塑性变形而产生新的塑性变形。

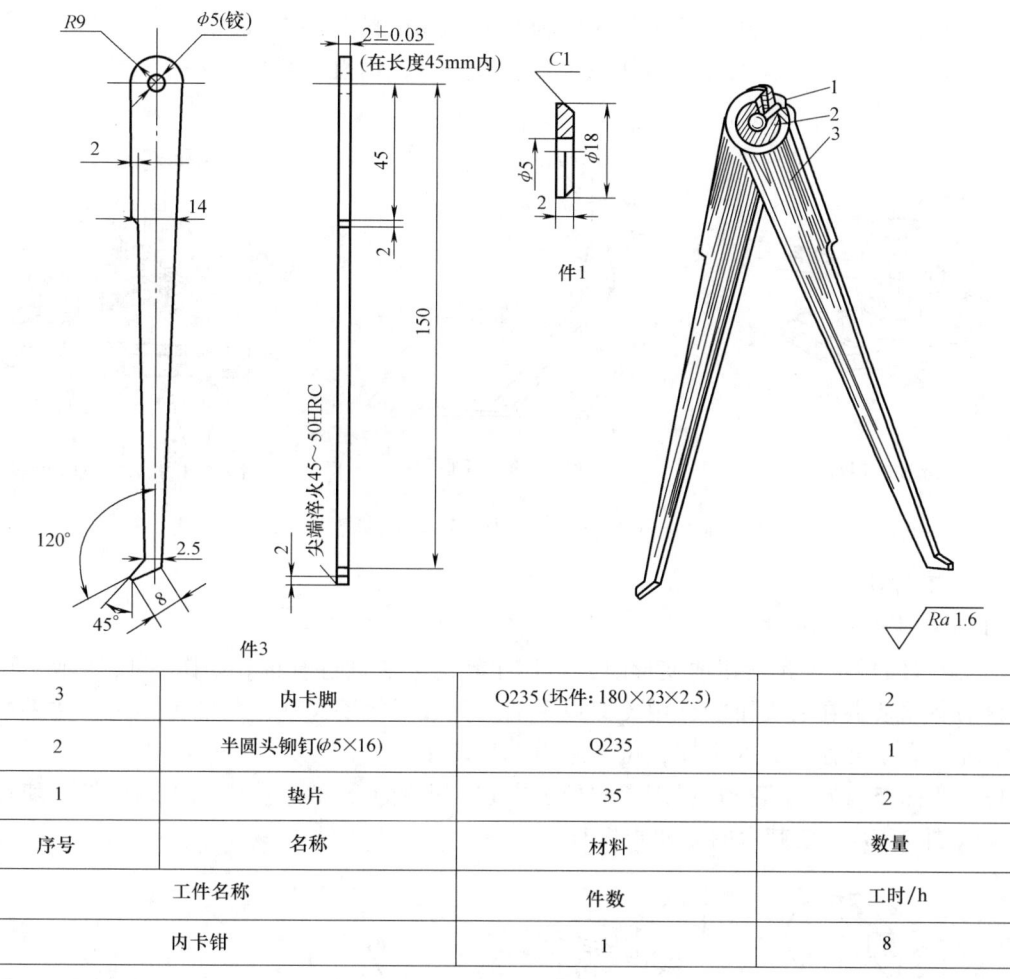

图 7-2 内卡钳生产实习图

3	内卡脚	Q235（坯件：180×23×2.5）	2
2	半圆头铆钉(φ5×16)	Q235	1
1	垫片	35	2
序号	名称	材料	数量
工件名称		件数	工时/h
内卡钳		1	8

金属材料的变形有两种情况，一种是弹性变形；另一种是塑性变形。矫正是对塑性变形而言的，所以，只有塑性好的材料才能进行矫正。按矫正时被矫正工件的温度不同，可将矫正分为冷矫正和热矫正两种类型。按矫正的方法不同，可将矫正分为手工矫正、机械矫正、火焰矫正及高频热点矫正等类型。

钳工常用的手工矫正是将材料或工件放在平板、铁砧或台虎钳上，采用锤击、弯曲、延展等方式进行的冷矫正。矫正过程中，材料由于受到锤击、弯形等外力作用，矫正后材料内部组织结构发生变化，硬度增加，性质变脆，这种现象称为冷作硬化。冷作硬化后的材料给进一步的矫正或其他冷加工带来困难，必要时可进行退火处理，恢复材料原有的力学性能。

1. 矫正工具

（1）平板和铁砧 平板和铁砧是矫正板材、型材或工件的基座。

（2）锤子 矫正一般材料，通常使用钳工锤和方头锤。矫正已加工过的表面、薄板料或非铁金属制件，应使用木槌、铜锤、橡胶锤等（图 7-3a）。

（3）抽条和拍板 抽条是采用条状薄板料弯成的简易工具，用于抽打较大面积的薄板料（图7-3b）。拍板是用质地较硬的檀木制成的工具，用于敲打板料。

（4）螺旋压力工具　用于矫正较大的轴类零件或棒料（图7-3c）。

（5）检验工具　检验工具包括划线平台、直角尺、钢直尺和指示表等。

a) 用木锤矫正板料　　b) 用抽条抽打平板料　　c) 用螺旋压力工具矫正轴类零件

图7-3　常用手工矫正工具

2. 矫正方法

（1）条料和角钢的矫正

1）条料的矫正。条料扭曲变形时，可用扭转的方法进行矫正。如图7-4a所示，将扭曲的条料的一端装夹在台虎钳上，用类似扳手的工具或活扳手夹住条料的另一端，左手按住工具的上部，右手握住工具的末端，扭转施力进行矫正。

矫正弯曲条料时，可把条料近弯曲处装夹在台虎钳上，然后在它的末端用扳手朝相反方向扳动（图7-4b），使其弯曲处初步扳直。

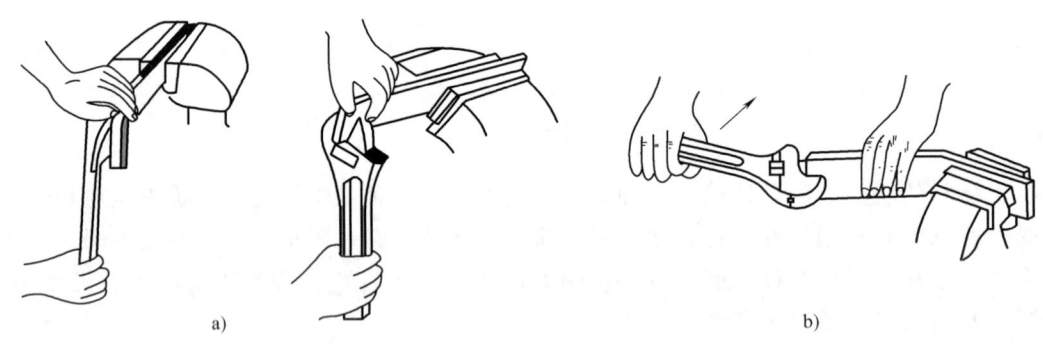

图7-4　条料的矫正

2）角钢的矫正。角钢变形有外弯、内弯、扭曲、角变形等多种形式（图7-5a）。一般可在砧座上用锤击法进行矫正（图7-5b）。

（2）棒类、轴类零件的矫正　棒类和轴类零件的变形主要是弯曲。较小的棒料一般可用锤击的方法矫正。矫正前，应先检查零件的弯曲程度和弯曲部位，并用粉笔做好记号，然后使凸起部位向上，用锤子连续锤击该部位，这样棒料上层金属受压力缩短，下层金属受拉力伸长，使凸起部位逐渐消除。对于直径较大的棒类或轴类零件，则要用压力机矫正。矫正前，先要检测出其弯曲部位，然后放在V形块上，用螺旋压力工具进行矫正。加压时可适

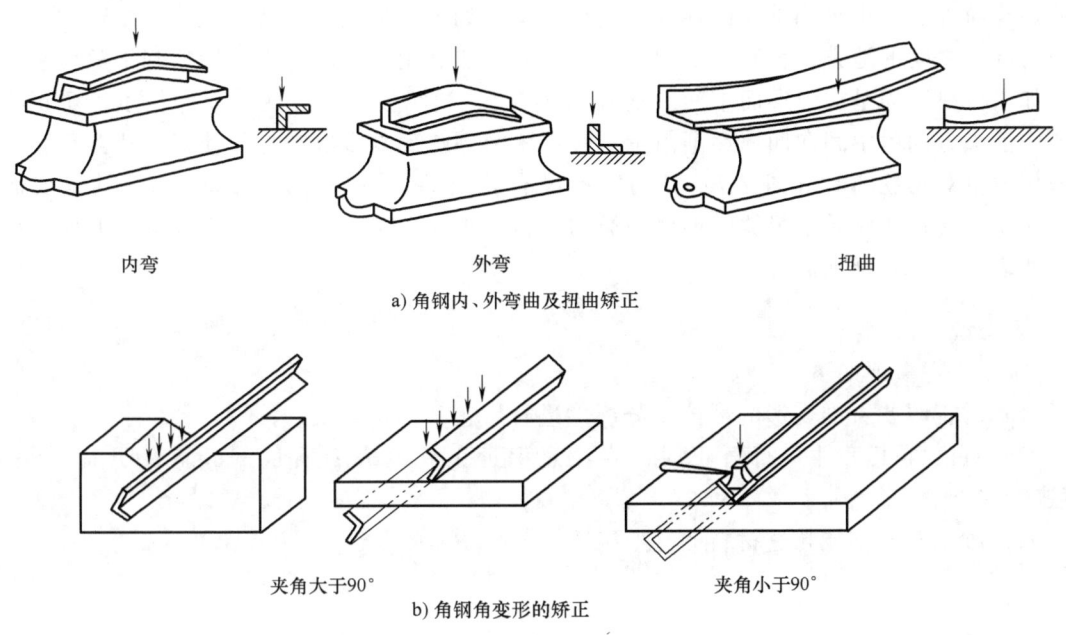

a) 角钢内、外弯曲及扭曲矫正

b) 角钢角变形的矫正

图 7-5 角钢的矫正

当压过一些,以便铲除因弹性变形所产生的回翘,然后用指示表检查轴的弯曲情况,一边矫直,一边检查,直到符合要求为止。

卷曲的细长线料,可用伸张法来矫正。如图 7-6 所示,将卷曲的线料一端装夹在台虎钳上,从钳口处的一端开始,把线在圆木上绕一圈,握住圆木向后拉,使线料伸长而矫正。

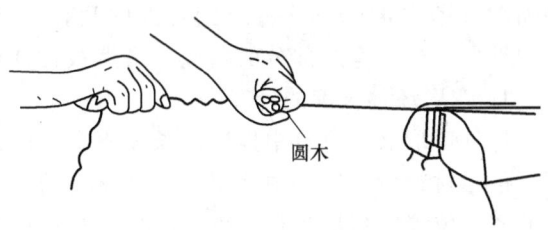

图 7-6 细长线料的矫正

（3）板料的矫正 板料的矫正主要采用延展法。延展法是用手锤敲击板料,使其延展伸长,以达到矫正平复的目的。如图 7-7a 所示,板料中间凸起,是由于变形后中间材料变薄引起的。找正时可锤击板料凸起部的边缘,使其边缘处延展变薄,边缘厚度与凸起部位的厚度越趋近则越平整。矫正时,由凸起

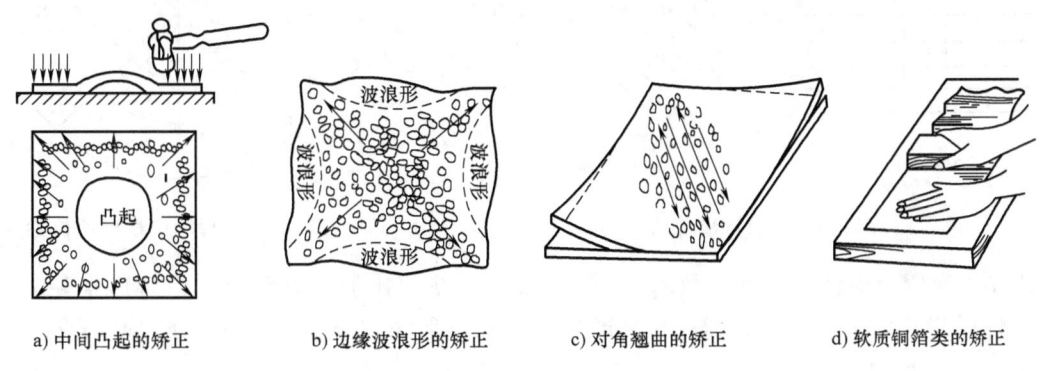

a) 中间凸起的矫正　　b) 边缘波浪形的矫正　　c) 对角翘曲的矫正　　d) 软质铜箔类的矫正

图 7-7 板料的矫正

部分边缘向外逐渐由轻到重、由稀到密进行锤击。如果薄板上有相邻几处凸起变形，应先锤击凸起部位之间的地方，将几处凸起合并成一处，然后用延展法锤击四周达到平整要求。

如果板料四周呈波浪形而中间平整（图 7-7b），说明板料边缘变薄而伸长了。矫正时应按图中箭头方向由中间向四周逐渐由重到轻、由密到疏反复多次锤打，使板料达到平整。如果薄板发生对角翘曲时（图 7-7c），则应沿没有翘曲的另一条对角线锤击，使其延展而矫正。对于厚度很薄而质地很软的铜箔一类的材料（图 7-7d），可用平整的木块在平板上推压材料的表面，使其延展而矫正。

> **师傅说**
> 矫正注意事项如下。
> 1）矫正时要看准变形的部位，分层次进行矫正，不可弄反。
> 2）对已加工工件进行矫正时，要注意保证工件的表面质量，不能有明显的锤击痕迹。
> 3）矫正时，不能超过材料的变形极限。

二、弯形

弯形是使材料产生塑性变形，因此只有塑性好的材料才能进行弯形。图 7-8 所示为钢板弯形前后的情况。由图可知，弯形后钢板的外层材料伸长（图中 e—e 和 d—d 处），内层材料缩短（图中 a—a 和 b—b 处），而中间有一层材料（图中 c—c 处）在弯曲后长度不变，称为中性层。材料弯曲部分的断面，虽然被拉伸或压缩，但其断面面积保持不变。

1. 弯形坯件长度的计算

坯件弯形后，只有中性层的长度不变，因此，弯形前坯件长度可按中性层的长度进行计算。但当材料弯形后，中性层并不在材料的正中，而是偏向内层材料一边。实验证明，中性层的实际位置随弯形半径 r 和材料的厚度 t 而定。

当材料厚度不变时，弯形半径越大，变形越小，中性层的位置就越趋近于材料厚度的几何中心。弯形情况不同时，中性层的位置也不同，如图 7-9 所示。

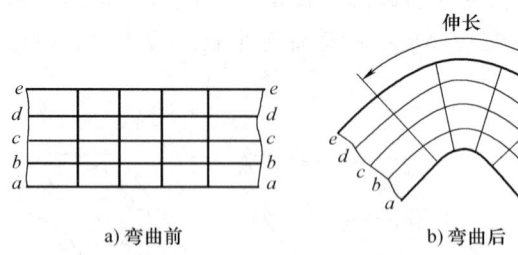

图 7-8 钢板弯形前后

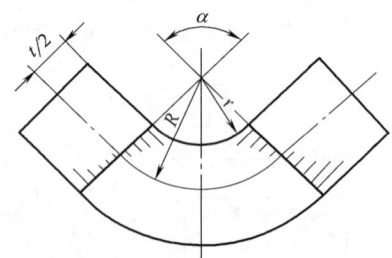

图 7-9 弯形时中性层的位置

表 7-4 为弯形中性层位置系数 x_0 的值。从表中 r/t 的比值可以看出，当弯形半径 $r \geq 16t$ 时，中性层与几何中心重合，即在材料的中间。在一般情况下，为简化计算，当 $r/t \geq 8$ 时，可取 $x_0 = 0.5$ 进行计算。

图 7-10 所示为常见的弯形形式，图 a、b、c 所示为内边带圆弧的工件。图 d 所示为内

边不带圆弧的直角工件。圆弧部分中性层长度计算公式为

$$A = \pi(r + \chi_0 t)\frac{\alpha}{180°}$$

式中　A——圆弧部分中性层长度，单位为 mm；

　　　r——内弯形半径，单位为 mm；

　　　t——材料厚度，单位为 mm；

　　　α——弯形角，单位为°。

表 7-4　弯形中性层位置系数 χ_0

r/t	0.25	0.5	0.8	1	2	3	4	5	6	7	8	10	12	14	≥16
χ_0	0.2	0.25	0.3	0.35	0.37	0.4	0.41	0.43	0.44	0.45	0.46	0.47	0.48	0.49	0.5

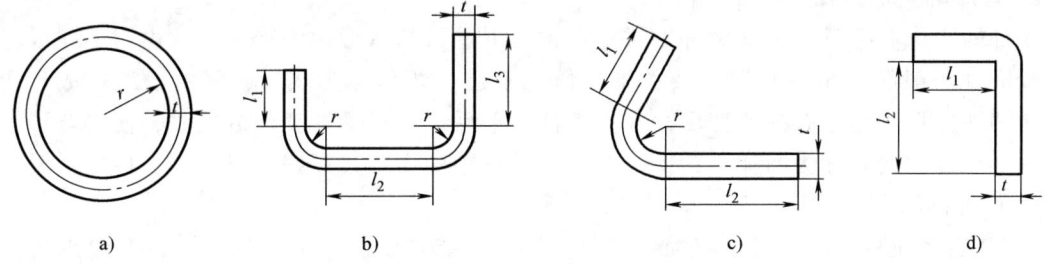

图 7-10　常见的弯形形式

例 7-1　已知图 7-10c 所示工件的弯形角 $\alpha = 120°$，内弯形半径 $r = 16$mm，材料厚度 $t = 4$mm，边长 $l_1 = 50$mm，$l_2 = 100$mm，求毛坯总长 L。

解：$r/t = 16\text{mm}/4\text{mm} = 4$，查表 7-4 得 $\chi_0 = 0.41$

$$\begin{aligned}L &= l_1 + l_2 + A \\ &= l_1 + l_2 + \pi(r + \chi_0 t)\frac{\alpha}{180°} \\ &= 50\text{mm} + 100\text{mm} + 3.14(16\text{mm} + 0.41 \times 4\text{mm}) \times \frac{120°}{180°} \\ &= 186.93\text{mm}\end{aligned}$$

毛坯总长 $L = 186.93$mm。

例 7-2　已知图 7-10d 所示工件厚度 $t = 3$mm，边长 $l_1 = 60$mm，$l_2 = 100$mm，求毛坯总长 L。

解：图示弯形工件为直角，所以

$$\begin{aligned}L &= l_1 + l_2 + A \\ &= l_1 + l_2 + 0.5t \\ &= 60\text{mm} + 100\text{mm} + 0.5 \times 3\text{mm} \\ &= 161.5\text{mm}\end{aligned}$$

毛坯总长 $L = 161.5$mm。

> **师傅说**
> 1) 由于材料本身性质的差异和弯形工艺及操作方法的不同,理论计算的坯件长度和实际需要的坯件长度之间会有误差。因此,批量生产时要采用试弯的方法来确定坯件长度,以免造成成批废品。
> 2) 弯形工件的弯形半径若超出极限值,则会使靠近材料表面的金属变形严重,导致工件被拉裂或压裂。为防止此种现象的发生,必须将工件的弯形半径限定在合理界限值内,使它大于导致材料开裂的临界弯形半径,即最小弯形半径。最小弯形半径的数值由实验确定,常用钢材的弯形半径如果大于两倍材料厚度,一般就不会产生裂纹。当工件的弯形半径较小时,可采用分次弯形,中间进行退火,以避免工件被弯裂。

2. 弯形的一般方法

工件的弯形有冷弯和热弯两种方式。在常温下进行的弯形称为冷弯,常由钳工完成。当工件较厚(一般超过5mm)时,要在加热情况下进行弯形称为热弯,常由锻工完成。弯形虽然是塑性变形,但也有弹性变形存在。工件弯形后,由于弹性变形的恢复,使得弯形角度和弯形半径发生变化称为回弹。为此,在弯形过程中应多弯过一些,以抵消工件回弹。

(1) 板料的弯形

1) 弯直角工件。当工件形状简单、尺寸不大,能在台虎钳上装夹时,可在台虎钳上弯制直角。弯形前先在弯曲部位划好线,线与钳口(或衬铁)对齐,工件装夹的两边要与钳口垂直,用木槌敲打至直角即可,如图7-11a所示。

被夹持的板料,如果弯形线以上部分较长,为了避免锤击时板料发生弹跳,可用左手压住板料上部,用木锤在靠近弯曲部位的全长上轻轻敲打,使弯形线以上的平面部分不受锤击和回跳,保持平面的平整。当弯形线以上部分较短时,应用硬木垫在弯曲处再敲打(图7-11b)。

当工件弯形部位的长度大于钳口宽度2~3倍,且工件两端较长,无法在台虎钳上装夹时,可将一边用压板压在有T形槽的平板上(图7-11c),在弯形处垫上木方条,用力敲打木方条,使其逐渐弯成直角。

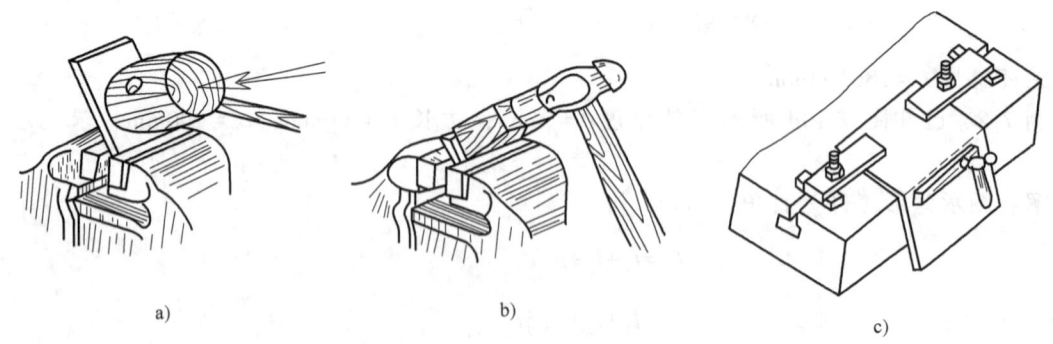

a)   b)   c)

图7-11 弯直角工件

2) 弯多直角工件。弯制图7-12a所示多直角工件时,可用木垫或金属垫作为辅助工具,按图样要求在长度方向划出各段折弯线,将板料按划线装夹在台虎钳的角铁衬内,弯制A

处直角（图 7-12b），再用衬垫弯制 B 处直角（图 7-12c），最后用衬垫弯制 C 处两个直角（图 7-12d）。

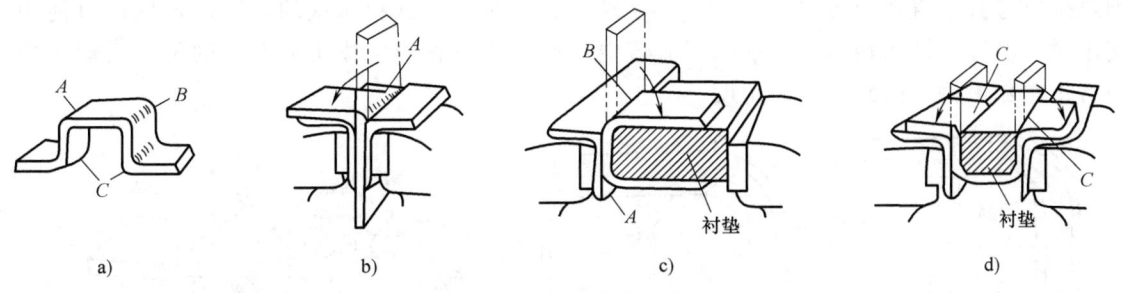

图 7-12　弯多直角工件

3）弯圆弧形工件。弯制图 7-13a 所示工件时，先在材料上划好线，将工件按线装夹在台虎钳的两块角铁衬里，用方头锤子的窄头锤击，按图 7-13b、c、d 所示步骤弯形，然后按图 7-13d 所示方式在半圆模上修整圆弧。

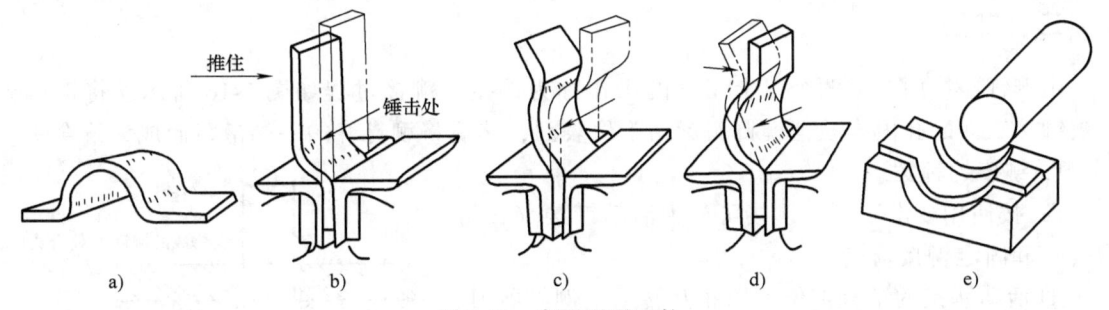

图 7-13　弯圆弧形工件

4）弯圆弧和角度结合的工件。弯制图 7-14a 所示工件时，先在狭长板料上划好弯曲线。弯曲前，按图样要求将两端的圆弧和孔加工好。弯曲时，可用衬垫将板料装夹在台虎钳内，将板料两端弯形（图 7-14b），最后在圆钢上弯制工件的圆弧（图 7-14c）。

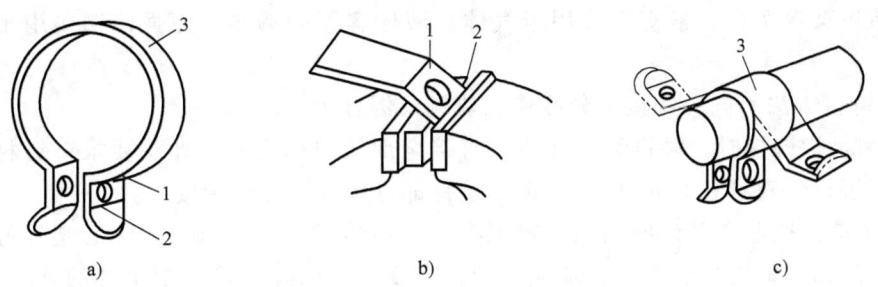

图 7-14　弯圆弧和角度结合工件

(2) 管材的弯形　弯制直径在 12mm 以下的管子，一般采用冷弯的方法进行。弯制直径在 12mm 以上的管子，则用热弯的方法进行。最小弯形半径必须大于管子直径的四倍。

当弯曲的管子直径大于 10mm 时，为了防止管子弯瘪，必须在管内灌满填充材料，两端用木塞塞紧（图 7-15a）。对于有焊缝的管子，必须将焊缝放在中性层的位置上（图 7-15b），防止弯形时焊缝裂开。

冷弯管子通常在弯管工具上进行。图 7-15c 所示为一种结构简单，用于弯曲小直径管子的弯管工具。它由底板、转盘、靠铁、钩子和手柄等组成，转盘圆周和靠铁侧面有圆弧槽。圆弧按所弯管子直径而定（最大弯形半径为 6mm）。当转盘和靠铁的位置固定后即可使用。使用时，将管子插入转盘和靠铁的圆弧槽中，钩子钩住管子，按所需弯曲的位置扳动手柄，使管子跟随手柄弯制到所需的角度。

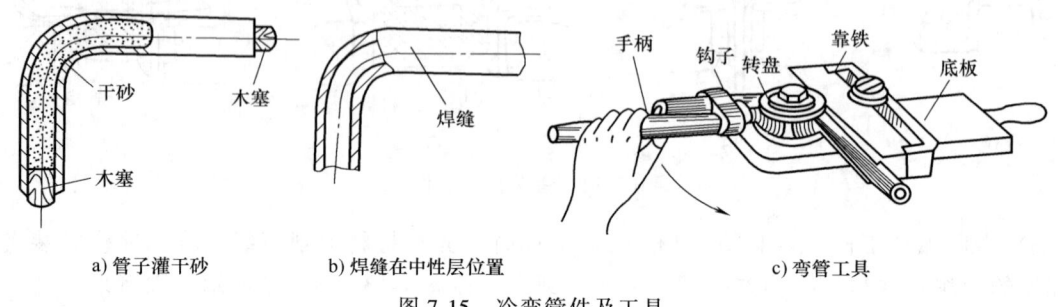

a) 管子灌干砂　　　b) 焊缝在中性层位置　　　c) 弯管工具

图 7-15　冷弯管件及工具

三、铆接

用铆钉连接两个或两个以上工件的操作称为铆接。铆接过程如图 7-16 所示，将铆钉插入被铆接工件的孔内，并把铆钉头紧贴工件表面，然后将铆钉杆的一端镦粗而成为铆合头。

1. 铆接的种类

1) 按使用要求不同，铆接可分为活动铆接（铰链铆接）和固定铆接。

① 活动铆接的结合部位可以相互转动，例如剪刀、划规等工具的铆接。

② 固定铆接的结合部位是固定不动的，根据其用途和要求的不同，还可分为强固铆接、紧密铆接和强密铆接等。例如强固铆接用于承受强大作用力的桥梁、车辆、建造屋架等场合，紧密铆接用于气体、液体容器的铆接，而强密铆接用于高压容器装置。

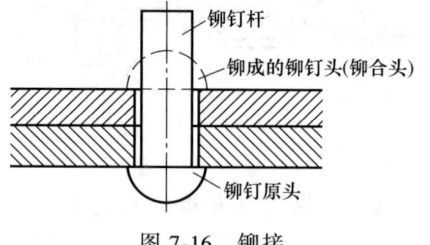

图 7-16　铆接

2) 按铆接方法不同，铆接可分冷铆、热铆及混合铆等。

① 冷铆是指铆接时，铆钉无需加热，直接全部镦出铆合头。此法要求铆钉材料必须具有较高的延展性。直径在 8mm 以下的钢制铆钉都可用冷铆方法铆接。

② 热铆是指把整个铆钉加热到一定温度，然后再铆接。因铆钉受热后塑性好，容易成形，并且在冷却后铆钉杆收缩，更加大了结合强度，所以在热铆时把工件的孔径放大 0.5～1mm，使铆钉在热态时容易插入。直径大于 8mm 的钢制铆钉大多用热铆。

③ 混合铆是指铆接时只加热铆钉的铆合头端部。对于细长的铆钉，常采用这种方法，以免铆接时铆钉杆弯曲。

2. 铆接的形式

铆接的形式是由零件的相互位置所决定的，主要有搭接、对接和角接等，如图 7-17 所示。

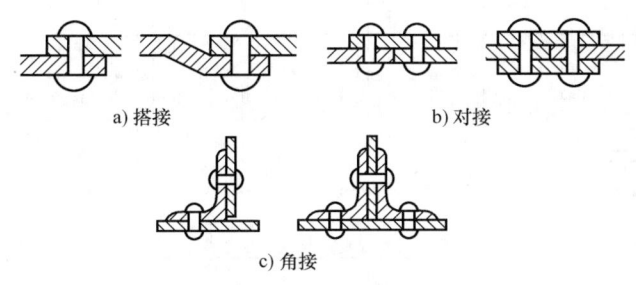

图 7-17 铆接的形式

a) 搭接　　b) 对接　　c) 角接

3. 铆钉与铆接工具

（1）铆钉　按制造材料的不同，铆钉可分为钢质、铜质和铝质铆钉；按形状的不同，可分为半圆头、平头、沉头、空心铆钉等（表 7-5）。

表 7-5 常用铆钉的型式

名称	形式	标准	规格范围		应用
			d 公称/mm	l 公称/mm	
半圆头铆钉		GB/T 863.1—1986*（粗制） GB/T 867—1986*（粗制）	12~36	20~200	用于承受较大横向载荷的连接处，例如金属结构中的桥梁、桁架等，应用最广
小半圆头铆钉		GB 863.2—1986*（粗制）	0.6~16	1~110	
平锥头铆钉		GB/T 864—1986*（粗制）	12~36	20~200	由于钉头大，耐腐蚀，常用在船壳、锅炉水箱等腐蚀强烈处
		GB/T 868—1986*（粗制）	2~10	3~110	
沉头铆钉		GB/T 865—1986*（粗制）	12~36	20~200	用于表面须平滑、受载不大的连接处
		GB/T 869—1986*	1~16	2~100	
半沉头铆钉		GB/T 866—1986*（粗制）	12~36	20~200	用于表面须平滑、受载不大的连接处
		GB/T 870—1986	1~16	2~100	
扁平头铆钉		GB/T 872—1986*	1.2~10	1.5~50	用于金属薄板或皮革、帆布、木材、塑料等的连接处
扁平头半空心铆钉		GB/T 875—1986*	1.2~10	1.5~50	用于非金属材料结构的连接处
空心铆钉		GB/T 876—1986	1.4~6	1.5~15	用于受力不大的非金属材料的连接处，例如用于连接塑料、帆布、皮革等

（续）

名称	形式	标准	规格范围 d公称/mm	规格范围 l公称/mm	应用
标牌铆钉		GB/T 827—1986*	1.6~5	3~20	用于铆接标牌
抽芯铆钉		GB/T 12615—1990*	3~6	6~18	用于汽车车身覆盖件、支架等的连接处

注：有*为商品品种，应优先选用。

（2）铆接工具　手工铆接的工具有锤子、压紧冲头、罩模、顶模等，如图7-18所示。

压紧冲头的作用是当铆钉插入铆钉孔后，用它将被铆合的板件相互压紧；罩模用于铆接时镦出完整的铆合头；顶模用于铆接时顶住铆钉头，以利于铆接和保护铆钉头。

罩模和顶模用于半圆头铆钉和标牌用铆钉的铆接。其工作部分大多制成半圆形凹球面或凹形。两者的主要区别是柄部，罩模柄部常制成圆柱形，顶模柄部常制成扁方形，以便在台虎钳上装夹稳固。

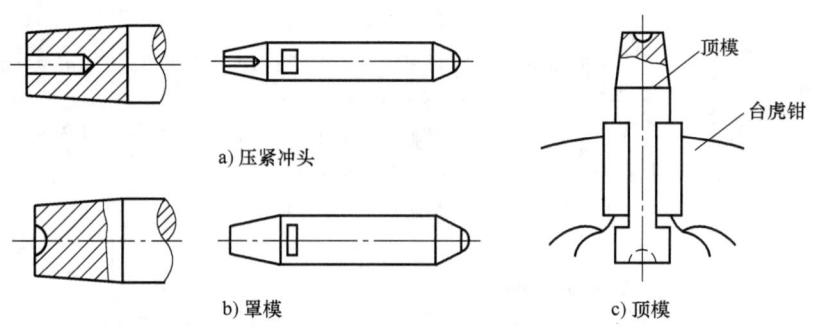

图7-18　铆接工具

4. 铆接方法

（1）铆钉直径及通孔直径的确定　铆钉直径与被连接件的厚度、连接形式及被连接件的材料等多种因素有关。当被连接件的厚度相同时，铆钉直径等于板厚的1.8倍；当被连接件的厚度不同而需搭接连接时，铆钉直径等于最小板厚的1.8倍。铆钉直径可在计算后按表7-6中的数值圆整。

铆接时通孔的大小，应随连接要求的不同而有所变化。若孔径过小，则铆钉插入困难；若孔径过大，则铆合后的工件容易松动。无特殊要求时，一般可按表7-6选取通孔直径。

表7-6　标准铆钉直径及通孔直径　　（单位：mm）

公称直径		2.0	2.5	3.0	4.0	5.0	6.0	8.0	10.0
通孔直径	精装配	2.1	2.6	3.1	4.1	5.2	6.2	8.2	10.3
	粗装配	2.2	2.7	3.4	4.5	5.6	6.6	8.6	11

(2) 铆钉长度的确定　铆接时铆钉杆所需的长度,除了满足被铆接件的总厚度外,还需要保证足够的伸出长度,以用来铆制完整的铆合头,从而获得足够的铆合强度。经验证明,半圆头铆钉的伸出长度,应为铆钉直径的1.25~1.5倍。沉头铆钉的伸出长度,应为铆钉直径的0.8~1.2倍。铆钉杆的长度计算公式为

1) 半圆头铆钉杆长度: $\qquad L = \sum\delta + (1.25 \sim 1.5)d$
2) 沉头铆钉杆长度: $\qquad L = \sum\delta + (0.8 \sim 1.2)d$

式中　$\sum\delta$——被铆接件总厚度,单位为 mm;
　　　d——铆钉直径,单位为 mm。

(3) 手工铆接的方法

1) 半圆头铆钉的铆接步骤如下。

① 铆钉插入孔后,将顶模置于垂直而稳固的状态;将铆钉半圆头与顶模凹圆相接;用压紧冲头把被连接件压紧贴实(图7-19a)。

② 用锤子锤打铆钉伸出部分使其镦粗(图7-19b)。

③ 用锤子适当斜着均匀锤打周边,初步成形(图7-19c)。

④ 用罩模转动锤打,修整成形(7-19d)。

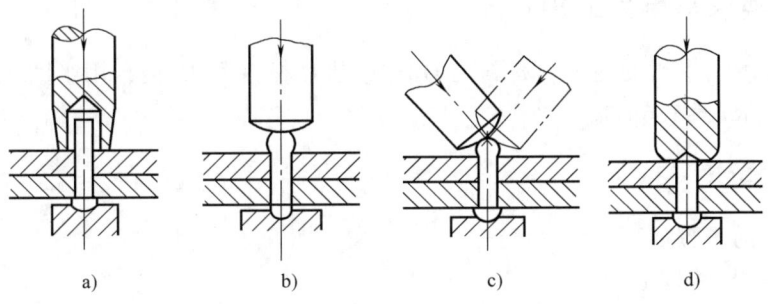

图 7-19　半圆头铆钉的铆接步骤

2) 沉头铆钉的铆接有两种方式:一种是用成品沉头铆钉铆接,另一种是用圆钢截断后代替铆钉铆接。用成品沉头铆钉铆接,只要将铆合头一端的材料经铆打填平沉头座即可。

图7-20 所示为用圆钢截断后代替铆钉的铆接步骤。

3) 空心铆钉的铆接。如图7-21所示,把被连接件相互贴合,经过划线、钻孔、孔口倒角等加工工艺

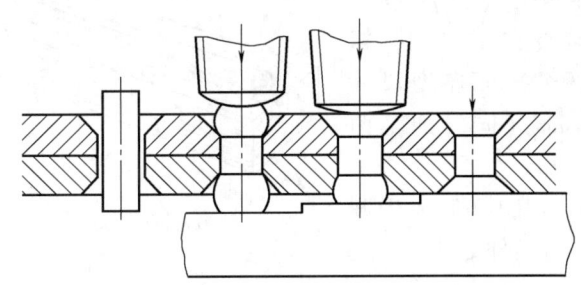

图 7-20　沉头铆钉的铆接步骤

后,将空芯铆钉插入后,先用样冲冲压,使铆钉孔口张开,与工件孔口紧密贴合,再用特制冲头使翻开的铆钉孔口紧密贴于工件平面。

4) 抽芯铆钉的铆接。如图7-22所示,将抽芯铆钉插入铆件孔内,并将伸出铆钉头的钉心插入拉铆枪头部的孔内,然后起动拉铆枪。由于钉心的一端是制成凸缘形的,随着钉心的

抽出,使伸出铆件的铆钉杆在凸缘作用下自行膨胀形成铆合头,待工件铆紧后,钉心即在凹槽处断开而被抽出。

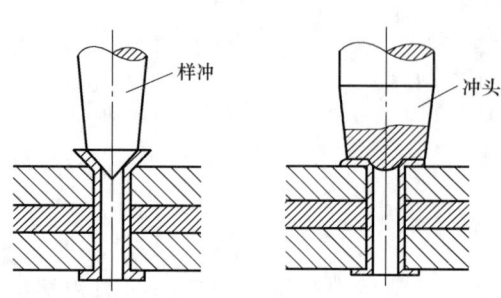
图 7-21 空心铆钉铆接

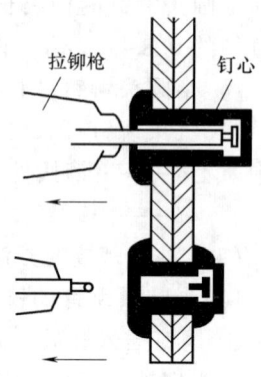
图 7-22 抽芯铆钉铆接

任务实施

一、加工要求与相关工艺分析

由图样可知,内卡钳的内卡角材料为 Q235,垫片材料为 35 钢,用半圆头铆钉铆接。要求表面粗糙度值 $Ra \leqslant 1.6 \mu m$。

二、加工操作

加工内卡钳的步骤如下。

1) 检查坯件,清理毛刺。
2) 矫正板料,使之贴平放置在平板上,且无翘曲现象。
3) 将板料用圆钉固定在木板上(图 7-23a),然后装夹在钳口内,粗锉至两个平面厚度尺寸为 2.1mm(同时加工两件)。
4) 按图样制成展开样板,对坯件划线。
5) 将两件贴合,钻孔至尺寸为 φ4.8mm,铰孔至尺寸为 φ5mm,保证与铆钉紧配,孔口倒角。

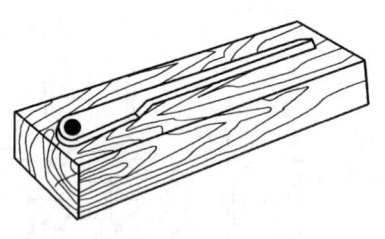
a) 薄板料装夹

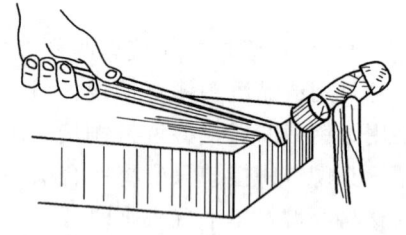
b) 测量脚弯形

图 7-23 内卡钳加工工艺方法

6) 将卡钳的两个测量脚同向合并,用 M5 螺钉与螺母拧紧,按划线粗锉外形(留 0.1mm 左右余量)。
7) 将两个测量脚按图 7-23b 所示进行弯形,达到图样要求。
8) 将测量脚重新固定在木板上,装夹在钳口内,精锉两个平面至厚度尺寸为 (2±0.03)mm、平行度为 0.03mm、表面粗糙度值 $Ra \leqslant 1.6\mu m$。

9）用铆钉通过 φ5mm 的孔将两个测量脚按装配方向串叠在一起，同时在两侧垫上 φ18mm 垫圈。用半圆头铆钉的铆接方法完成铆接。要求半圆头光滑且平贴在垫圈上，两个测量脚活动松紧均匀。

10）按图样尺寸修整外形，锉好两个测量脚斜面，要求两个测量脚尺寸、形状相同且等高。淬火处理，使其硬度达到 45~50HRC，最后用砂布打光，检验。

任务评价与反馈

内卡钳的制作，融汇了矫正、弯形与铆接及锉削、钻削等各项技能，通过本任务，掌握各项制作工艺的基本技能，具备矫正、弯形和铆接操作的基本能力。

1. 自我测评
1）通过本任务实施有哪些收获？
2）手工矫正的常用工具和操作要点是什么？
3）半圆头铆钉的铆接需要哪些工具？操作要点是什么？

2. 任务考评
用游标卡尺配合目测法及试测自检，填写任务考评表（表7-7）。

3. 实训心得

_____
_____
_____

表 7-7 加工内卡钳任务考评表

学生姓名：			班级：	学号：	时间：		
零件名称	内卡钳			实习件图号		图 7-2	
考核项目		考核内容	配分	评分标准	考评得分		
					自检	互检	教师
主要项目	1	卡钳两个测量脚厚度尺寸一致	10分	每个测量脚不合格扣5分			
	2	装配后两个测量脚平齐、等高	20分	每项不合格扣10分			
	3	卡钳铆接松紧适度，开、合符合要求	15分	过松或过紧扣7分			
	4	铆接端部半圆头光滑、无毛刺	10分	有损伤或毛刺扣5分			
	5	测量脚表面粗糙度值达到要求	15分	降低要求扣7分			
	6	试测量，两个测量脚光滑无碍	20分	测量脚不光滑，摆动不顺畅扣10分			
安全文明生产		国家颁布的安全生产法规有关规定及车间管理规定	10分	违规不得分			
		总配分	100分	合计			
教学评价	○ 优秀（85分以上） ○ 良好（75分以上） ○ 及格（60分以上） ○ 不及格（60分以下）				综合得分		
					教师签名		

任务二　加工外卡钳

任务目标

1. 正确识读工件图样，明晰加工要求，做好加工前的准备。
2. 掌握加工外卡钳的工艺步骤，矫正、弯形和铆接操作正确、规范。
3. 按图样要求完成外卡钳的加工，质量要求达标。

任务描述

完成图7-24所示外卡钳的加工。

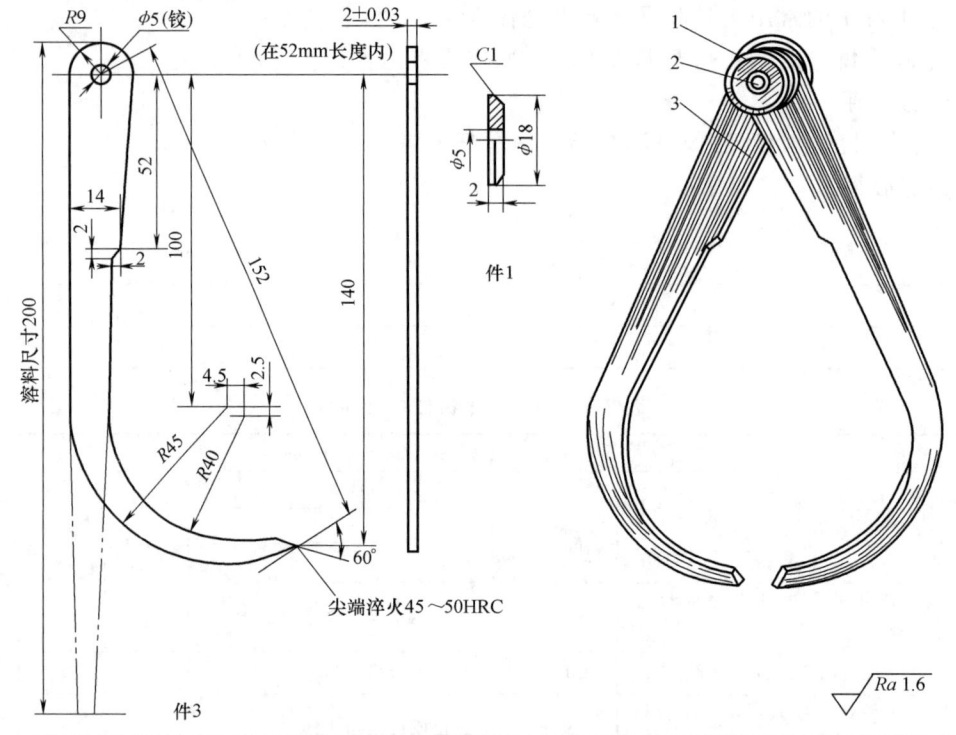

3	外卡脚	Q235(坯件：200mm×23mm×2.5mm)	2
2	半沉头螺钉	Q235	1
1	垫片	35	2
序号	名称	材料	数量
工件名称		件数	
外卡钳		1	

图7-24　外卡钳的生产实习图

任务分析

本任务通过加工外卡钳，进一步巩固矫正、弯形与铆接操作技能和综合应用能力，培养动手能力。

任务实施

一、加工要求与工艺分析

由图样可知,外卡钳的外卡角材料为45钢,垫片材料为35钢,用半圆头铆钉铆接。要求表面粗糙度值 $Ra \leq 1.6 \mu m$。

二、加工操作

加工外卡钳的步骤如下。

1)检查坯件,清除毛刺。

2)矫正板料,使之贴平放置在平板上,且无翘曲现象。

3)参照内卡钳两个测量脚的加工方法,分别粗锉工件的两个平面,使厚度尺寸为2.1mm。

4)按图样制成展开样板,对坯件划线,并完成钻孔、铰孔、孔口倒角等加工工艺。

5)将两件同向合并,按划线粗锉外形。

6)用特制的弯曲工具(图7-25)将两个测量脚弯形至符合图样要求。然后用铆钉插入孔内,检查两个测量脚的弯形是否一致。

7)精锉两个平面至厚度尺寸为(2±0.03)mm、平行度为0.03mm、表面粗糙度值$Ra \leq 1.6 \mu m$。

8)把两个测量脚与两个垫圈用铆钉串叠在一起,并铆至符合图样要求。

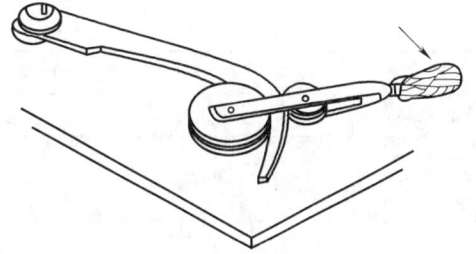

图7-25 弯形工具

9)修整外形与测量脚尖。要求两个测量脚的测量面对齐、等高。淬火至硬度为45~50HRC,最后用砂布全面打光,检验。

师傅说

加工内、外卡钳是多项技能和经验的综合应用,在加工过程中需注意以下几点。

1)卡钳的测量脚是薄板料,在矫正时必须用木锤敲击。

2)对外卡钳的测量脚进行弯形时,要用铜质圆头锤子敲击。敲击时,必须从宽处逐步敲到脚尖处,如果操作过程相反,则会使圆弧太小。

3)铆接半圆头时,必须将铆钉原头放入顶模凹圆内再铆接,防止未放好就敲击,造成铆钉原头圆面损坏。

4)铆钉长度要计算正确,如果伸出长度太短,则铆合头不完整;伸出长度太长,会使铆合头的半圆头周围产生涨边现象。

5)铆接时要检查测量脚之间、铆接头与测量脚之间是否贴合,不要在出现间隙时仍继续铆接,使铆接质量不合要求。

6)用罩模铆合时,必须放正,防止罩模接触垫圈表面而敲出印痕,破坏外形。

7)铆接接触面必须平直,两个测量脚的平行度必须控制在要求范围内,这样才能使铆接后松紧一致,以避免弯裂。

任务评价与反馈

加工外卡钳的过程是将所学知识进行融会贯通，并举一反三，同时强化动手操作的能力。

1. 自我评价

1）通过本任务实施有哪些收获？

2）弯形前毛坯展开长度如何计算？在弯形操作中应注意什么？

3）活动铆接有哪些注意事项？适用于什么场合？

2. 任务考评

用游标卡尺配合目测法及试测自检，填写任务考评表（表7-8）。

3. 实训心得

_____

_____

_____

表7-8　加工外卡钳任务考评表

学生姓名：			班级：	学号：	时间：		
零件名称	外卡钳			实习件图号		图7-24	
考核项目		考核内容	配分	评分标准	考评得分		
					自检	互检	教师
主要项目	1	卡钳两个测量脚弯形圆弧一致	10分	不对称扣5分			
	2	卡钳两个测量脚厚度尺寸符合要求	15分	每处超差扣4分			
	3	装配后两个测量脚平齐、等高	15分	每项不合格扣10分			
	4	卡钳铆接松紧适度,开、合符合要求	15分	过松或过紧扣7分			
	5	铆接端部半圆头光滑、无毛刺	5分	有损伤或毛刺不得分			
	6	测量脚表面粗糙度值达到要求	15分	降低要求扣7分			
	7	试测量,两个测量脚光滑无碍	15分	测量脚不光滑,摆动不顺畅扣10分			
安全文明生产		国家颁布的安全生产法规有关规定及车间管理规定	10分	违规不得分			
总配分			100分	合计			
教学评价	○ 优秀（85分以上）　　○ 良好（75分以上） ○ 及格（60分以上）　　○ 不及格（60分以下）				综合得分		
					教师签名		

粘结技术应用简介

一、粘结与粘结剂

粘结又称胶接,是利用粘结剂把被粘物连接成整体的操作工艺。粘结是连续的面连接,粘结部分应力分布均匀,保证被粘物的强度,提高结构件的使用寿命。粘结适用于不同材质、不同厚度,尤其是超薄材料和复杂结构件的连接。粘结以其操作简单快速、连接牢固可靠、节能经济等特点,已成为当前重要的连接方式之一,与机械连接和焊接一起在生产实际中发挥着重要的作用。

粘结是以粘结剂为介质。粘结剂是指能将同种或两种或两种以上同质或异质的制件(或材料)连接在一起,固化后具有足够强度的一类物质,统称为粘结剂或胶合剂、习惯上简称为胶。

二、粘结技术在机械设备维修中的应用

粘结技术是指将粘结剂涂敷于零件表面,实现零件耐磨损、耐腐蚀、耐压、密封、固定、连接及绝缘、导电、保温等多种用途的工艺方法。

粘结技术作为一种实用性强的技术日益用于机械制造和设备维修中,尤其是高精度的加工机床,在长期使用中出现各种损坏,而且情况各异,有时采用传统的机械修复方法很难解决问题,而采用简便易行的粘结技术就能取得良好的修复效果。

粘结与电焊、气焊、热喷涂、电刷镀等维修工艺比较,具有工艺简便,不需要专门设备,不动明火,可在线施工,无热变形,安全节能等特点,在设备维修中应用广泛。例如铸造缺陷及断裂修补,零件磨损及划伤修复,轴承跑圈修复,渗漏、泄漏紧急修补和施带压堵漏,受腐蚀、气蚀、冲蚀设备的修复和施予保护涂层,机件连接、裂纹、破裂的修补以及零件密封、固定、螺纹锁固、防锈等。随着粘结技术的日益成熟,应用粘结修复技术是企业降低设备维护维修成本,修旧利废的节约途径之一。

三、粘结剂的选用

1. 有机粘结剂

有机粘结剂是一种高分子有机化合物,常用的有机粘结剂有环氧粘结剂和聚丙烯酸酯粘结剂两种。

(1) 环氧粘结剂　环氧粘结剂粘接力强,硬化收缩小,对各种材料都有良好的粘接性能。能耐化学药品、溶剂和油类的腐蚀,电绝缘性能好,使用方便,只需施加较小的接触压力,在室温或不太高的温度下就能固化。其缺点是脆性大,耐热性差。

粘结前,粘结表面一般要经过机械打磨或用砂布打光。粘结时,用丙酮清洗粘结表面,待其风干后将环氧树脂涂在粘结表面,涂层厚度为 0.1~0.15mm,然后将两粘结件压合在一起固化。

(2) 聚丙烯酸酯粘结剂　这类粘结剂常用的牌号有 501、502 等。其特点是无溶剂,呈一定透明状,可室温固化。其缺点是固化速度快,不宜大面积粘结。

2. 无机粘结剂

无机粘结剂由磷酸溶液和氧化物组成。在维修中应用的无机粘结剂主要是磷酸—氧化铜粘结剂，它有粉状、薄膜、糊状、液体等形状，其中以液体状态使用最多。无机粘结剂具有操作简便，成本低等优点，常用于螺柱紧固、轴承定位、密封堵漏等场合。粘结前，应进行粘结面的除锈、脱脂和清洗工作。粘结后的工件须经适当的干燥硬化才能使用。

随着高分子材料的发展，新的高科技含量的粘结剂和粘结技术不断推新，它将给机器制造和设备维修带来新的变化。

项目拓展

资讯收集与学习

小组合作，分头收集、共享加工资讯。

通过网络或查阅相关书籍学习矫正、弯形、铆接及粘结的相关知识和操作方法。了解其应用范围和发展前景，拓展认知范围，积累机械常识。

职业技能理论知识测验

一、选择题

1. 由于存在冷作硬化现象，冷矫正只适应_____的材料。
   A. 刚性好　　　　B. 塑性好　　　　C. 都行

2. 板料四周呈波浪形而中间平整，说明板料边缘变薄而伸长了，锤击时应从_____逐渐锤打。
   A. 中心向四周　　B. 从四周向中心　　C. 都行　　　　D. 从一角开始

3. 扭转法主要用来矫正_____的扭曲变形。
   A. 板料　　　　B. 条料　　　　C. 棒料　　　　D. 细长线料

4. 钢板弯形后，外层材料伸长，内层材料缩短，其中性层材料在弯曲后_____。
   A. 随之伸长　　B. 长度不变　　C. 随之变短　　D. 长度不变且在材料正中

5. 弯形有焊缝的管子时，必须将焊缝放在_____位置。
   A. 变形外层　　B. 变形内层　　C. 中性层

6. 对于直径较大的棒料或轴类零件，矫正时可采用_____矫正。
   A. 锤子　　　　B. 压力机　　　　C. 活扳手　　　　D. 抽条

7. 活动铆接的结合部位_____的。
   A. 可以相互转动和移动　　　　B. 可以相互转动
   C. 固定不动　　　　　　　　　D. 可以移动

8. 用半圆头铆钉铆接时，铆钉的伸出长度应为铆钉直径的_____倍。
   A. 1.25~1.5　　B. 0.8~1.2　　C. 1.05~1.5　　D. 0.25~0.8

9. 用沉头铆钉铆接时，铆钉的伸出长度应为铆钉直径的_____倍。
   A. 1.25~1.5　　B. 0.8~1.2　　C. 1.05~1.5　　D. 0.25~0.8

二、判断题

1. 延展法主要用于矫正金属薄板类工件。（　　）
2. 铆接的形式有搭接、对接和角接三种。（　　）

3. 当被连接件的厚度相同时，铆钉直径等于板厚的 1.8 倍。（   ）

4. 粘结技术在机器制造和设备维修中被广泛采用，部分实现以粘代铆、以粘代机械紧固。（   ）

5. 压紧冲头的作用是将铆钉头部贴紧工件平面。（   ）

6. 常用钢件弯形半径大于两倍厚度时，可能会出现弯裂。（   ）

7. 材料弯形后，中性层长度不变，但实际位置一般不在材料几何中心。（   ）

三、计算题

1. 计算图 7-26 所示工件的展开长度。

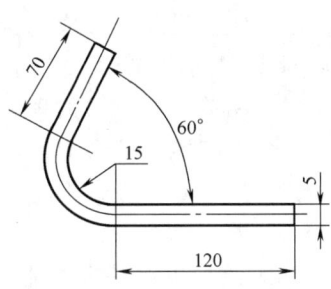

图 7-26　划规生产实习图

2. 用半圆头铆钉铆接板厚为 2mm 和 3mm 的两块钢板，计算确定铆钉的直径、长度和精装配时钉孔直径。

3. 用沉头螺钉铆接两 4mm 的钢板，确定铆钉直径、长度和粗装配时钉孔直径。

品读工匠故事，滋养职业情怀

大国工匠 巧手慧心"敲铸"钣金人生——孙滨生

与汽车零部件由机器生产不同，飞机的钣金零件大部分都是手工制造，核心部位的零件都是人工一点一点敲出来的。这对工人的手艺提出了极高的要求。

孙滨生就是这样一位钣金专家。1962 年出生的他，现在是中航工业昌河飞机工业（集团）有限责任公司 23 车间钣金一班班长。自 1982 年 9 月从昌河技校钣金专业毕业分配进厂以来，他一直在 23 车间从事直升机钣金零件加工制造工作，一干就是 35 年。扎根于航空钣金制造"一线"的孙滨生，把每一个钣金零件都当成精品来打造。"飞机生产过程中，零部件的加工必须相当精准，不能出丝毫差错。"对工艺的精益求精和对产品质量的严格要求，让孙滨生练就了过硬的技术本领。"有困难、找老孙"成了昌飞公司钣金领域的一个习惯，而孙滨生从来都没有让大家失望，攻克了一个又一个技术难关。

凭着过硬的技术，孙滨生在 Z-8、Z-10、S-92 型直升机大部件科研生产以及对外合作 S-76D、阿古斯塔 A109 等直升机的研制中，解决了大量钣金制造关键技术问题，为多型号直升机立项做出了突出贡献。

孙滨生说："既然干这一行，就扎扎实实的干好，要耐得住寂寞，只有沉下心来埋头苦干，我们的航空事业才能越来越好。我希望把自己的手艺传给年轻人，更希望把这份理念传给他们。"

项目八
综合训练

掌握钳工各项基本技能并在工作中融会贯通，形成综合加工能力，还需要在加工实践中不断锤炼和感悟。本项目借助鸭嘴锤头、角度样板、平面形直角尺、调整挡铁等工件的制作，强化基本操作技能，巩固和提高对相关工艺方法的理解与认知，自觉培养独立分析和解决实际加工问题的基本能力，促进综合加工能力的形成。

项目重点

1. 划线、锯削、锉削、孔加工和螺纹加工等基本技能。
2. 钳工综合加工能力的形成和质量控制基本措施。
3. 常用量具的熟练使用与测量操作精确度控制。
4. 职业素养的自我认知和培养。

工作情境

本项目工作情境建议及说明见表8-1。

表8-1 综合训练工作情境建议及说明

建议	说 明
工作情境	车间实训
教学条件	钳工实训车间（配有数字化教学研讨区）
主要设备	钳工工作台、台虎钳（按人数配备工位）、钻床等
教学建议	理实一体、任务导向、分组操作，现场实训
工作过程	明确任务→任务实施→评价与反馈

项目准备

项目材料准备清单见表8-2，项目装备准备清单见表8-3。

表8-2 项目材料准备清单

序号	加工内容	材料	坯件尺寸/mm	数量	备注
1	加工鸭嘴锤头	45	项目三拓展任务錾削件	1	图8-1
2	锉配角度样板	Q235	备料61×41×8	1组（2件）	图8-2
3	加工平面形直角尺	45	备料7×72×102	1	图8-3
4	加工调整挡铁	35	备料48×37×21	1	图8-4
*5	锉配曲面		按图样准备		图8-5
合计					

表 8-3 项目装备准备清单

序号	工艺装备名称	型号/规格	数量	备注
1	划线平台		1	
2	方箱、V形铁		各1	
3	划针、划针盘、划规		各1	
4	样冲、锤子		各1	
5	钢直尺、塞尺	300mm	1	
6	刀口形直角尺、直角尺		各1	
7	游标卡尺	0~125mm(0.02mm)	1	
8	游标高度卡尺	0~300mm(0.02mm)	1	
9	游标万能角度尺	0~320°(2′)	1	
10	千分尺	0~25mm(0.01mm)	1	
11	样冲、锤子、窄錾		各1	
12	钳工锉、C形夹头	按加工任务准备		
13	整形锉、异形锉	按加工任务准备		
14	半径样板	按加工任务准备	若干	
15	手锯		1	
16	钻头	按加工要求准备		
17	丝锥、活络式铰杠	按加工要求准备		
18	涂料		若干	
19	其他辅具	按任务要求准备		

任务一 加工鸭嘴锤头

任务目标

1. 按图样要求完成鸭嘴锤头的加工。
2. 掌握腰孔及连接内外圆弧面的锉削技能,达到连接圆滑,位置及尺寸正确。
3. 熟练推锉技能,要求达到纹理整齐,表面光洁。
4. 做到各加工步骤和操作环节清晰、连贯、有效,安全文明生产。

任务描述

完成图 8-1 所示鸭嘴锤头的加工。

任务实施

一、加工要求与工艺分析

加工鸭嘴锤头的工艺包括加工平面、圆弧、腰孔、倒角等内容,并保证各加工表面的表

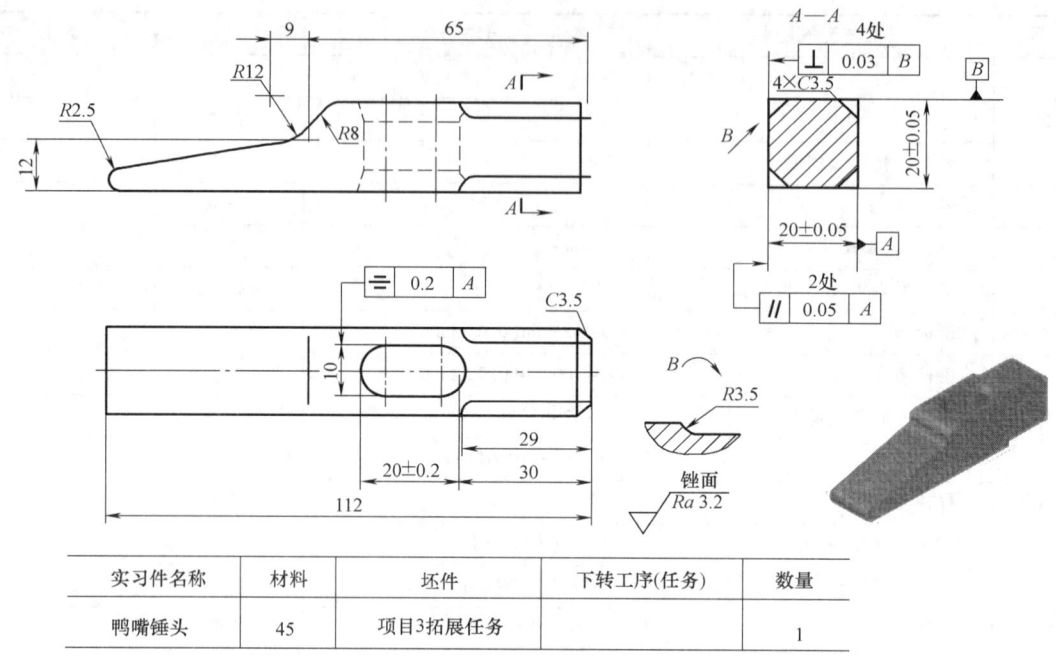

图 8-1 鸭嘴锤头生产实习图

面质量要求。

腰孔先用直径为 $\phi 9.5$mm 钻头钻削，钻孔位置正确，孔径无明显扩大，防止造成加工余量不足，影响腰孔的正确加工。锉削腰孔时，应先锉削两个侧平面，后锉两端的圆弧。锉平面时要注意控制好锉刀的横向移动，以防锉坏两端的孔面。

加工内圆弧面 $R3.5$mm 时，横向锉要锉准、锉光，便于推光，且圆弧尖角处不易塌角。

在加工内圆弧面 $R12$mm 与外圆弧面 $R8$mm 时，横向锉须平直，并与侧平面垂直，才能使圆弧面连接正确、外形美观。

二、加工操作

加工鸭嘴锤头的步骤如下。

1）检查坯件尺寸。

2）按图样尺寸将毛坯右端锉削成尺寸为 20mm×20mm 的正方形。

3）以正方形侧面为基准锉削其端面，达到与侧面基本垂直，表面粗糙度值达到 $Ra3.2\mu m$。

4）以上述长面和端面为基准，划出形体两面加工线、4×C3.5 倒角加工线。

5）锉削 4×C3.5 倒角达图样要求。选用异形锉粗锉出 $R3.5$mm 圆弧面，然后分别用粗、细钳工锉锉倒角，再用异形锉精锉 $R3.5$mm 的圆弧面，用推锉法修整并用砂布打光。

6）划腰孔加工线和钻孔检查线，用直径为 $\phi 9.5$mm 的钻头钻孔。

7）用圆锉锉通两孔，按图样要求锉好腰孔。

8）按划线在 $R12$mm 圆弧处钻削直径为 $\phi 5$mm 的工艺孔，按划线锯削多余部分，预留锉削余量。

9) 用半圆锉按划线粗锉 R12mm 内圆弧面，用扁锉粗锉斜面与 R8mm 外圆弧面至划线位置。然后分别用细扁锉、半圆锉精锉斜面和 R12mm 内圆弧面，最后用细板锉及半圆锉做推锉修整，达到各面连接圆滑、光洁、纹理整齐。

10) 锉削 R2.5mm 圆头，并保证工件总长为 112mm。

11) 八个角端部棱边倒角 C3。

12) 用砂布将各加工面全部打光，检验。

13) 将腰孔各面倒出 1mm 喇叭口，将 20mm 端面锉成略呈凸弧面。

14) 将工件两端热处理淬硬。

任务评价与反馈

加工鸭嘴锤头的过程是钳工各项基本技能的综合应用，对操作技能的全面提升大有帮助。

1. 自我测评

1) 完成鸭嘴锤头的加工，对自己的产品满意吗？有哪些收获？
2) 如何安排加工各个环节？加工中有哪些问题需改进？

2. 任务考评

用钢直尺、游标卡尺、半径样板配合自检，填写任务考评表（表8-4）。

3. 实训心得

_____
_____
_____

表8-4 加工鸭嘴锤任务考评表

学生姓名：			班级：	学号：	时间：		
零件名称		鸭嘴锤		实习件图号		图8-1	
考核项目		考核内容	配分	评分标准	考评得分		
					自检	互检	教师
主要项目	1	(20±0.05)mm(两处)	16分	每处超差扣6分			
	2	⊥ 0.03 B (四处)	24分	每处超差扣6分			
	3	∥ 0.05 A (两处)	12分	每处超差扣6分			
	4	≡ 0.2 A	8分	超差扣8分			
	5	(20±0.2)mm	8分	超差扣8分			
	6	Ra3.2μm	12分	每处超差扣2分			
一般项目	1	112mm、30mm、65mm、10mm	4分	每处超差扣2分			
	2	R8mm、R12mm、R3.5mm	6分	每处超差扣2分			
安全文明生产		国家颁布的安全生产法规有关规定及车间管理规定	10分	违规不得分			
总配分			100分	合计			
教学评价	○ 优秀(85分以上)　○ 良好(75分以上)　○ 及格(60分以上)　○ 不及格(60分以下)			综合得分			
				教师签名			

任务二 锉配角度样板

任务目标

1. 熟悉锉配加工的相关工艺知识与工艺分析。
2. 能进行锉配加工并能进行相应的质量控制。
3. 完成角度样板的加工；具备锉配加工一般零件的能力。
4. 了解影响锉配精度的因素并熟悉锉配误差的检验和修正方法。

任务描述

完成图 8-2 所示角度样板的加工。

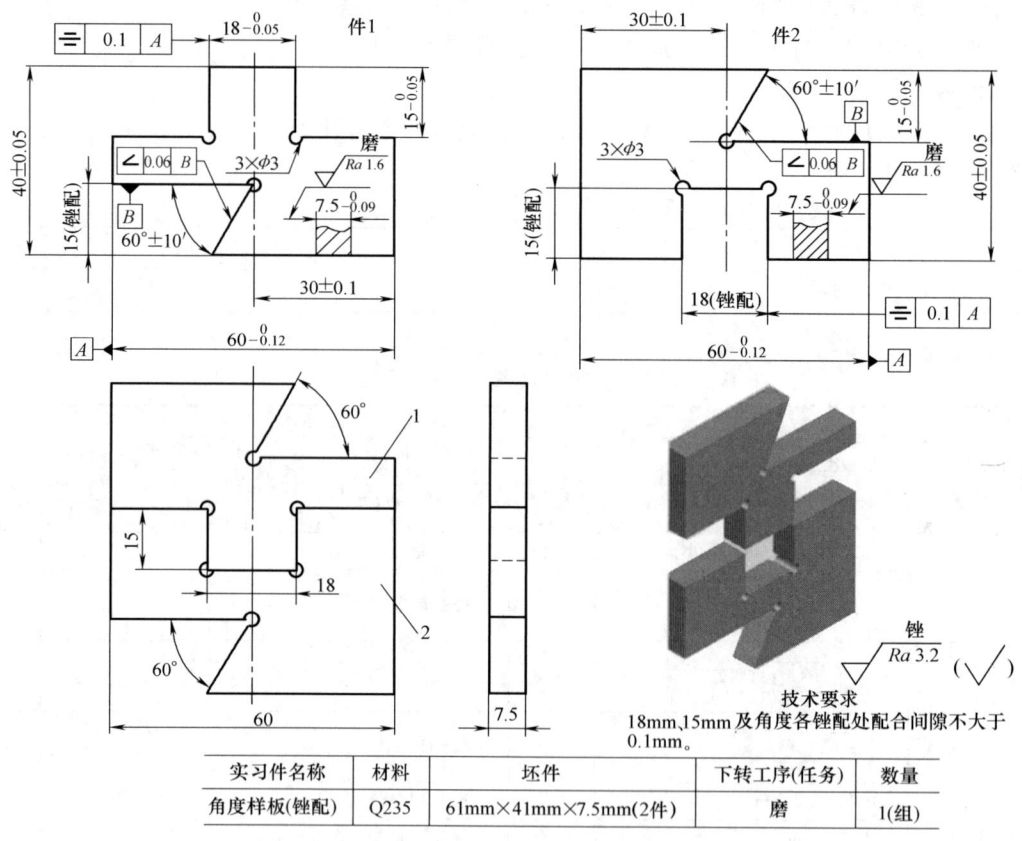

图 8-2 角度样板生产实习图

任务实施

一、加工要求与工艺分析

角度样板加工要求读者自行分析。加工中应注意以下几点。

1）长度尺寸 60mm 的实际尺寸必须测量精确，以便于对 18mm 的凸、凹形面的对称度进行测量控制。

2）因采用间接测量来达到尺寸要求，故必须进行正确的换算和测量，达到角度配合间隙不大于 0.1mm。同时用标准量棒间接测量，控制（30±0.1）mm 的定位尺寸。

3）在锉配凹形面时，须先锉凹形面的一个侧面，根据长度尺寸 60mm 的实际尺寸，通过控制尺寸 21mm 的实际尺寸的误差值（此处为 60mm/2 的实际尺寸减去 18mm/2 实际尺寸加上 1/2 间隙值）达到配合的对称度要求。

4）锉配凹、凸件时，应按已加工好的凸形面，先锉配凹形面的两个侧面，后锉配凹形端面。在锉配时，一般不再加工凸形面，否则会失去基准，使锉配难以进行。

二、加工步骤

锉配角度样板的步骤如下。

1）清理表面，检查半成品。

2）按图样划外形线，钻 3×φ3mm 工艺孔。

3）加工件 1 凸形部分，保证其对称度公差为 0.1mm，表面粗糙度值达到图样要求。

4）加工件 2 凹形部分，并用件 1 凸形部分锉配，达到配合间隙不大于 0.1mm、对称度公差为 0.1mm 的要求。

5）划线加工件 2 角度部分并达到图样要求。用 60°角度样板检验，并用 0.05mm 塞尺检查，达到配合要求。

6）加工件 1 角度部分，用件 2 锉配，达到角度配合间隙不大于 0.1mm。同时用标准量棒间接测量，控制（30±0.1）mm 尺寸要求。

7）锐边倒钝，检验全部尺寸，下面转到磨削工序。

任务评价与反馈

锉配是钳工机械装配必备的基本技能之一，也是钳工竞赛的经典考项。通过角度样板的锉配加工，熟知锉配的基本要求和工艺方法，并且不断增进相关工艺知识的积累和技能的提高。

1. 自我测评

1）锉配的要点和加工顺序是什么？

2）通过本任务实施有哪些收获？在哪些方面需改进？

2. 任务考评

用钢直尺、游标卡尺、游标万能角度尺或角度样板配合自检，填写任务考评表（表 8-5）。

3. 实训心得

表 8-5 锉配角度样板任务考评表

学生姓名：			班级：	学号：		时间：
零件名称	角度样板		实习件图号	图 8-2		
考核项目	考核内容	配分	评分标准	考评得分		
				自检	互检	教师
主要项目	1　$18_{-0.05}^{0}$ mm、$Ra3.2\mu m$	11 分	尺寸超差扣 6 分；降级扣 5 分			
	2　$15_{-0.05}^{0}$ mm（两处）、$Ra3.2\mu m$	22 分	每处尺寸超差扣 6 分；每处降级扣 5 分			
	3　= 0.1 A（两处）	16 分	每处超差扣 8 分			
	4　(30 ± 0.1) mm	7 分	超差不得分			
	5　$60°\pm10'$（两处）	10 分	角度不合格不得分			
	6　两配合部位各面配合间隙不大于 0.1mm	20 分	每处超差扣 10 分			
一般项目	7　$3\times\phi3$mm（两处）	4 分	每处超差扣 2 分			
安全文明生产	国家颁布的安全生产法规有关规定及车间管理规定	10 分	违规不得分			
总配分		100 分	合计			
教学评价	○ 优秀（85 分以上）　　○ 良好（75 分以上）　　○ 及格（60 分以上）　　○ 不及格（60 分以下）		综合得分			
			教师签名			

任务三　加工平面形直角尺

任务目标

1. 正确识读平面形直角尺零件图，明晰技术要求。
2. 熟知平面形直角尺的加工工艺，提高薄板锯削、锉削加工技能。
3. 熟悉平面研磨的工艺方法，完成平面形直角尺的研磨，并达到图样要求。

任务描述

完成图 8-3 所示平面形直角尺的加工。

项目八 综合训练

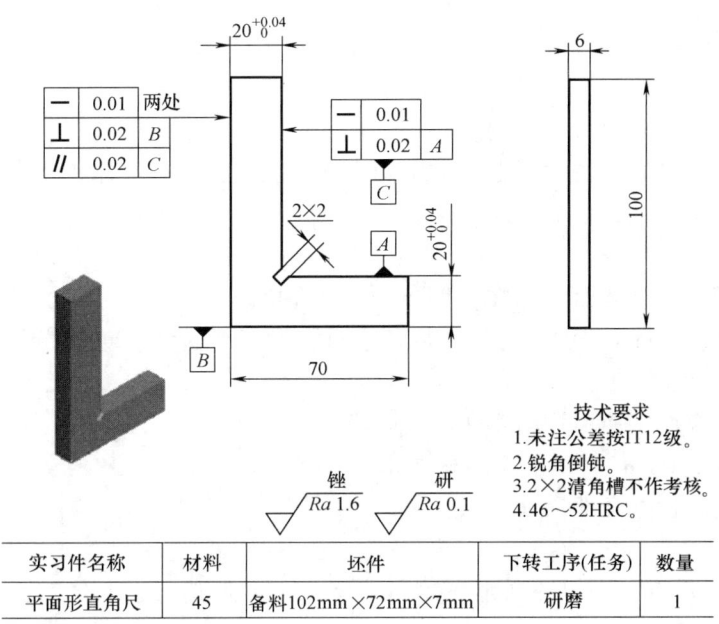

图 8-3 平面形直角尺生产实习图

任务实施

一、加工要求与工艺分析

1. 平面形直角尺的锯削、锉削加工

平面形直角尺短边的上、下两个面为基面,长边的左、右两个侧面为测量面。加工重点是保证基面与测量面的尺寸精度和表面质量要求,平面形直角尺基面和测量面的表面质量要求最终需热处理后通过研磨来达到。

平面形直角尺的锯削、锉削需注意以下事项。

1)锉削平面时,锉削纹路要一致,要沿直角尺的垂直方向。

2)锯切内直角余料时,将工件夹在两个木板中间按划线连同木块一起锯削,以防夹伤已加工表面,同时增强薄工件的刚性。

3)直角尺是以短边平面为测量基准的,但加工时应先加工长边的直角平面,并以此面为基准来加工短边平面至直角。最后,垂直度的检验仍以短边的直角平面为测量基准。

4)为保证研磨加工质量,各测量面不应有可见锉削纹路。

5)直角尺对表面质量要求高,锉削中要经常清除切屑,并在锉面上涂上粉笔灰,以提高表面光洁程度。

2. 平面形直角尺的研磨

研磨是在完成对平面形直角尺的锯削、锉削加工后,对其进行热处理并达到相应硬度要求后进行的精密加工。通过研磨加工,使其尺寸精度和表面粗糙度值达到图样要求。

二、加工操作

1. 锯削、锉削加工

1) 检查来料,去除锐边、毛刺。
2) 将坯件用圆钉固定在木板上,加工两个平面,达到图样要求。
3) 锉削直角尺外直角面,保证直线度、垂直度达到图样要求,表面粗糙度值达到 $Ra1.6\mu m$。
4) 分别以两个外直角面为基准,划 20mm 内直角线。
5) 按预留 0.5~1mm 锉削余量锯切内角余料,保证锯缝垂直度公差为 0.5mm。
6) 锯削 2mm×2mm 工艺槽。
7) 锉削内直角面,使尺寸精度达图样要求。
8) 锉削尺寸 100mm、70mm 至图样要求。
9) 锐角倒钝,检查全部尺寸。

2. 热处理

将平面形直角尺五只一组并列排齐捆绑一起,以减小热处理时的变形。

3. 平面形直角尺的研磨

(1) 研磨工具、研磨剂及选用

1) 研磨平板。研磨平面是在研磨平板上进行的,粗研时选用有槽平板,精研时选用光滑平板。
2) 研磨剂。研磨剂是由磨料、研磨液和辅助材料混合而成的混合剂。磨料有氧化铝系(刚玉类)、碳化物系(碳化硅、碳化硼类)和金刚石系等系列。磨料需加注研磨液和辅助材料后才能使用。常用的研磨液有 10 号机油、20 号机油、煤油等。常用辅助材料有油酸、脂肪酸、硬质酸及工业甘油等。粗、精研磨一般钢件、铸铁件及黄铜件等宜采用棕刚玉磨料。

磨料的粒度应根据加工工件的精度进行选择。

(2) 手工研磨运动轨迹的形式 手工研磨一般采用直线、摆动式直线、螺旋线、8 字形等运动轨迹进行研磨。其共同特点是工件的被加工面与研具工作面做密合的滑移运动。摆动式直线研磨适宜于研磨平直度要求高的工件,例如刀口形直角尺和各种角尺等。

(3) 平面研磨时的注意事项

1) 研磨前应清洁研磨平板,然后在平板上加适量的研磨剂,把工件研磨表面贴合在平板上,沿平板的全部表面采用一定的研磨轨迹进行研磨,并注意变换工件运动方向,使研磨均匀。
2) 研磨应在低压、低速情况下进行。粗研时,研磨速度以 50 次/min 左右为宜,精研时速度以 30 次/min 左右为宜。
3) 研磨窄平面的工件时,应用金属块作为导靠,以保持所研平面与侧面垂直,避免产生倾斜和圆角。

(4) 平面形直角尺研磨步骤

1) 直角尺热处理后选用粒度 F100~F180 的磨料对直角尺的两个平面进行粗磨,达到表面粗糙度值 $Ra\leqslant 0.4\mu m$。

2）选用粒度 F100～F180 的磨料用方铁导靠块作为导靠，粗研磨直角尺的内、外测量面，初步达到图样要求。

3）选用粒度 F400～F800 磨料仍用方铁导靠块作为导靠，精研磨直角尺的内、外测量面，达到图样技术要求。

4）精研两个平面，保证表面粗糙度值为 $Ra0.1\mu m$。

5）用煤油清洗直角尺，并进行全面的精度检查。

任务评价与反馈

通过本任务，熟悉量具的相关技术要求和加工工艺，以利于综合技能的全面提高。

通过对平面形直角尺的研磨，初步掌握平面研磨的基本操作和相关工艺知识，为研磨加工提供操作基础。

1. 自我测评

1）通过本任务实施，有哪些收获？

2）是否已掌握研磨平面的基本操作和工艺知识？

2. 任务考评

用游标卡尺、刀口形直角尺配合自检，填写任务考评表（表8-6）。

3. 实训心得

表 8-6 加工平面形直角尺任务考评表

学生姓名：			班级：	学号：	时间：		
零件名称		平面形直角尺		实习件图号	图 8-3		
考核项目		考核内容	配分	评分标准	考评得分		
					自检	互检	教师
主要项目	1	$20_{0}^{+0.04}$mm（两处）、$Ra1.6\mu m$	16 分	每处超差扣 4 分；降级扣 4 分			
	2	平面直角尺表面粗糙度值为 $Ra0.1\mu m$（六处）	24 分	每处降级扣 4 分			
	3	平行度≤0.02mm	8 分	超差不得分			
	4	垂直度≤0.02mm（两处）	18 分	每处超差扣 9 分			
	5	直线度≤0.01mm（两处）	18 分	每处超差扣 9 分			
一般项目		100mm、70mm、6mm	6 分	每处超差扣 2 分			
安全文明生产		国家颁布的安全生产法规有关规定及车间管理规定	10 分	违规不得分			
总配分			100 分	合计			
教学评价	○ 优秀（85 分以上） ○ 良好(75 分以上) ○ 及格（60 分以上） ○ 不及格（60 分以下）				综合得分		
					教师签名		

任务四 加工调整挡铁

任务目标

1. 读懂图样,明确加工要求,做好加工前的准备工作。
2. 巩固划线、锯削、锉削、钻削技能,并达到加工精度要求。
3. 能具备拟定加工路线的基本能力和分析加工质量的能力。
4. 按图样要求完成调整挡铁的加工。

任务描述

完成图 8-4 所示调整挡块的加工。

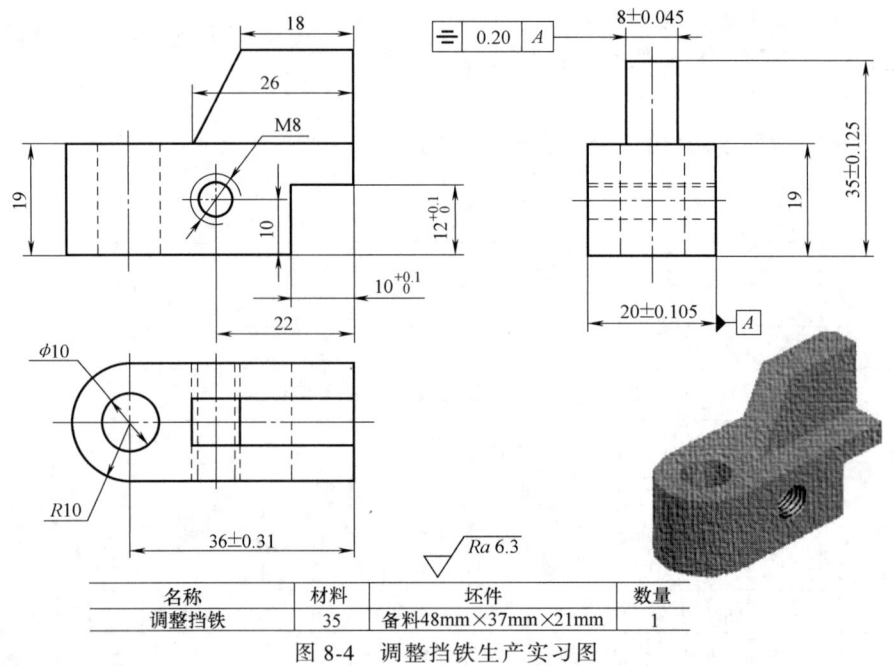

图 8-4 调整挡铁生产实习图

任务实施

一、加工要求与工艺分析

调整挡铁加工要求读者自行分析。加工中主要应保证凸台的尺寸公差和对称度公差要求,同时应注意保持光孔与螺纹孔的垂直度要求,及圆弧曲面和两个侧平面的光滑过渡。

在锉削 $R10\text{mm}$ 外圆弧时,可先用加工角方法加工至近划线线条,再进行锉削,使加工便于控制,同时注意保持弧面与上、下两个平面相互垂直。

二、加工操作

加工工艺见表 8-7。

表 8-7 调整挡铁加工工艺过程卡片

实习工序：钳	加工工艺过程卡片			产品型号		零部件图号		图 8-4	共 2 页
				产品名称		零部件名称		调整挡铁	第 1 页
材料牌号	45	毛坯种类	铸造半成品	毛坯外形尺寸		每件可锻件数		每台件数	备注
工序号	工步号	工序内容			车间	工段	设备	工艺装备	工时 准终 单件
1	1	读懂零件图样，检查坯件尺寸，并涂色							
2	1	确定划线基准：长度、高度方向尺寸分别选取右端面和底面为划线基准，宽度方向的划线基准为前后对称面						方箱、涂料、划规、游标高度卡尺（0~300mm）、直角尺、划针、钢直尺、样冲、锤子等	
3	1	工件安在方箱上，划出宽度基准，由各基准分别在三个方向出各加工尺寸线和 φ10mm，M8 定位线					划线平台，钳工工作台，摇臂钻床 Z3032×10		
4	1	在 φ10mm，M8 中心位置打出样冲眼，分别划出两个孔的加工线。在前后两个面反上顶面划出斜面加工线							
5	2	按图样要求检查各线，正确无误，打样冲眼							
6	1	钻削 φ10mm，M8 螺纹底孔						台虎钳、手锯、φ10mm、φ6.7mm 钻头游标卡尺（0~125mm）	
7	1	锯削各处余量，每边留 0.5~1mm 锉削余量							
8	1	锉削各面至图样尺寸要求，表面粗糙度值为 Ra6.3μm，注意控制圆头部分的几何误差和（8±0.045）mm 的对称度要求					钳工工作台	台虎钳、钳工锉、M8 丝锥一副、铰杠、游标卡尺（0~125mm）粗糙度样板、螺纹规等	
9	1	用 M8 丝锥攻螺纹，保证螺纹精度							
10	1	倒钝锐角，检验							
						设计（日期）	审核（日期）	标准化（日期）	会签（日期）
标记	处数	更改文件号	签字	日期	标记	处数	更改文件号	签字	日期

任务评价与反馈

调整挡铁一类零件在机器中主要起限位、调整等作用。该件涉及划线、锯削、锉削、钻削、螺纹加工等工艺过程,加工综合性强。通过本任务实施提高综合操作技能。

1. 自我测评
1) 该件在加工过程中采用哪些措施保证光孔和螺纹孔的垂直度?
2) 加工过程中遇到哪些问题?如何解决的?

2. 任务考评
按任务要求进行评定,填写任务考评表(表8-8)。

3. 实训心得

_____
_____
_____

表8-8 加工调整挡铁任务考评表

学生姓名:			班级:	学号:	时间:		
零件名称	调整挡铁		实习件图号		图8-4		
考核项目	考核内容	配分	评分标准	考评得分			
				自检	互检	教师	
主要项目	1	(36 ± 0.31)mm、$Ra12.5\mu m$	10分	超差扣6分;降级扣2分			
	2	$R10$mm	7分	超差不得分			
	3	$\phi10$mm	7分	超差不得分			
	4	(20 ± 0.105)mm、$Ra6.3\mu m$	10分	超差扣6分;降级扣4分			
	5	(35 ± 0.125)mm、$Ra12.5\mu m$	10分	超差扣6分;降级扣2分			
	6	$12^{+0.1}_{0}$mm、$Ra6.3\mu m$	10分	超差扣6分;降级扣4分			
	7	$10^{+0.1}_{0}$mm、$Ra6.3\mu m$	10分	超差扣6分;降级扣4分			
	8	(8 ± 0.045)mm、$Ra6.3\mu m$	10分	超差扣4分;降级扣4分			
	9	M8	4分	超差不得分			
	10	= 0.20 A	4分	超差不得分			
一般项目	1	19mm、26mm、10mm、18mm	8分	超差不得分			
安全文明生产	国家颁布的安全生产法规有关规定及车间管理规定		10分	违规不得分			
	总配分		100分	合计			
教学评价	○ 优秀(85分以上) ○ 良好(75分以上) ○ 及格(60分以上) ○ 不及格(60分以下)			综合得分			
				教师签名			

项目八 综合训练

项目拓展

资 讯 收 集

小组合作,分头收集、共享加工资讯。

结合任务实训,通过网络查阅、搜索钳工技能鉴定考试试题、竞赛试题等,分析技能课题的工艺步骤与操作要点,并通过自学拓展工艺知识,巩固各项基本技能,提升解决实际加工问题的综合能力,夯实专业基础,为后续专业课的学习和拓宽职业发展空间奠定基础。

拓展任务

锉 配 曲 面

1. 实习件生产图样

锉配曲面工件图样如图 8-5 所示。

2. 加工要求与工艺分析

由图 8-5 可知,键形体与方件键形孔相配,两件材料均为 HT150 灰铸铁。键形体长度尺

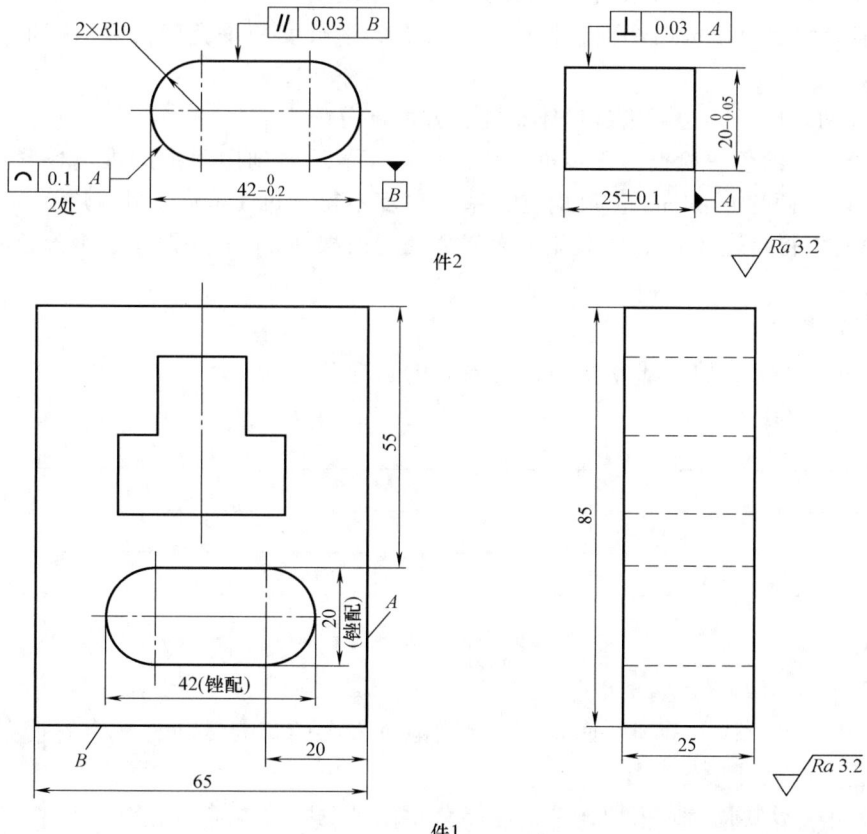

图 8-5 锉配曲面工件生产实习图

寸为 $42_{-0.2}^{0}$ mm，宽度尺寸为（25±0.1）mm，高度尺寸为 $20_{-0.05}^{0}$ mm，高度方向两表面为配合面，精度要求较高，其公差值为 0.05mm，两面平行度公差为 0.03mm，与基准面 A 的垂直度公差为 0.03mm；键形体两端圆弧曲面的线轮廓度公差要求为 0.1mm。两配合件的表面粗糙度 Ra 值均 ≤3.2μm。

3. 参考步骤

（1）锉削键形体

1）粗、细锉厚度尺寸为 25mm 的两平面，达到图样要求。

2）粗、细锉尺寸为 20mm 的两侧面，达到尺寸公差及垂直度、平行度与表面粗糙度值的要求。

3）按图样尺寸划两端 R10mm 圆弧面加工线。

4）锯四角余料，粗、细锉两端 R10mm 圆弧，达到图样要求，与两侧光滑连接。

5）锐边倒钝。

（2）锉配键形孔

1）按键形体实际尺寸在锉配件的正、反两面划线。

2）钻排孔，用扁錾錾去余料，并粗锉至接近划线线条。

3）细锉尺寸为 20mm 两侧面，保证与相关面的平行度和垂直度，并用键形体试配，达到能较紧地塞入。

4）细锉两端圆弧，达到用键形体试配，并能部分配入。

5）用透光和涂色法检查，逐步进行整体修锉，最后达到用手推进推出松紧适当。两侧面最大间隙处用两片 0.04mm 塞尺检查，塞入深度不得超过 12mm；用两片 0.08mm 塞尺检查，塞入深度不得超过 4mm。两圆弧最大间隙处用两根 ϕ0.08mm 铜丝或钢丝检查，塞入深度不得超过 4mm。

（3）任务考评

按任务要求评定，填写任务考评表（表 8-9）。

（4）实训心得

___

师傅说

加工注意事项如下。

1）在锉削键形体两端圆弧面时，要经常检查横向的直线度和与基面的垂直度，并用圆弧样板检查弧面外形轮廓线。

2）平面与圆弧面应成相切连接，才能获得该处的良好配合。在锉配检查时，当发现该处配合不佳，要正确分析是外键形体还是内键形体所产生的问题，防止只注意修锉配件，使该处出现更大的间隙。

3）在锉配过程中，当锉配两侧面时，用扁锉细锉，特别注意不要碰坏两端圆弧面。同样，在锉配两端圆弧面时，也要防止锉削两侧平面，导致局部间隙增大。

表 8-9 锉配曲面完成情况考评表

学生姓名：			班级：	学号：	时间：		
零件名称		曲面锉配	实习件图号		图 8-5		
考核项目		考核内容	配分	评分标准	考评得分		
					自检	互检	教师
主要项目	1	$20_{-0.05}^{0}$ mm	5 分	每处超差扣 6 分			
	2	$42_{-0.2}^{0}$ mm	5 分	超差不得分			
	3	(25±0.1) mm	5 分	超差不得分			
	4	R10mm（两处）	8 分				
	5	线轮廓度 0.1mm（两处）	10 分	每处超差扣 5 分			
	6	平行度公差 0.03mm	10 分	超差不得分			
	7	垂直度公差 0.03mm	10 分	超差扣 6 分			
	8	配合表面 $Ra3.2\mu m$（8 处）	16 分	每处降级扣 2 分			
	9	配合间隙（4 处）	12 分	每处不合要求扣 3 分			
	10	转位互换	5 分	互换不顺不得分			
	11	喇叭口	4 分	超差不得分			
安全文明生产		国家颁布的安全生产法规有关规定及车间管理规定	10 分	违规不得分			
		总配分	100 分	合计			
教学评价	○ 优秀（85 分以上） ○ 良好（75 分以上） ○ 及格（60 分以上） ○ 不及格（60 分以下）				综合得分		
					教师签名		

职业技能理论知识测验

一、选择题

1. 机械图样上标注的尺寸其法定单位是_____。
   A. 厘米（cm） B. 毫米（mm） C. 微米（μm）

2. 立体划线需要选择_____方向的划线基准。
   A. 一个 B. 二个 C. 三个

3. 钻孔时，钻头绕本身轴线的旋转运动是_____。
   A. 进给运动 B. 主运动 C. 旋转运动

4. 铆接时，铆钉直径的大小与被连接件的_____有关。
   A. 大小 B. 厚度 C. 硬度

5. 在砂轮上磨削时，操作者的位置应在砂轮的_____。
   A. 正面或侧面 B. 斜侧面或正面 C. 侧面或斜侧面

6. 消除材料或工件弯曲、翘曲、凸凹不平等缺陷的加工方法称为_____。
   A. 弯曲变形 B. 塑性变形 C. 矫正

7. 将两块板置于同一平面，选用单盖板或双盖板的铆接形式，称为_____。

A. 搭接　　　　　　　　B. 角接　　　　　　　　C. 对接
8. 麻花钻横刃修磨后，其长度＿＿＿＿＿。
A. 不变　　　　　　　　B. 是原来的 1/2　　　　C. 是原来的 1/5～1/3
9. 研磨有阶台的狭长平面时，应采用＿＿＿＿＿轨迹。
A. 直线研磨运动　　　　B. 摆动式直线运动　　　C. 8 字形运动
10. 柱形分配丝锥，其头锥和二锥的大径、中径、小径＿＿＿＿＿。
A. 都比三锥小　　　　　B. 都与三锥相同　　　　C. 都比三锥大

二、判断题

1. 用台虎钳装夹工件时，可用套长管子的方法扳紧手柄以增加夹紧力。（　　）
2. 划线借料是将工件的加工余量进行调整和恰当分配。（　　）
3. 当游标卡尺两个测量爪贴合时，主尺和游标尺的零线要对齐。（　　）
4. 钻孔时的切削速度是指每分钟钻头的转数。（　　）
5. 铆钉直径在 8mm 以下均采用冷铆。（　　）
6. 用铰刀铰孔时，不论进刀还是退刀都不能反转。（　　）
7. 金属材料都能进行找正和弯形。（　　）
8. 锉削平面的平面度可用钢直尺以透光法进行检验。（　　）
9. 钻孔时单面出屑，说明两条主切削刃高度不相等。（　　）
10. Z3032 型摇臂钻床的最大钻孔直径为 32mm。（　　）
11. 锪孔时，切削速度应为钻孔的 1/3～1/2 倍，过高会产生振纹。（　　）
12. 双齿纹锉刀是采用剁齿形成的，所以强度高；单齿纹一般为铣齿，所以刀齿锋利。
（　　）

品读工匠故事，滋养职业情怀

大国工匠 用创新托起"智造中国"——盛保柱

盛保柱，享受"国务院特殊津贴"的钳工高级技师。1996 年，盛保柱毕业于安徽省汽车工业学校，同年入职江淮汽车股份有限公司在 20 多年的工作中，他先后参加和主导了 85 个工具、模具等创新改造项目，创造的经济效益以百万计。一路走来，爱琢磨、勤动手的他，从普通的钳工工人，成长为业内不断尝试出新的"改良大师"的领头人。

找问题、想办法、去解决，坚持一线二十余载，盛保柱刻苦钻研、勤奋学习的工作态度从未改变。盛保柱说："为了满足将来的需要，我还要更多地学习计算机绘图知识、充实电气相关知识，希望到新港基地之后，能实现自己做一条焊装自动化流水线的梦想。"

项目九
装配基础与技能训练

机械产品一般是由若干个零件、部件组成的。按照规定的精度标准和技术要求,将零件和部件进行必要的配合及连接,使之成为半成品或成品的过程称为装配。将零件装配成部件的过程称为部件装配,简称部装;将零件和部件装配成最终产品的过程称为总装配,又称总装。装配工作是产品生产过程中的最后一道工序,产品质量除了取决于零件的加工质量以外,装配质量的优劣对整个产品的质量起着决定性的作用。

本项目结合车间实境课堂,通过装配工艺基础认知、固定连接的装配、传动机构的装配及减速器的装配等任务的学习与训练,获取装配基础知识,了解装配工艺过程,掌握装配操作基本技能。

项目重点

1. 装配工艺规程与装配尺寸链。
2. 螺纹联接、键联接、销联接及过盈联接常识与操作技能。
3. 典型传动机构连接装配技术要求与操作要点。

工作情境

本项目工作情境建议及说明见表 9-1。

表 9-1 装配基础与技能训练工作情境建议及说明

建议	说 明
工作情境	车间实境教学
教学条件	钳工实训车间(配有数字化教学研讨区),机械产品装配车间(校内或校外实习基地)
主要设备	钳工工作台、台虎钳、钻床、CA6140 型卧式车床、自行车、压力机、电钻等
教学建议	理实一体、任务导向、分组教学、观察演示、操作练习、现场实训
工作过程	明确任务→获取知识→任务实施→评价与反馈

项目准备

项目材料准备清单见表 9-2,项目装备准备清单见表 9-3。

表 9-2 项目材料准备清单

序号	实训内容	材料	坯件尺寸/mm	数量	备注
1	双头螺柱联接			1	
2	普通平键联接			1	
3	销联接			1	
4	更换车床 V 带			1	按教学要求及实训条件准备
5	更换车床交换齿轮			1	
6	拆装台虎钳			1	
7	减速器装配			1	
合计					

备注：任务材料按组配备，可按实际教学需要分组调配

表 9-3 项目任务装备准备清单

项目装备	说　明
工艺装备	通用扳手、内六角扳手、组合旋具、呆扳手、套筒扳手、梅花扳手、锤子、铜棒、撬杠、钳工锉、尖嘴钳、样冲、钢直尺（300mm）、游标卡尺（0～125mm）、游标高度卡尺（0～300mm）、内测千分尺、指示表、内径指示表、塞规、塞尺、刀口形直角尺、卡规、检验棒、其他辅具（油盘、棉纱、煤油、机油等）
数字化教学资源	多媒体课件、音/视频等资源（按教学条件选备）

任务一　装配工艺基础认知

任务目标

1. 了解机械产品的装配工艺过程，理解装配工艺规程的作用和内容。
2. 熟知装配工作的组织形式、装配方法及适用场合。
3. 能正确建立装配尺寸链，掌握完全互换法和分组选择装配法解尺寸链。

任务描述

在本任务中，认识装配工艺知识，进行装配车间见习实习；按题意确定 AB 间尺寸范围。

加工图 9-1 所示零件，仅有外径千分尺供测量使用，问 A、B 两个面间的距离应控制在什么尺寸范围才能满足加工要求？

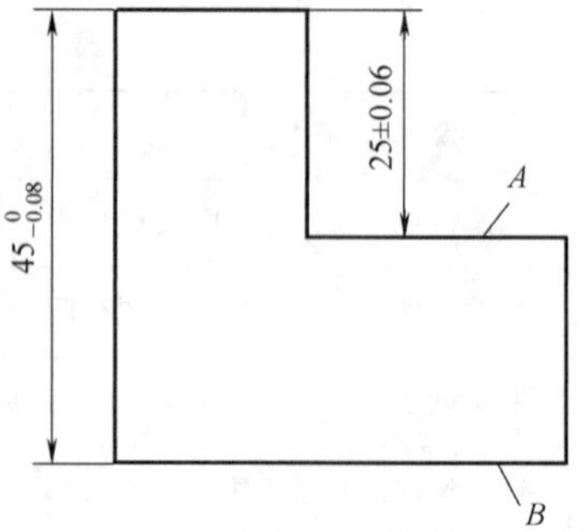

图 9-1　加工工件图样

任务分析

装配是机械制造和设备维修的重要环节。装配工艺规程与相关内容是钳工应知应会的基本工艺知识。通过本任务，明确产品装配系统的构成，装配方法和组织形式与所对应的生产类型和工作特点，了解装配质量对产品质量和生产率的影响，理解尺寸链分析对平衡产品质量和生产经济性的重要作用，为装配生产实践奠定基础。

 知识准备

一、机械产品及构成

机械产品多指机器,也可以是零件或部件。机器是由若干个零件、部件按一定规则装配组合的总成。零件是机械产品的最小制造单元,例如一个螺钉,一根轴等。两个或两个以上零件结合形成机器的某一部分称为部件,例如车床主轴箱、汽车底盘、滚动轴承等。装配顺序中部件是多层次的,直接进入总装的部件称为组件,直接进入组件装配的部件称为一级分组件,依此类推,产品越复杂,分组件级数越多,如图9-2所示。

可以独立进行装配的部件称为装配单元。机械产品的装配可分成若干个装配单元。最小的装配单元又称套件。

在机械产品装配中,最先进入装配的零件或部件称为基准件。

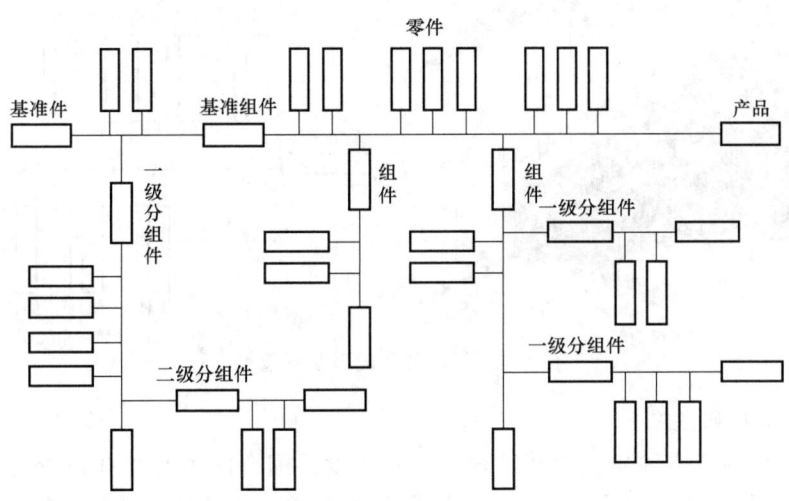

图9-2 产品装配系统图

二、装配工艺过程

装配工艺过程一般由四个部分组成。

1. 装配前的准备工作

1)熟悉产品(包括部件、组件)装配图样、装配工艺文件和产品质量验收标准等,分析产品结构,了解零件间的连接关系和装配技术要求。

2)确定装配方法、顺序,准备所需的工具及材料。

3)对装配所需零件进行清洗,去除毛刺、油污。必要时,对有特殊要求的零件进行平衡试验或压力试验。

2. 装配

装配是将若干个零件和套件装配成组件或部件,或将若干个零件、套件、组件和部件装配成产品的操作过程。图9-3和图9-4所示为组件和部件及其装配系统示意图。

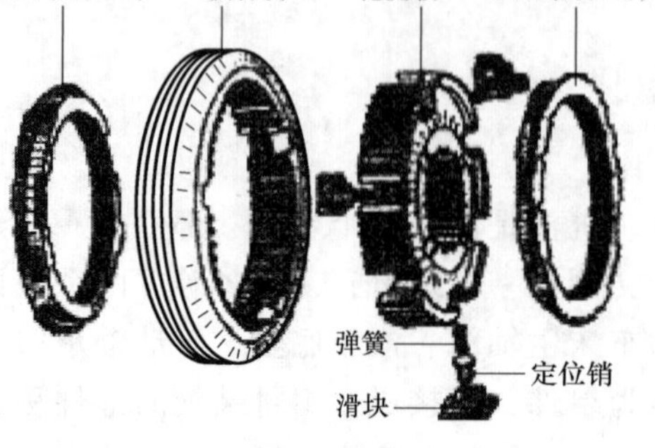

图 9-3 组件及装配系统示意图

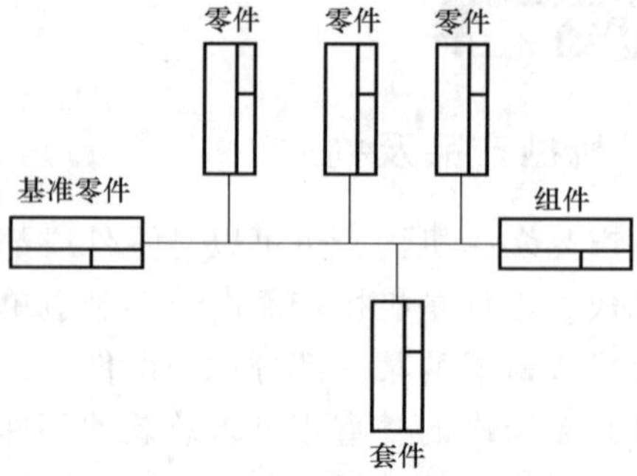

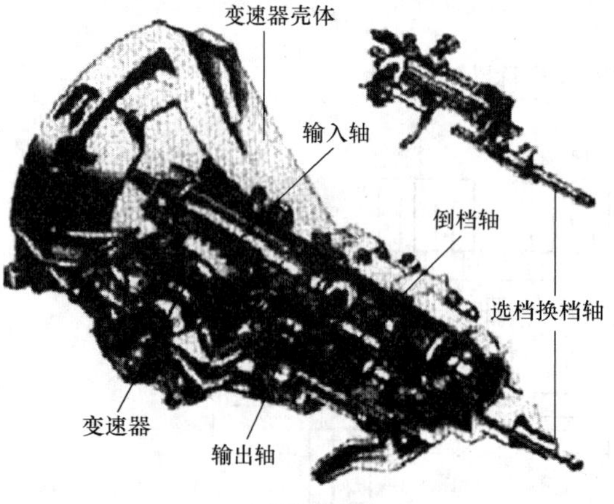

图 9-4 部件及装配系统示意图

3. 调整、检验和试车

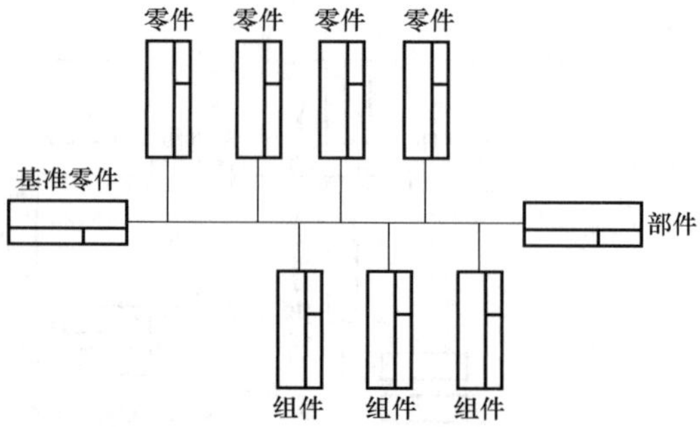

1) 调整是指调节零件或机构间结合的松紧程度、配合间隙和相互位置使机构或机器能协调工作。常见的调整有轴承间隙调整、镶条位置调整、蜗轮轴向位置调整等。

2) 检验是指检验机构或机器的几何精度和工作精度等。几何精度主要检验产品静态时的精度，例如车床主轴中心线与床身导轨平行度的检验、主轴顶尖与尾座顶尖中心等高的检验、中滑板与主中心轴线垂直度的检验等；工作精度主要检验产品在工作状态下的精度，一般是指机床的切削试验，例如铣床的铣削精度、车床的车削精度、磨床的磨削精度等。

3) 试车是指机器装配后进行的运转试验，用来检验产品运转的灵活性、密封性能、工作升温、振动、噪声、转速、功率等是否达到设计要求。试车包括空运转试验、负荷试验和超负荷试验。

4. 喷漆、涂油、装箱

对产品非加工表面进行喷涂机械油漆，以装饰、保护外观。装箱前对产品导轨等加工部位进行涂油防锈。

装配工作的组织形式

三、装配工作的组织形式

装配的组织形式随着生产类型、产品的复杂程度和技术要求的不同而不同。就装配的组织形式而言，有固定式装配和移动式装配两种类型。

1. 固定式装配

固定式装配是将产品或部件的全部装配工作安排在一个固定的工作地点进行装配，装配过程中产品位置不变，装配所需的零部件都汇集在工作地点附近。

（1）集中装配　部装和总装均由一个工人或一组工人在一个工作地点完成。此类装配对工人技术水平要求高，装配周期长，适用于装配精度较高的单件或小批量产品或新产品试制。

（2）分散装配　将产品分为部装和总装，分配给个人或各小组以平行作业方式完成。此类装配工人密度大、生产周期短、效率高，多用于成批生产或较复杂的大型机器的装配，例如机床、飞机制造等。

2. 移动式装配

移动式装配是将工作对象（零件、部件或组件）置于装配线上，通过连续或间歇的移动使其顺序经过各装配工作地点以完成全部装配工作的一种组织形式。其特点是装配工序划分细致，广泛采用专用设备及工装，生产率高，对工人技术水平要求较低，工人劳动强度大，适用于大批量生产。

（1）自由移动装配　装配时产品以自由节奏、间歇移动进行装配，适用于修配、调整量较多的装配。

（2）强制移动装配　装配时产品以一定的速度连续移动进行装配。每道工序都必须在规定的时间内完成，否则整个装配工作将无法正常进行，例如汽车自动装配线等。

3. 装配工作的生产类型

机器的装配根据生产批量大致可分为大批量生产、成批生产和单件小批生产三种类型。各种生产类型的装配工作特点，即组织形式、装配工艺方法、工艺过程、工艺装备及操作要求等方面的内容见表9-4。

表9-4　各种生产类型的装配工作特点

生产类型		大批量生产	成批生产	单件小批生产
基本特性		产品固定，生产活动长期重复，生产周期一般较短	产品在系列化范围内变动，分批交替投产或多品种同时投产。生产活动在一定时期内重复	产品经常变换，不定期重复生产，生产周期一般较长
装配工作特点	组织形式	多采用流水装配线；有连续移动、间歇移动及可变节奏移动方式，还可采用自动装配机或自动装配线	笨重、批量不大的产品多采用固定流水装配，批量较大时采用流水装配，多品种平行投产时采用可变节奏流水装配	多采用固定装配或固定式流水装配进行总装，同时对批量较大的部件也可采用流水装配
	装配工艺方法	按互换法装配，允许有少量简单的调整，精密偶件成对供应或分组供应装配，无任何修配工作	主要采用互换法，但灵活运用其他保证装配精度的装配工艺方法，如调整法、修配法及合并法，以节约加工费用	以修配法及调整法为主，互换件比例较少
	工艺过程	工艺过程划分很细，力求达到高度的均衡性	工艺过程的划分须适合于批量的大小，尽量使生产均衡	一般不制订详细工艺文件，工序可适当调度，工艺也可灵活掌握
	工艺装备	专业化程度高，宜采用专用高效工艺装备，易于实现机械化、自动化	通用设备较多，但也采用一定数量的专用工具、夹具、量具，以保证装配质量和提高工效	一般为通用设备及通用工、夹、量具

生产类型		大批量生产	成批生产	单件小批生产
装配工作特点	手工操作要求	手工操作比例小,熟练程度容易提高,便于培养新工人	手工操作比例较大,技术水平要求较高	手工操作比例大,要求工人有高的技术水平和多方面的工艺知识
	应用实例	汽车、拖拉机、内燃机、滚动轴承、手表、缝纫机、电气开关	机床、机车车辆、中小型锅炉、矿山采掘机械	重型机床、重型机器、汽轮机、大型内燃机、大型锅炉

四、尺寸链

1. 尺寸链的基本概念

尺寸链 在零件加工或机器装配中,由相互关联的尺寸按一定顺序连接而成的封闭尺寸组,称为尺寸链。尺寸链中的全部组成尺寸均为同一零件尺寸所形成的,用于零件加工分析的尺寸链,称为工艺尺寸链;全部组成尺寸为不同零件相关尺寸所形成的尺寸链,称为装配尺寸链。

图 9-5a 所示钻孔工件,A_1、A_2 为两孔长度方向的定位尺寸,钻孔时以工件左端面为定位基准,则 A_0 为钻孔后形成的尺寸。此时,三个相互关联的尺寸构成的封闭尺寸组即为工艺尺寸链,依此画出的封闭尺寸组如图 9-5b 所示。

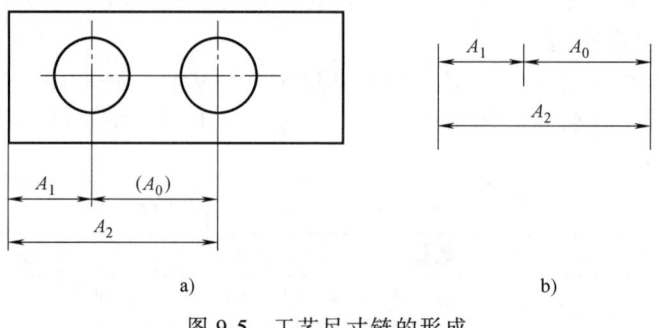

图 9-5 工艺尺寸链的形成

图 9-6a 所示为轴与轴孔的装配,原有轴和轴孔两个尺寸(A_1、A_2)在轴与孔装配后而

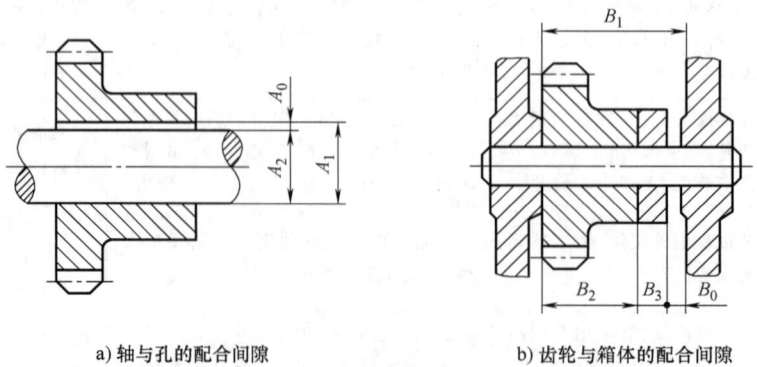

a) 轴与孔的配合间隙　　　　b) 齿轮与箱体的配合间隙

图 9-6 装配尺寸链的形成

产生的配合间隙（A_0）是一个新的尺寸，同样 A_1、A_2、A_0 之间也形成链式封闭。又如图 9-6b 所示齿轮轴组的装配尺寸关系，箱体内壁净尺寸为 B_1，齿轮宽度为 B_2 和垫圈厚度为 B_3，装配后齿轮端面与箱体内壁凸台端面间所产生的轴向配合间隙为 B_0，各尺寸仍形成链式封闭外形。两例中由各零件间相互关联的尺寸而形成的封闭尺寸组即为装配尺寸链。

不考虑零件或装配实体的具体结构，只将其相关封闭尺寸组简化成的链式尺寸图，称为尺寸链简图，图 9-6 中轴与孔的配合、齿轮与箱体装配尺寸链简图如图 9-7 所示。

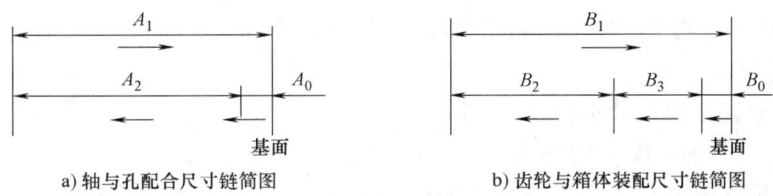

a) 轴与孔配合尺寸链简图　　　　　b) 齿轮与箱体装配尺寸链简图

图 9-7　装配尺寸链简图

2. 尺寸链的组成

构成尺寸链的每个尺寸都称为尺寸链的环，每个尺寸链至少应有三个环。尺寸链的环按其由来分为封闭环和组成环。

（1）封闭环　在零件加工或机器装配过程中，最后自然形成的新的尺寸，称为封闭环。在零件尺寸链中，最后间接获得的尺寸为封闭环；在装配尺寸链中，装配精度即为其封闭环公差。一个尺寸链只有一个封闭环，常用大写字母 A_0、B_0 或 N 等表示。

（2）组成环　在装配尺寸链中，各零件的相关尺寸称为组成环。同一尺寸链中的组成环用同一字母表示，例如 A_1、A_2、A_3；B_1、B_2 等。

在组成环的各尺寸中，若某尺寸增大时，封闭环的尺寸也随之增加，则该组成环称为增环；若某组成环的尺寸增大时，而封闭环的尺寸反而减小，则该组成环称为减环。

增环和减环可用简易方法判断：从尺寸链上任一环的基面出发，按顺时针（或逆时针）方向给每个尺寸画出箭头，则箭头和封闭环箭头相同的为减环，和封闭环箭头相反的为增环。如图 9-7 所示装配尺寸链中的 A_1、B_1 为增环，其余均为减环。

3. 封闭环的尺寸及公差

（1）封闭环的公称尺寸　尺寸链中封闭环的公称尺寸为所有增环公称尺寸之和各减去所有减环公称尺寸之和，即

$$A_0 = \sum A_z - \sum A_j$$

式中　A_0——封闭环公称尺寸；

$\sum A_z$——增环公称尺寸总和；

$\sum A_j$——减环公称尺寸总和。

（2）封闭环的极限尺寸　封闭环的上极限尺寸为所有增环的上极限尺寸之和减去所有减环的下极限尺寸之和；封闭环的下极限尺寸为所有增环的下极限尺寸之和减去所有减环的上极限尺寸之和，即如果所有增环的尺寸都是最大值，而减环的尺寸都是最小值，则封闭环的尺寸最大，反之封闭环的尺寸最小，关系为

$$A_{0\max} = \sum A_{z\max} - \sum A_{j\min}$$

$$A_{0\min} = \sum A_{z\min} - \sum A_{j\max}$$

（3）封闭环的公差 封闭环公差为其上、下极限尺寸之差，即所有组成环公差之和：

$$T_0 = A_{0\max} - A_{0\min} = \sum T_z + \sum T_j = \sum T_s$$

式中　T_0——封闭环公差；

$\sum T_z$——增环公差之和；

$\sum T_j$——减环公差之和；

$\sum T_s$——所有组成环公差之和。

例 9-1　图 9-6b 所示装配中，要求装配后齿轮端面和箱体内壁凸台端面之间具有 0.2~0.5mm 的轴向配合间隙。已知 $B_1 = 80^{+0.1}_{\ 0}$ mm，$B_2 = 60^{\ 0}_{-0.06}$ mm，问尺寸 B_3 应控制在什么范围内才能满足装配要求？

解：1）根据题意绘尺寸链简图（图 9-7b）。

2）确定封闭环 B_0，增环 B_1，减环 B_2、B_3。

3）列尺寸链方程式，计算 B_3 公称尺寸。

由 $B_0 = B_1 - (B_2 + B_3)$，得

$B_3 = B_1 - B_2 - B_0$

　　= 80mm - 60mm - 0

　　= 20mm

4）确定 B_3 的极限尺寸。

由 $B_{0\max} = B_{1\max} - (B_{2\min} + B_{3\min})$，得

$B_{3\min} = B_{1\max} - B_{2\min} - B_{0\max}$

　　= 80.1mm - 59.94mm - 0.5mm

　　= 19.66mm

由 $B_{0\min} = B_{1\min} - (B_{2\max} + B_{3\max})$ 得

$B_{3\max} = B_{1\min} - B_{2\max} - B_{0\min}$

　　= 80mm - 60mm - 0.2mm

　　= 19.8mm

则 $B_3 = 20^{-0.20}_{-0.34}$ mm

五、装配方法与装配尺寸链的解法

产品的装配过程不是简单地将有关零件连接起来的过程，而是每一步装配工作都应满足预定的装配要求。产品的装配精度是由相关零件的加工精度和合理的装配方法共同保证的，而对装配尺寸链的分析求解，是在寻求一定条件下部件或机器的合理的装配方法。

完全互换装配法

1. 常用的装配方法

（1）完全互换装配法 在装配同类零件中，任取一个零件，不经修配即可装入部件中，并能达到规定的装配精度，这种装配方法称为互换装配法。

互换装配法具有装配操作简单，生产率高，便于组织生产流水线，零件磨损后便于更换等特点。该方法适宜于参与装配零件较少，生产批量大、零件精度要求不高的场合。

（2）选择装配法 选择装配法有直接选配法和分组选配法两种。

1）直接选配法。由装配工人直接从一批零件中选择合适的零件进行装配的操作方法，称为直接选配法。该方法操作简单，其装配质量凭借操作者的经验和技术水平，装配效率

低,不宜在节奏化的装配中采用。

2) 分组选配法。在大批量生产中,将产品各配合副的零件按实测尺寸分组,装配时按组进行互换装配以达到装配要求,这种方法称为分组装配法。分组装配法的配合精度取决于分组数,细化分组数可提高装配精度。

(3) 修配装配法 如图 9-8 所示,为使车床两顶尖中心线达到规定的等高装配要求,装配时需修刮尾座底板尺寸 A_2 的预留量来达到装配精度。这种通过修去指定零件上预留修配量以达到装配精度的方法,称为修配装配法。

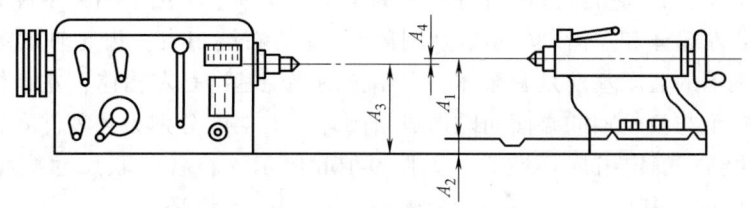

图 9-8 修配装配法示例

修配装配法的特点是零件的加工精度要求较低,无需采用高精度的加工设备就能得到很高的装配精度。但这种方法使装配工作复杂化,仅适用于在单件或小批量生产中采用。

(4) 调整装配法 装配时通过改变产品中可调整零件的相对位置或选用适合的调整件以达到装配精度的操作方法,称为调整装配法。

调整装配法的特点是使用中还可以定期调整装配精度,以保证配合精度,便于维护和修理,适宜于容易磨损或因热变形、弹性及塑性变形等原因引起装配误差的结构装配。调整件容易降低配合副的连接刚度和位置精度,调整装配后固定要坚实可靠。如图 9-9a 所示,1 为固定补偿件,用其厚度尺寸来调整实际装配间隙大小;图 9-9b 中 2 为可动补偿件,轴向调整其位置,即可得到规定的装配间隙。

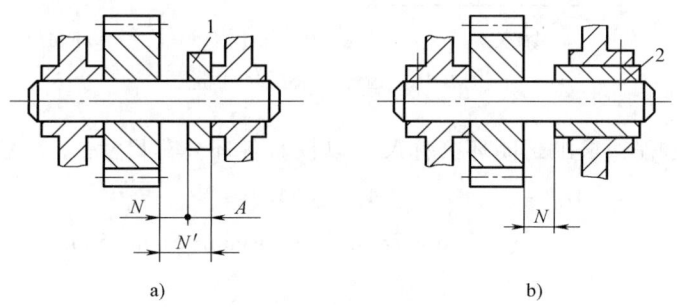

图 9-9 调整装配法示例

2. 装配尺寸链的解法

根据装配精度(即封闭环公差)对有关尺寸链进行正确分析,并合理分配各组成环公差的过程,称为解尺寸链。它是保证装配精度,降低产品制造成本,正确选择装配方法的重要依据。

解尺寸链的方法和采用的装配方法有关,不同的装配方法有不同的解法。现对完全互换法解尺寸链和分组选配法解装配尺寸链的方法加以举例说明。

(1) 完全互换法解尺寸链 按完全互换装配法的要求解尺寸链,称为完全互换法解尺寸链。完全互换法的装配精度，主要由零件的加工精度来保证。其计算的一般步骤如下。

例 9-2 图 9-10 所示为某减速器的齿轮轴组件装配示意图。齿轮轴在两个滑动轴承之间转动，两个轴承又分别压入左箱体和右箱体的轴承孔中，装配要求是齿轮轴台肩和轴承端面间的轴向配合间隙为 0.2~0.7mm。已知 $A_1 = 140$mm，$A_2 = A_5 = 5$mm，$A_3 = 122$mm，$A_4 = 28$mm，建立装配尺寸链并用完全互换法求解。

解： 1) 确定封闭环。轴向配合间隙 A_0 (=0.2~0.7mm) 即为封闭环。

2) 查找组成环及相关尺寸。装配尺寸链的组成环是相关零件的关联尺寸。从封闭环某一端所依靠的零件出发，其间所经过的所有零件都是相关零件。本例中相关零件有齿轮轴、右滑动轴承、右箱体、左箱体和左滑动轴承。从封闭环 A_0 的右端出发：齿轮轴的装配基准是右滑动轴承，右滑动轴承的装配基准是右箱体，右箱体的装配基准是左箱体，左箱体又与左滑动轴承连接，左滑动轴承与齿轮轴的端面间隙形成封闭环。$A_1 \sim A_5$ 分别为各零件间轴向关联尺寸。

3) 画出尺寸链，确定组成环性质。如图 9-10b 所示，将各关联尺寸按顺序连接而成的封闭尺寸组即为所求，其中 A_1、A_2、A_5 为减环，A_4、A_5 为增环。

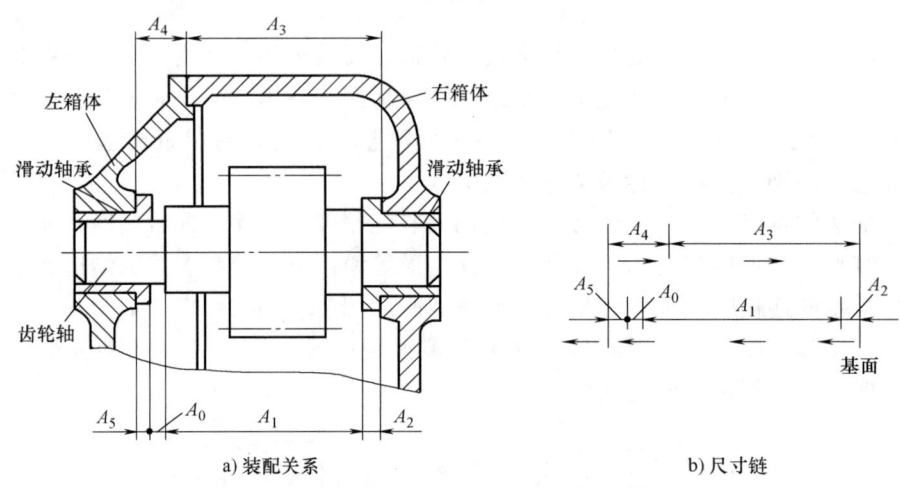

a) 装配关系　　　　　　　　　b) 尺寸链

图 9-10　齿轮轴装配尺寸链

4) 列尺寸链方程，求出封闭环公称尺寸以校验各环公称尺寸。

$$A_0 = (A_3 + A_4) - (A_1 + A_2 + A_5)$$
$$= (122\text{mm} + 28\text{mm}) - (140\text{mm} + 5\text{mm} + 5\text{mm})$$
$$= 0$$

计算说明各组成环公称尺寸正确。

5) 确定各组成环尺寸公差及极限尺寸。计算封闭环公差：

$$T_0 = 0.7\text{mm} - 0.2\text{mm} = 0.5\text{mm}$$

根据　　　$T_0 = \sum T_s = T_1 + T_2 + T_3 + T_4 + T_5 = 0.50$mm

在等公差原则下，考虑各组成环尺寸加工难易程度，合理地分配各组成环公差，$T_1 = 0.10$mm，$T_2 = T_5 = 0.05$mm，$T_3 = 0.20$mm，$T_4 = 0.10$mm

再按入体原则分配偏差得

$A_3 = 122^{+0.20}_{0}$ mm，$A_2 = A_5 = 5^{0}_{-0.05}$ mm，$A_4 = 28^{+0.10}_{0}$ mm。

6）确定协调环。为了能满足装配精度要求，应在各组成环中选择一个环，其极限尺寸由封闭环极限尺寸方程式来确定，此环称为协调环。一般以便于制造及可用通用量具测量的尺寸充当，此题选定 A_1 为协调环。

$$A_{1\min} = A_{3\max} + A_{4\max} - A_{2\min} - A_{5\min} - A_{0\max}$$
$$= 122.20\text{mm} + 28.10\text{mm} - 4.95\text{mm} - 4.95\text{mm} - 0.7\text{mm}$$
$$= 139.7\text{mm}$$
$$A_{1\max} = A_{3\min} + A_{4\min} - A_{2\max} - A_{5\max} - A_{0\min}$$
$$= 122\text{mm} + 28\text{mm} - 5\text{mm} - 5\text{mm} - 0.2\text{mm}$$
$$= 139.8\text{mm}$$

所以 $A_1 = 140^{-0.20}_{-0.30}$ mm。

师傅说

什么是入体原则？

标注工件尺寸公差时应向材料实体方向单向标注称为入体原则。例如对于轴类零件，其尺寸越加工越小，则轴的公称尺寸为其最大实体尺寸，即其上极限偏差为0；对于孔类零件，其尺寸越加工越大，则孔的公称尺寸为其最小实体尺寸，即其下极限偏差为0；长度尺寸的公差带对称分布。

在公差原则里，孔和轴是广义概念，并不特指孔，它是指在零件上越加工越大的尺寸，如在一个零件上加工一个槽，这个槽的尺寸会随着金属的去除越加工越大，那么在装配尺寸链中这个尺寸的下极限偏差为0，也就是要让槽的实际尺寸大于或等于公称尺寸这样才能"入体"。同理，轴类尺寸是指在零件上越加工越小的尺寸，零件的外廓都属于轴类尺寸，其上极限偏差为0，也就是零件的实际外廓要比公称尺寸确定的外廓小点，这样也才算"入体"。

（2）分组选择装配法解尺寸链　分组选择装配法是将尺寸链中组成环的制造公差放大到经济精度的程度，然后分组进行装配，以保证规定的装配精度。具体方法如下。

例9-3　图9-11为某发动机内直径为 $\phi 28$ mm 的活塞销与销孔的装配示意图。装配时要求销与销孔的配合应有 $0.01 \sim 0.02$ mm 的过盈量。用分组装配法解该尺寸链，并确定各组成环的偏差值。设轴与孔的经济公差均为 0.02 mm。

解：1）先按完全互换法确定各组成环的公差和偏差值。

$$T_0 = (-0.01)\text{mm} - (-0.02)\text{mm} = 0.01\text{mm}$$

根据等公差分配原则，取

$$T_1 = T_2 = \frac{0.01}{2}\text{mm} = 0.005\text{mm}$$

按基轴制原则，销的尺寸为　$A_1 = \phi 28^{0}_{-0.005}$ mm。

根据配合要求，可知销孔的尺寸为 $A_2 = \phi 28^{-0.015}_{-0.020}$ mm。根据题意画出销与销孔的尺寸公

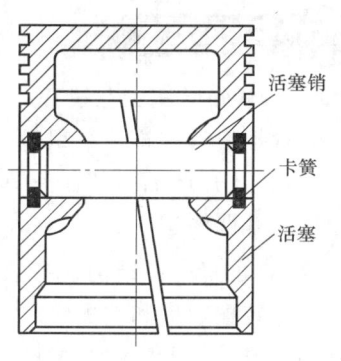

图9-11　活塞销装配示意图

差带图，如图 9-12a 所示。

2）将得出的组成环公差按经济公差 0.02mm 均扩大四倍，得到 4×0.005mm＝0.02mm。

3）按同方向扩大经济公差，得销的极限尺寸：$A_1 = \phi 28_{-0.02}^{0}$ mm，销孔的极限尺寸：$A_2 = \phi 28_{-0.035}^{-0.015}$ mm，尺寸公差带如图 9-12b 所示。

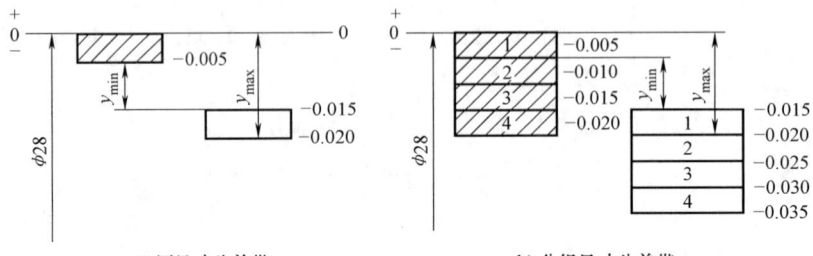

a）原尺寸公差带　　　　b）分组尺寸公差带

图 9-12　销与销孔尺寸公差带

4）加工后，按实际尺寸分成四组，然后按组进行装配，各组配合的情况见表 9-5。

表 9-5　活塞销、销孔分组尺寸　　　　　　　　　　（单位：mm）

组别	活塞销直径	销孔直径	配合情况	
			最小过盈	最大过盈
1	$\phi 28_{-0.005}^{0}$	$\phi 28_{-0.020}^{-0.015}$	0.010	0.020
2	$\phi 28_{-0.010}^{-0.005}$	$\phi 28_{-0.025}^{-0.020}$		
3	$\phi 28_{-0.015}^{-0.010}$	$\phi 28_{-0.030}^{-0.025}$		
4	$\phi 28_{-0.020}^{-0.015}$	$\phi 28_{-0.035}^{-0.030}$		

任务实施

1. 认知装配工艺过程

根据教学安排，组织进入机械产品装配车间进行见习实习。

1）认知产品生产任务单、装配工艺规程等指导装配生产的技术文件。熟知装配车间管理规定并严格遵守。

2）了解产品结构、各装配零件的作用和其装配关系。掌握装配方法、装配顺序和装配组织形式及生产类型。弄清组件划分与装配单元的构成。熟悉产品装配所需工具、量具、设备等工艺装备。

3）了解产品装配精度的检验方法和操作要求。

2. 尺寸链计算

（1）建立装配尺寸链　因只能用外径千分尺测量，所以尺寸（25±0.06）mm 不能被直接测得，需要通过测量 AB 两个面之间的尺寸间接保证。根据题意给出尺寸链简图（图9-13）。

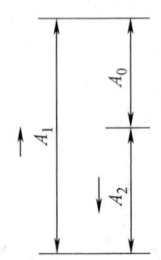

图 9-13　尺寸链简图

(2) 尺寸链计算

1) 确定封闭环、增环和减环。A_1、A_2 为直接测得尺寸,(25 ± 0.06)mm 为间接得到的尺寸,为封闭环 A_0;显然有 A_1($45_{-0.08}^{0}$)mm 为增环,A_2 为减环。

2) 计算 A_2 公称尺寸

$$A_2 = A_1 - A_0 = 45\text{mm} - 25\text{mm} = 20\text{mm}$$

3) 确定 A_2 极限尺寸,即

$$A_{2\max} = A_{1\min} - A_{0\min} = 45\text{mm} - 0.08\text{mm} - 25\text{mm} + 0.06\text{mm} = 19.98\text{mm}$$

$$A_{2\min} = A_{1\max} - A_{0\max} = 45\text{mm} - 25\text{mm} - 0.06\text{mm} = 19.94\text{mm}$$

得 A、B 间尺寸:$A_2 = 20_{-0.06}^{-0.02}$mm

任务评价与反馈

装配是机器制造和维修的重要环节,熟知装配工艺过程和装配方法及与尺寸链的关系等工艺知识,是做好装配工作的基础。通过本任务实施,体会装配工作的重要性,了解装配工艺的规范性、工作程序和操作规程的必要性,积累装配知识,增强对机械产品构成的认知和积累,为后续学习打好基础。

1. 自我测评

1) 通过任务实施,对装配工作有哪些认识?其工作特点是什么?
2) 什么是装配单元?基准件是指一个零件吗?
3) 装配组织形式有哪几种?见习车间的产品装配采用哪种形式?为什么?

2. 任务考评

记录收获心得,填写任务考评表(表9-6)。

3. 实训心得

表9-6 装配工艺认知任务考评表

学生姓名:			班级:	学号:	时间:		
任务名称		装配工艺认知		实习件图号			
考核项目		考核内容	配分	评分标准	考评得分		
					自检	互检	教师
项目	1	机械产品装配	20分	理解装配含义,了解机器组成架构;能识读产品装配系统图			
	2	装配工艺过程	25分	了解产品装配工艺过程,熟悉装配前准备工作的内容;了解装配精度和试车检验内容			

(续)

考核项目		考核内容	配分	评分标准	考评得分		
					自检	互检	教师
项目	3	尺寸链	25分	掌握尺寸链的基本概念及其作用；能根据装配图或示意图找出并建立尺寸链；能进行尺寸链的基本计算			
	4	装配方法	20分	了解常用装配方法、特点及适用场合			
安全文明生产		国家颁布的安全生产法规有关规定及车间管理规定	10分	违规不得分			
总配分			100分	合计			
教学评价	○ 优秀（85分以上）　　○ 良好（75分以上） ○ 及格（60分以上）　　○ 不及格（60分以下）				综合得分		
					教师签名		

装配工艺规程

一、装配工艺规程及作用

装配工艺规程是指导产品装配的主要技术文件之一。

机械产品的装配工作是在装配工艺规程的指导下有序进行的。装配工艺规程规定产品或部件的装配顺序、装配方法、装配技术要求和检验方法，以及装配所需设备、工具、量具、时间定额等，是装配工作中必需严格遵守的技术规范。

装配工艺规程是生产实践和科学实验的总结，是制订装配计划和技术准备，指导装配工作和处理装配工作问题的重要依据。先进的工艺规程助推制造技术的提升、交流和应用，典型工艺规程可以缩短工厂摸索和试制的过程，因此，装配工艺规程对保证装配质量、提高装配生产率、降低成本以及减轻工人劳动强度等方面都有非常重要的作用。

二、装配工艺规程的制订

装配工艺规程必须依照产品的特点和要求及工厂的生产规模和条件来制订。

1. 制订装配工艺规程的基本原则

1）保证产品装配质量。

2）合理安排装配工序，尽量减少装配工作量，减轻劳动强度，提高装配效率，缩短装配周期。

3）尽可能充分利用工作场地。

2. 装配工序和工步

装配工艺规程通常按工序和工步的顺序编制。

装配工序是由一个工人或一组工人在同一地点，利用同一设备的情况下完成的装配工作。装配工步是一个工人或一组工人在同一位置，利用同一工具不改变工作方法的情况下所完成的装配工作。

一个装配工序中可以包括一个或几个装配工步，装配工作是由若干个装配工序所组成的。

3. 制订装配工艺规程所需的原始材料

1）产品的总装配图、部件装配图、零件明细表及主要零件的工作图等。

2）产品的验收技术条件，包括试验工作的内容及方法。

3）产品的生产规模。

4）现有工艺装备、装配人员技术水平及工时定额标准等。

4. 制订装配工艺规程的方法和步骤

（1）对产品进行分析　研究产品的装配图及装配技术要求；对产品进行结构尺寸分析，根据装配精度进行必要的尺寸链计算，以确定达到装配精度的装配方法；对产品结构进行工艺性分析，将产品分解成可独立的组件和分组件。

（2）确定装配组织形式　主要根据产品结构特点和生产批量，选择适当的装配组织形式，进而确定总装配及部件装配的划分，装配工序是集中还是分散，产品装配运输方式及工作场地准备等。

（3）根据装配单元确定装配顺序　在编制装配工艺时，为了便于研究，首先将产品分解，划分装配单元，选择装配基准件，然后根据装配的具体情况，按先上后下、先内后外、先难后易、先精密后一般、先重后轻的规律，确定其他零件或分组件的装配顺序，绘制产品装配系统图，制订装配工艺。

（4）划分装配工序　装配顺序确定后，还要将装配工艺过程划分为若干工序，并确定各个工序的工作内容、所需设备、工具、夹具及工时定额等。

（5）编制装配工艺卡片　单件小批量生产时，不需制订工艺卡，按装配图和装配单元系统图进行装配即可。成批生产时，应根据装配系统图分别制订总装和部件装配的装配工艺卡片。大批量生产时，需要"一工序一卡片"。

图9-14所示为某减速器锥齿轮轴组件的装配图，分解其装配顺序可按图9-15所示进行装配。表9-7为锥齿轮轴组件装配工艺卡。

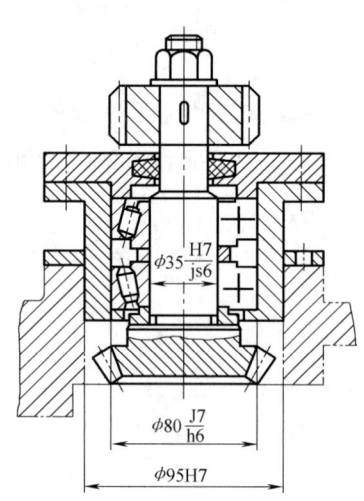

图 9-14 锥齿轮轴件组

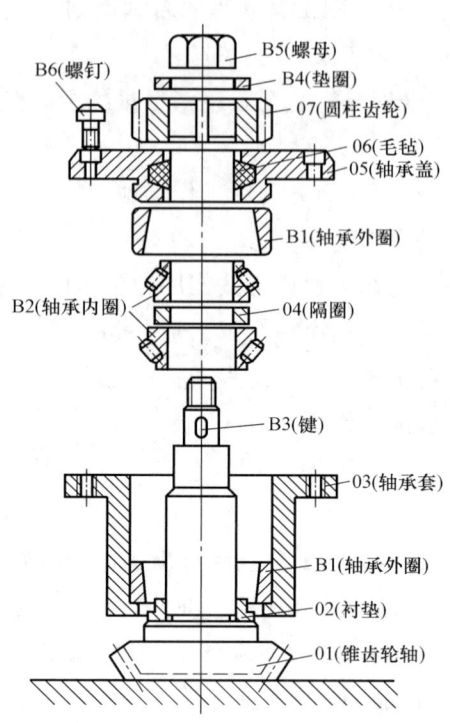

图 9-15 锥齿轮轴件组装配顺序

表 9-7 锥齿轮轴组件装配工艺卡

(锥齿轮轴组件装配图)			装配技术要求		
			1. 组装时,各装入零件应符合图样要求 2. 组装后锥齿轮应转动灵活,无轴向窜动		
厂名	装配工艺卡		产品型号	部件名称	装配图号
				轴承套	
车间名称	工段	班组	工序数量	部件数	净重
装配车间			4	1	
(工序号)	(工步号)	装配内容	设备	工艺装备		工人等级	工序时间
				名称	编号		
I	1	分组件装配,锥齿轮与衬垫的装配 以锥齿轮轴为基准,将衬垫套装在轴上					
II	1	分组件装配,轴承盖与毛毡的装配 将已剪好的毛毡塞入轴承盖槽内					
III	1 2 3 4	分组件装配,轴承套与轴承外圈的装配 用专用量具分别检查轴承在孔及轴承外圈尺寸 在配合面上涂上机油 以轴承套为基准,将轴承外圈压入孔内至底面	压力机	塞规、卡板			

(续)

（工序号）	（工步号）	装配内容	设备	工艺装备 名称	工艺装备 编号	工人等级	工序时间
Ⅳ	1	锥齿轮轴组件装配 以锥齿轮组件为基准，将轴承套分组件套装在轴上	压力机				
	2	在配合面上加油，将轴承内圈压装在轴上并紧贴衬垫					
	3	套上隔圈，将另一轴承内圈压装在轴上，直至与隔圈接触					
	4	将另一轴承外圈涂上油，轻压至轴承套内					
	5	装入轴承盖分组件，调整端面的高度，使轴承间隙符合要求后，拧紧三个螺钉					
	6	安装平键，套装齿轮、垫圈，拧紧螺母，注意配合面加油					
	7	检查锥齿轮转动的灵活性及轴向窜动					
							共 张
编 号	日 期	签 章	编 号	日 期	签 章	编 制	移 交	批 准	第 张

5. 产品装配系统图的绘制

表示产品装配单元的划分及其装配顺序的图称为产品装配系统图。绘制装配单元系统图时，先画一条横线，在横线左端画出代表基准件的长方格，在横线右端画出代表产品的长方格，然后在横线上画出按装配顺序从左向右代表直接装到产品上的零件或组件的长方格；零件画在横线上方，组件画在横线下方。用同样的方法可把每个组件及分组件的系统图画出来。长方格内要注明零件或组件名称、编号和件数。

图 9-16 所示即为锥齿轮轴组件装配系统图。

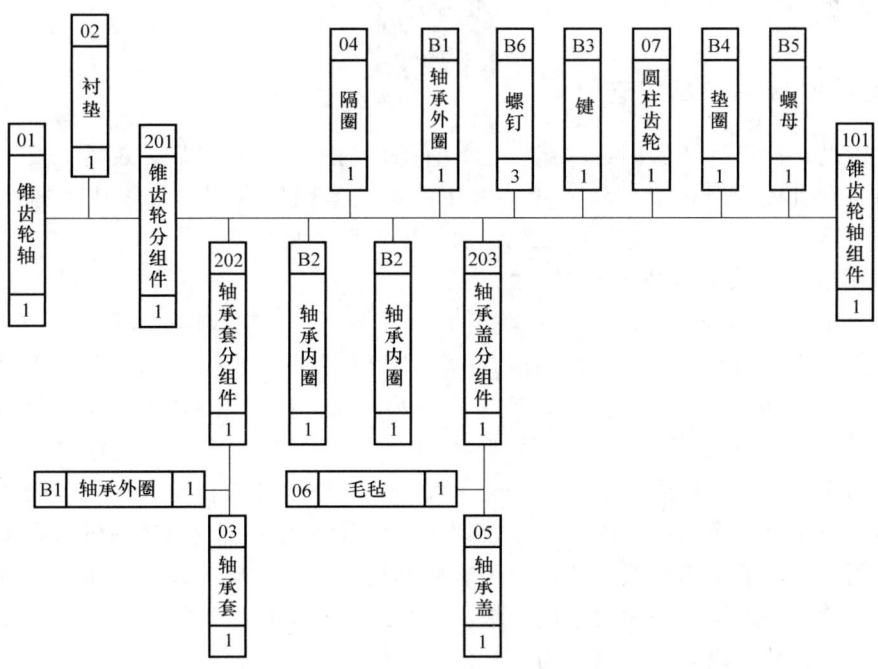

图 9-16 锥齿轮轴组件装配系统图

产品装配系统图能反映装配的基本过程和顺序，以及各部件、组件、分组件和零件的从属关系，从中可看出各工序之间的关系和采用的装配工艺等。

由图 9-16 可看出，锥齿轮轴组件装配可分成：锥齿轮分组件（201）装配、轴承套分组件（202）装配、轴承盖分组件（203）装配和锥齿轮轴组件总成（101）装配四个工序进行。

任务二　固定联接的装配

任务目标

1. 熟知螺纹联接、键联接、销联接及过盈联接常识与工艺方法。
2. 了解各固定联接装配要求与操作要点。
3. 能正确进行常用固定联接的装配和调整。

任务描述

在本任务中，完成螺纹联接、键联接及销联接的装配操作。

任务分析

通过本任务，加深对产品装配的联接方法和适用场合的了解，在实际操作中体会工作程序和操作方法的重要性，对常用固定联接装配及应用有更清晰的认知和积累，促进理实一体学习理念的提升和操作技能的掌握。

知识准备

一、螺纹联接的装配工艺

螺纹联接的装配

螺纹联接是一种可拆卸的固定联接。它具有结构简单、联接可靠、装拆方便、成本低廉等优点，因此在机械制造中被广泛应用。常用的螺纹紧固件有螺栓、螺柱、螺钉、紧定螺钉、螺母、垫圈等。该类零件都已标准化，由标准件厂大量生产。

1. 螺纹联接装配技术要求与控制措施

（1）保证有足够的拧紧力矩　为使联接牢固可靠，拧紧螺纹时，必须有足够的拧紧力矩。对有预紧力要求的螺纹联接，其预紧力的大小可从工艺文件中查出。可采用扭力扳手使预紧力达到给定值（图 9-17a），也可以通过控制螺栓伸长量（图 9-17b）来控制预紧力。

（2）保证螺纹联接的配合精度　螺纹联接的精度主要指其旋合性、接触高度和可靠性，它是通过控制螺纹的加工精度来达到。普通螺纹的配合精度分为精密级、中等级和粗糙级三个等级。精密级用于配合性质变动小的精密螺纹；中等级用于一般用途的机械和构件上的螺纹；粗糙级用于精度要求不高或制造比较困难的螺纹。螺纹的旋合长度与螺纹精度有关。公差等级相同而旋合长度不同的螺纹精度等级就不相同。一般以中等旋合长度下的 6 级公差等级作为中等精度，精密级与粗糙级都与此相比较而言。

（3）有可靠的防松装置　螺纹联接用于有冲击负荷作用或振动场合时，为防止螺纹出

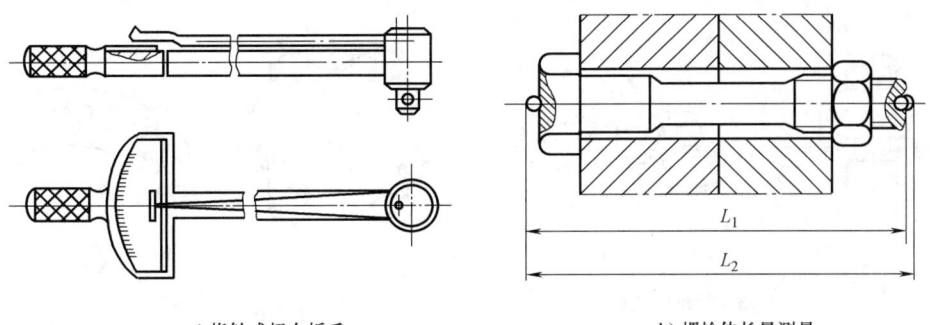

a) 指针式扭力扳手　　　　b) 螺栓伸长量测量

图 9-17　拧紧力矩的控制方法

现松动现象，必须有可靠的防松装置。

1）附加摩擦力防松装置。主要有锁紧螺母防松和弹簧垫圈防松，如图 9-18 所示。

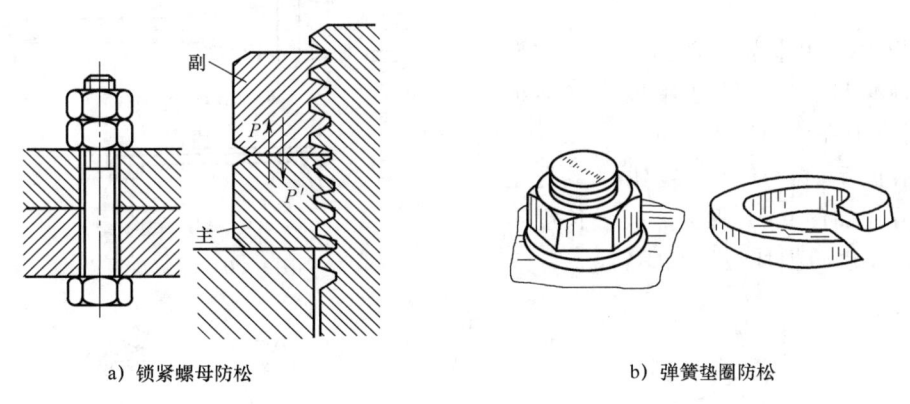

a) 锁紧螺母防松　　　　b) 弹簧垫圈防松

图 9-18　附加摩擦力防松装置

2）用机械方法防松。常用的有开口销与带槽螺母防松（图 9-19a）；止动垫圈防松（图 9-19b、c）和串联钢丝防松（图 9-19d）等。

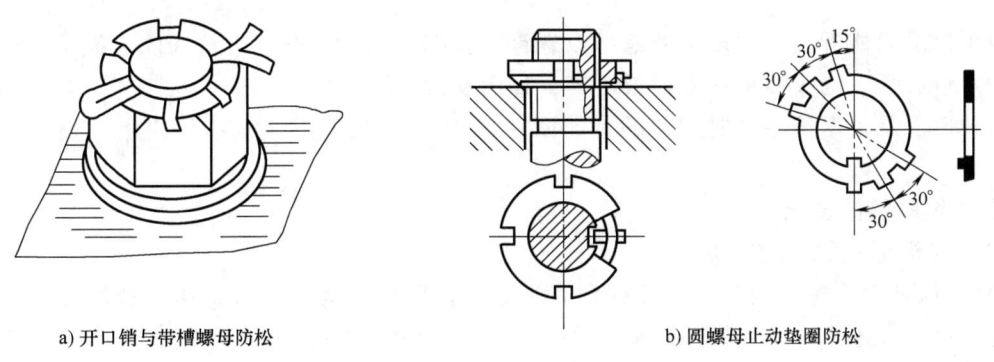

a) 开口销与带槽螺母防松　　　　b) 圆螺母止动垫圈防松

图 9-19　用机械方法防松

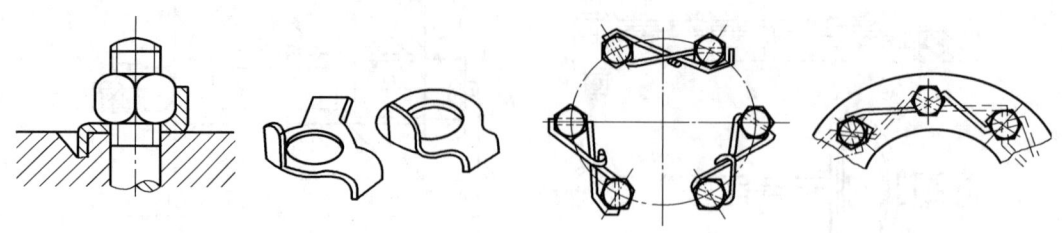

c) 六角螺母止动垫圈防松　　　　　d) 串联钢丝防松

图 9-19　用机械方法防松（续）

2. 螺纹联接装配常用工具

（1）螺钉旋具　主要用来装拆头部开槽的螺钉。常用螺钉旋具有一字螺钉旋具、十字螺钉旋具和弯头螺钉旋具等，如图 9-20 所示。

（2）扳手　用来装拆六角形、正方形螺钉及各种螺母。扳手有通用扳手（活扳手）、专用扳手和特种扳手等。

使用活扳手时，应让固定钳口承受主要的作用力，如图 9-21 所示。扳手长度不可随意加长，以免损坏扳手和螺钉。

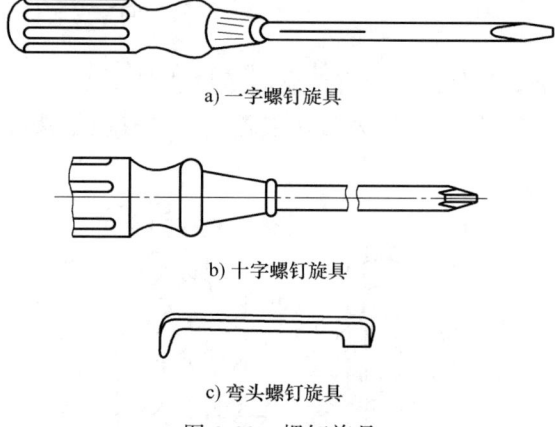

a) 一字螺钉旋具

b) 十字螺钉旋具

c) 弯头螺钉旋具

图 9-20　螺钉旋具

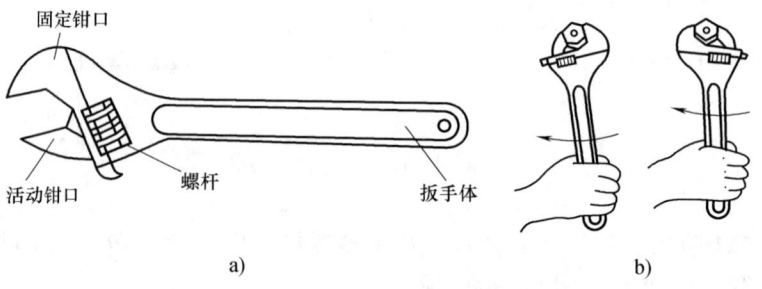

图 9-21　活扳手及使用

专用扳手只能拆装一种规格的螺母或螺钉。根据其用途不同，可分为固定扳手、整体扳手、内六角扳手、钩头扳手和套筒扳手等，如图 9-22 所示。

特种扳手是根据某些需要制造的，如图 9-23 所示的棘轮扳手，不仅使用方便，且效率较高。

3. 螺纹联接的装配

（1）双头螺柱的装配要点

1）应保证双头螺柱与机体螺纹配合有足够的紧固性。为此，可采用过盈配合，保证配合时有一定的过盈量，也可采用台阶紧固方式，如图 9-24 所示，有时还可将螺纹最后几圈牙形沟槽做得浅一些，以达到紧固性的目的。

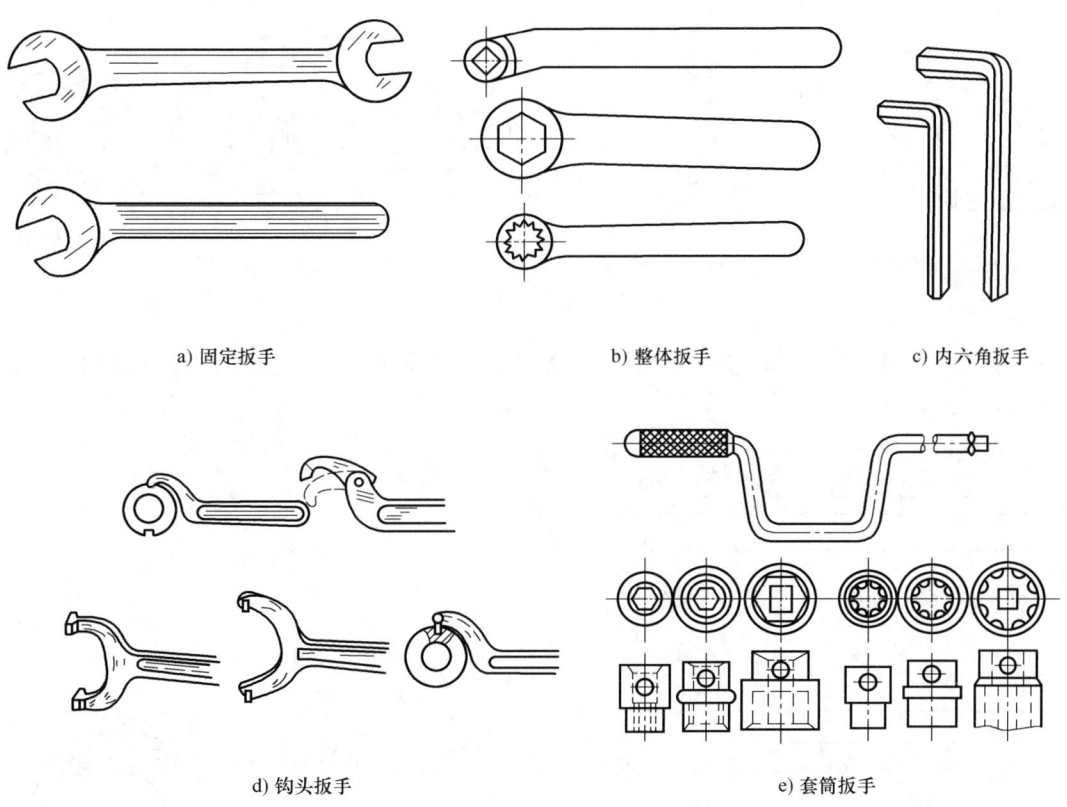

a) 固定扳手　　　　　b) 整体扳手　　　　c) 内六角扳手

d) 钩头扳手　　　　　e) 套筒扳手

图 9-22　专用扳手

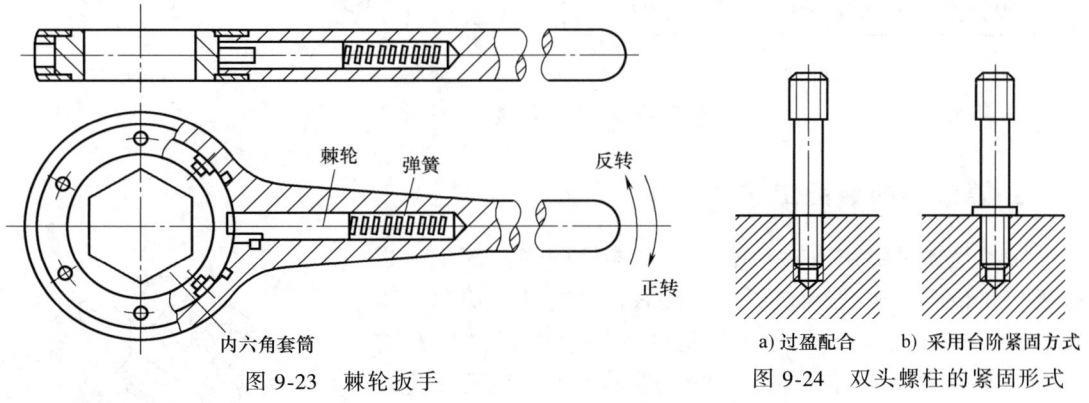

图 9-23　棘轮扳手

图 9-24　双头螺柱的紧固形式
a) 过盈配合　b) 采用台阶紧固方式

2) 双头螺柱的轴线必须与机体表面垂直。为保证其垂直度，可采用直角尺进行检验，当垂直度误差较小时，可将螺孔用丝锥矫正后再装配。

3) 装配双头螺柱时必须加注润滑油。

常用拧紧双头螺柱的方法有用两个螺母拧紧（图9-25a）、用长螺母拧紧（图9-25b）、用专用工具拧紧（图9-25c）等。

(2) 螺母和螺钉的装配要点

1) 螺钉不能弯曲变形，螺钉头部、螺母底面应与机体接触良好。

2) 被连接件受力应均匀，互相贴合，连接牢固。

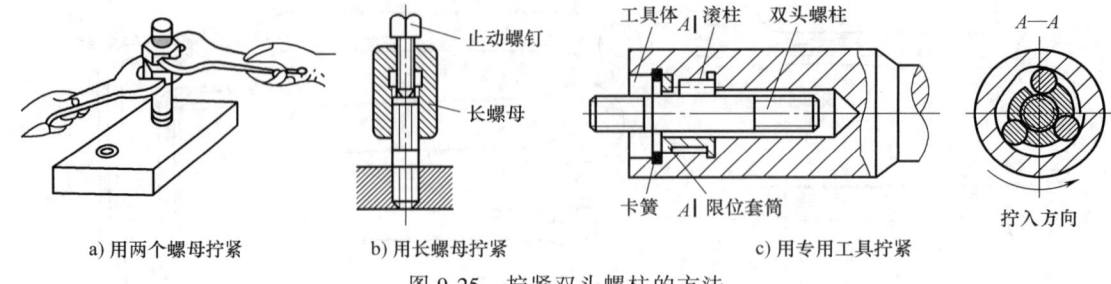

图 9-25 拧紧双头螺柱的方法

3) 拧紧成组螺母时，需按一定顺序逐次进行。拧紧原则一般是从中间向两边对称扩展，如图 9-26 所示。

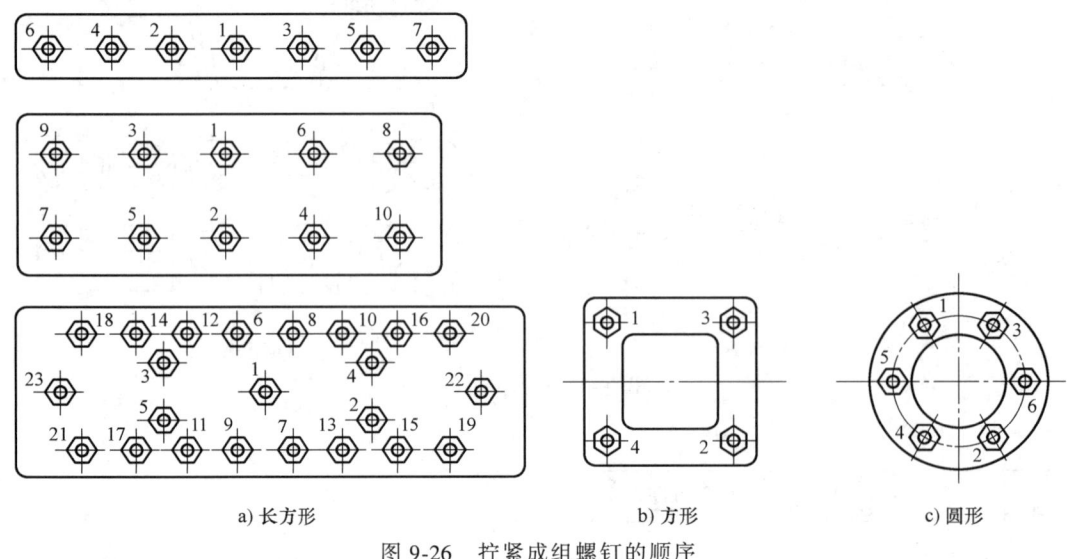

图 9-26 拧紧成组螺钉的顺序

二、键联接的装配工艺

键联接是通过键实现轴和轴上传动零件的周向固定，以传递运动和转矩，如图 9-27 所示。键联接具有结构简单、工作可靠、装拆方便等优点，因此在机械行业中得到广泛应用。各种键多采用 45 钢制造，并经调质处理，其尺寸均已标准化。根据键的结构特点和用途不同，键联接可分为松键联接、紧键联接和花键联接三大类。

1. 松键联接的装配

松键联接有普通型平键、半圆键、导向型平键和滑键等。它们是依靠键的侧面来传递转矩的，不能承受轴向力。如需轴向固定，则需加紧定螺钉或定位环等零件。松键联接对中性好，应用最为广泛。

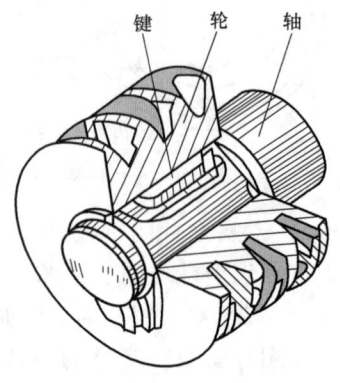

图 9-27 键联接

（1）松键联接装配技术要求 键与键槽的配合应符合要求。键与轴槽和轮毂槽的配合性质一般取决于机构的工作性质和要求。键可以固定在轴或轮毂上，而与另一相配件能相对滑动，也可以同时固定在轴和轮毂上，并以键的极限尺寸为基准，改变轴槽、轮毂槽的极限尺寸得到不同的配合要求。松键联接按配合不同，又可分为松联接、正常联接和紧密联接。松键联接时键与键槽的配合见表 9-8。

表 9-8　松键联接时键与键槽的配合

配合种类	配合性能	宽度 b 的极限偏差			适用范围
		键	轴槽	轮毂槽	
1	松联接（间隙配合）	h8	H9	D10	导向平键
2	正常联接（过渡配合）		N9	JS9	键和轴槽、轮毂槽配合
3	紧密联接（过渡配合）		P9	P9	较紧的联接，如平键、半圆键

1）普通型平键与轴槽和轮毂槽均为静联接，键的两侧面与键槽须配合精确，可采用正常联接或紧联接。

2）导向型平键固定在轴上并用螺钉固定（图 9-28），键与轮毂可相对滑动，因此键与滑动件（轮毂槽）的两侧面应达到精确间隙配合，而与轴槽采用过渡配合。

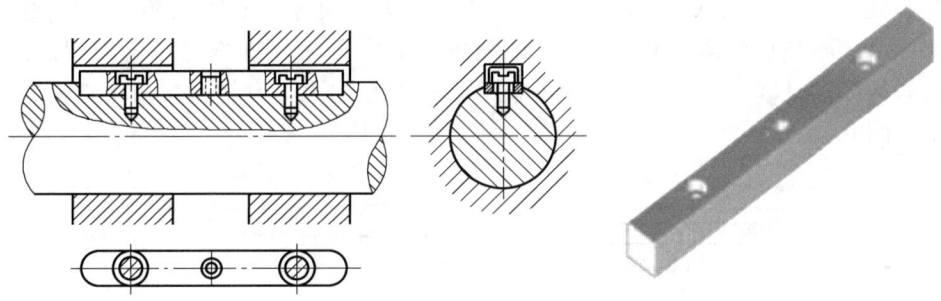

图 9-28　导向型平键连接

3）滑键联接的作用与导向型平键相同，适应于轴向运动较长的场合。滑键固定在轮毂槽中，键与轴槽可相对滑动（图 9-29），因此键与轴槽的配合与导向型平键相似，即与滑动件（轴槽）的两侧面应达到精确间隙配合，而与轮毂槽为过渡配合。

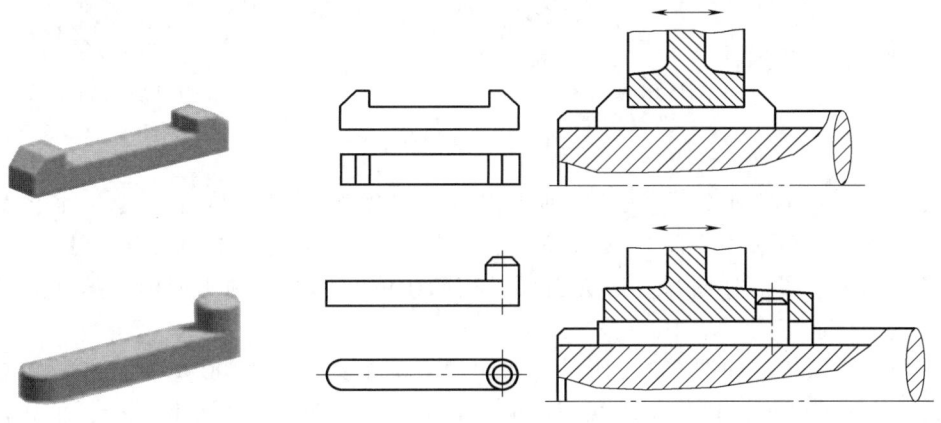

图 9-29　滑键联接

（2）松键联接装配要点　对于普通型平键和半圆键装配后，键的两侧面应有一些过盈，键顶面和轮毂槽底面之间须有一定间隙，键底面应与轴底面接触。对于导向型平键和滑键，要求键与滑动件的键槽侧面是间隙配合，而键与非滑动件的键槽侧面之间的配合必须紧密，没有松动现象。导向型平键的沉头螺钉要固定可靠，点铆防松。松键联接装配可按以下步骤进行。

1）清理键和键槽的毛刺。

2）检查键的平直度、键槽对中心线的对称度和平行度。

3）用键的头部与轴槽试配，对普通型平键和导向型平键应能使键紧紧地嵌在轴槽中，滑键应嵌在轮毂槽中。

4）锉配键长时，键头与轴槽间应有0.1mm左右的间隙。

5）在配合面上加注机油，用铜棒或台虎钳将键压装在轴槽中。

6）按装配要求试配并安装套件（齿轮、带轮等传动件）。

2．紧键联接的装配

紧键联接又称楔键联接，按键的构造和工作情况不同，可分为楔键联接和切向键联接两种。

（1）楔键联接　楔键联接分为普通型楔键和钩头型楔键，如图9-30所示，键的上表面和与它相接触的轮毂槽底面均有1∶100的斜度，键的侧面与键槽有一定的间隙。装配时，将键打入而构成紧键联接，能传递转矩并能承受单向轴向力。紧键联接对中性差，多用于对中要求不高的联接。

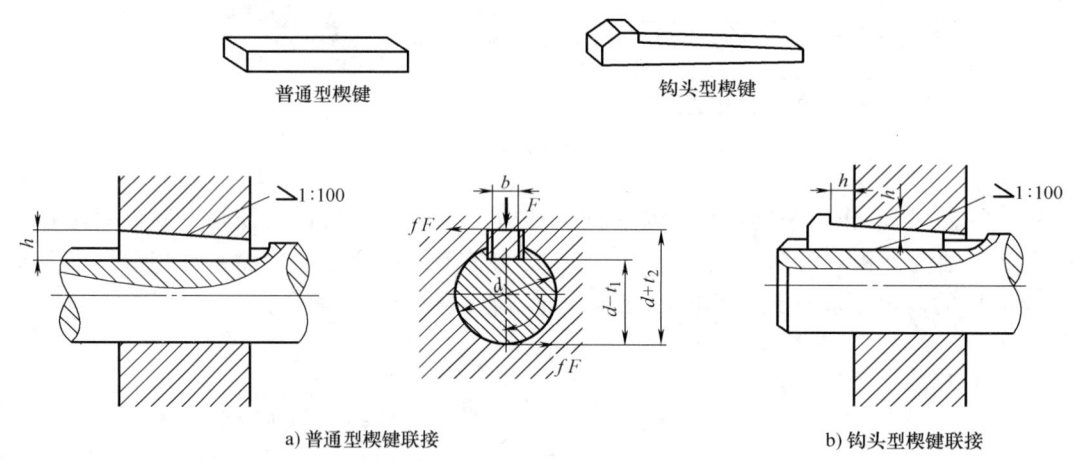

a) 普通型楔键联接　　b) 钩头型楔键联接

图9-30　楔键联接

钩头型楔键便于装拆，一般用于轴头部位。普通型楔键配制后将其在轴上固定。配制楔键时，可用涂色法检查斜面接触情况，工作面上接触应在70%以上，其余不接触部分不得集中在某一段。外露尺寸应为斜面长度的10%~15%（钩头型楔键的外露尺寸不包括钩头）。

（2）切向键联接　如图9-31a所示，切向键由两个具有1∶100单面斜度的楔键沿斜面拼合而成。使用时，两个键的斜面相互接触，其上、下两个工作面互相平行，轴和轮毂槽底面都没有斜度。需要指出的是，楔键是依靠键与键槽工作面间的摩擦力来传递转矩的，而切向键是依靠工作面间的挤压来传递转矩的，因此，一对切向键只能传递一个方向的转矩（图9-31b），当需要传递双向转矩时，应使用两对成120°～130°分布的切向键（图9-31c）。切向键多用于低速重载、传递较大转矩的结构。由于切向键的键槽在轴与轮（或其他相配件）组装一起后才能形成键槽，因此，键槽宽度尺寸较难控制。一般切向键都留有加工余量，待轴与轮毂组装后，实际测量键宽尺寸后进行配制，方法与楔键类似。

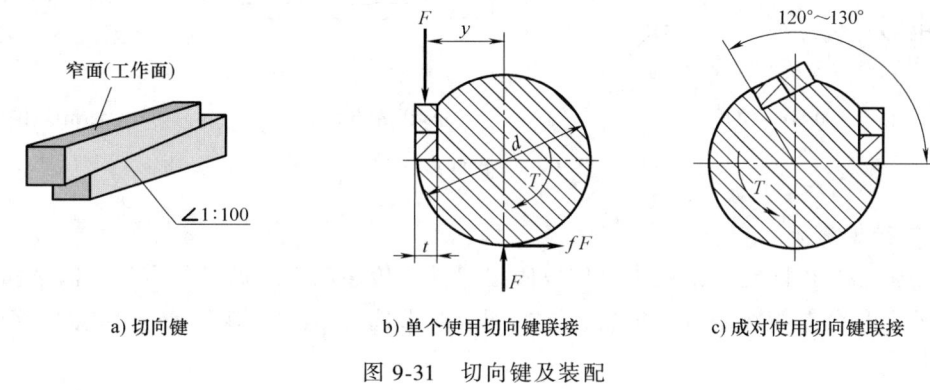

a) 切向键　　b) 单个使用切向键联接　　c) 成对使用切向键联接

图 9-31　切向键及装配

3. 花键联接的装配

花键联接有静联接和动联接两种方式。其特点是轴的强度高，传递转矩大，对中性及导向性好，常与万向联轴器配合，可以在一定角度内使用，但制造成本高，加工较复杂，普遍应用于运输机械中。

（1）花键与装配方式　按齿廓形状不同，花键可分为矩形花键、渐开线花键及三角形花键等，以矩形花键应用最为广泛，其结构形状如图9-32所示。GB/T 1144—2001中规定花键装配时的定心方式以小径定心。

（2）花键联接的装配要求及注意事项　对于静花键联接，装配后套件与花键之间允许有少量过盈，但不能过紧，否则将拉伤配合表面。对于动花键联接，套件与花键轴多为间隙配合，套件在轴上能滑动自如，没有阻滞现象，但也不能过松，当用手摇动套件时，应无间隙感。

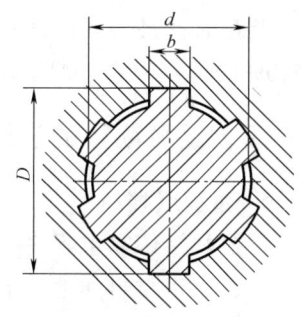

图 9-32　矩形花键联接

在较大批量生产中，花键轴经滚切或铣削后还要进行磨削加工，花键孔是用拉刀拉制而成，因此，键齿和键槽尺寸精度均较高，在清除其上的毛刺后，即可连接装配。对单件小批量生产或检修配件时，一般需要研磨方可装入。一般的研磨要求是工作面经研磨后，同时接触的齿数不少于2/3，接触率在齿长和齿高方向上不得低于50%，研磨时用0.05mm塞尺检查齿侧间隙，塞尺不得插入全长。对于静连接，装配时可用铜棒轻轻打入，当配合过盈较大时，可将套件加热至80～120℃，然后进行装配。

装配后的花键副，应检验花键轴与套件的同轴度与垂直度。

三、销联接的装配

销联接可以起到定位、联接和保险作用（图9-33）。销的结构简单、联接可靠、定位及装拆方便，在机械中被广泛应用。销大多用30、45钢制成，其形状和尺寸已标准化。销孔的精加工大多是采用铰削。

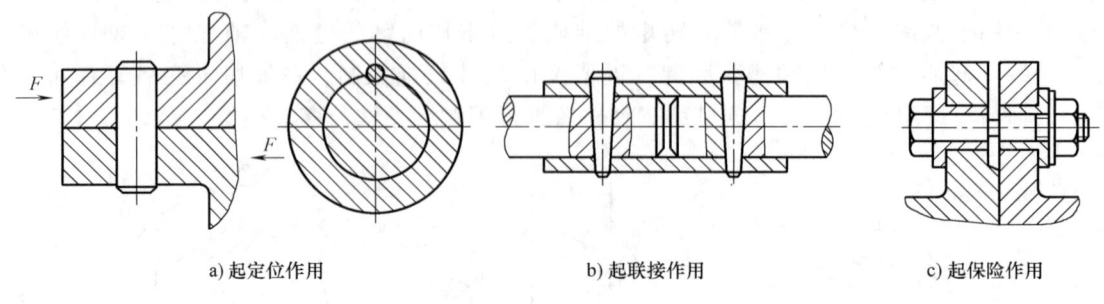

a) 起定位作用　　　　　b) 起联接作用　　　　　c) 起保险作用

图 9-33　销联接作用

1. 圆柱销的装配

圆柱销依靠过盈固定在销孔中，用以固定零件、传递动力或做定位零件。国家标准规定每种销可按四种公差等级制造，根据不同的配合要求选用。圆柱销不宜多次装拆，否则将降低其配合精度。

用圆柱销定位时，为了保证联接质量，通常两孔同时钻铰，并使孔壁表面粗糙度值不大于 $Ra1.6\mu m$。装配时，在销的表面涂上机油，用铜棒垫在销的端面上，将销打入孔中。

2. 圆锥销的装配

圆锥销具有 1∶50 的锥度，以其小头直径和长度表示规格。圆锥销定位准确，可多次装拆，在轴向力作用下可保证自锁，多用于经常拆卸的场合。

装配时，被联接的两孔也应同时铰出，但需要控制孔径，孔径的大小以销能自由插入孔中 80% 的长度为宜，然后用锤子敲入。

四、过盈联接的装配

1. 过盈联接

过盈联接依靠包容件（孔）和被包容件（轴）配合后的过盈值达到紧固联接的目的。装配后，由于材料弹性变形，在包容件和被包容件的配合面间产生压力，依靠此压力产生的摩擦力传递转矩和轴向力。过盈联接的对中性好，承载能力强，并能承受一定冲击力，但配合面的加工要求高。

2. 过盈联接的装配技术要求

1) 配合件要有较高的几何精度，并能保证配合时有合适的过盈量。

2) 配合表面应有较小的表面粗糙度值。

3) 装配前配合表面一定要涂上机油，压入过程应连续，速度要稳定，一般保持在 2~4mm/s 为宜。

4) 对细长件或薄壁件的配合，装配前一定要检查零件的几何偏差，装配时最好沿垂直方向压入。

3. 过盈联接的装配方法与操作要点

（1）压入法　可用锤子加垫块敲击压入（图 9-34）或用压力机压入。

（2）热胀配合法　利用热胀冷缩的物理特性，将孔加热使孔径胀大，然后将轴装入孔

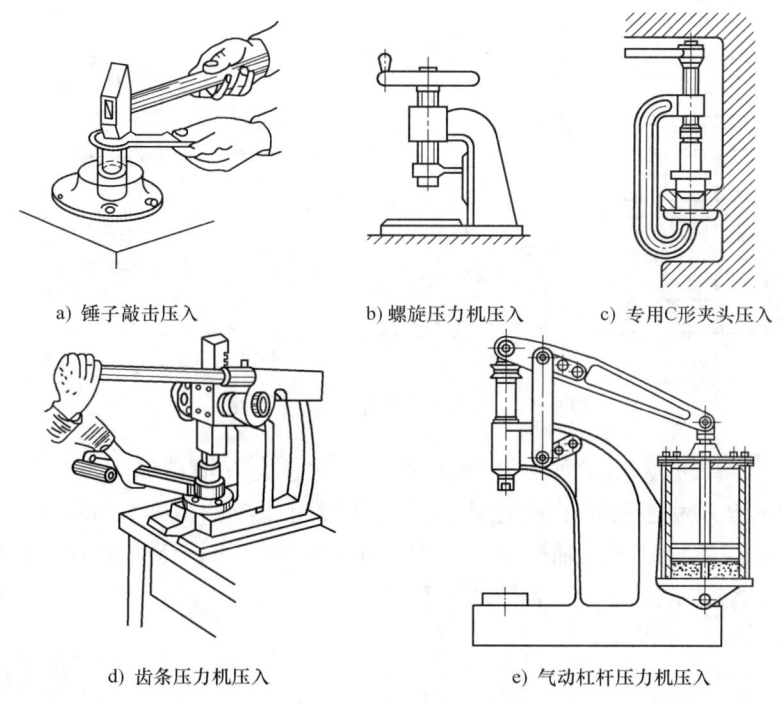

a) 锤子敲击压入　　b) 螺旋压力机压入　　c) 专用C形夹头压入

d) 齿条压力机压入　　e) 气动杠杆压力机压入

图 9-34　压入方法及设备

中。套入零件的加热方法应根据其尺寸大小来选择：一般中小型零件在燃气炉或电炉中进行加热，也可浸在热油（90~320℃）中加热；对于大型零件，可用感应加热器等加热。

(3) 冷缩配合法　利用热胀冷缩的物理特性，将轴进行冷却，待轴径缩小后再把轴装入孔中，当温度回升后，轴与孔便紧固联接。常用的冷却方法是采用干冰（可冷却至 -78℃）或液氮（可冷却至-195℃）进行冷却。

冷缩配合法的冷缩时间短，生产率高，与热胀配合法相比，变形量小，多用于过渡配合，有时也用于小过盈配合。

任务实施

1. 双头螺柱联接的装配操作

(1) 材料准备　选取一厚、一薄两钢板矩形条料，整理、去毛刺；预制双头螺柱（规格自定），按即定螺柱预制薄板上的光孔和厚板上的螺孔；备好相应的垫圈和螺母。

(2) 装配要求与操作要点　如图 9-35 所示，装配采用双螺母拧紧，保证联接可靠。双头螺柱中螺纹较短的一端称为旋入端，另一端称为紧固端。将旋入端旋入厚钢板的螺纹孔中时，要一直旋到近光杆处。为保证双头螺柱轴线与被联接件顶端垂直，操作过程中要用刀口形直角尺检查并及时找正。旋入操作用力适当，避免歪斜及产生咬合现象。

2. 键联接的装配操作

用普通型平键联接齿轮（或带轮等）与轴的装配。

(1) 材料准备　根据实训条件选取传动副（轮和轴），按其键槽尺寸准备相应键坯。

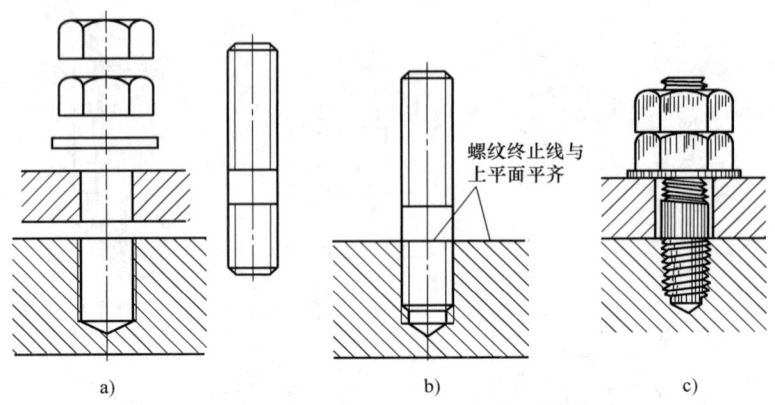

图 9-35 双头螺柱联接生产实习图

（2）装配要求与操作要点 如图 9-36 所示装配前检查并清洁装配件，按实际测得的键槽尺寸修锉平键配合尺寸至要求。锉配键长，使其装配后与轴槽间有 0.1mm 间隙。先用键头与键槽试配，使其能紧紧嵌入轴槽中。在配合面加机油，用铜棒或带垫口的台虎钳将键压装入轴槽中，按装配要求试配，安装传动件至要求。

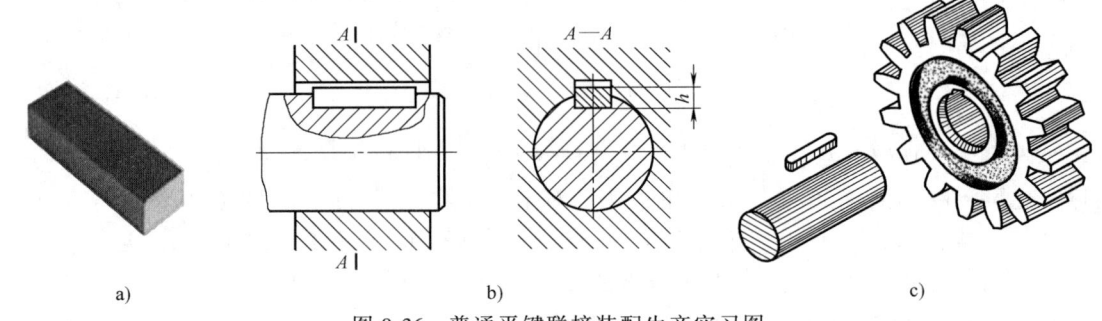

图 9-36 普通平键联接装配生产实习图

3. 销联接的装配操作

（1）材料准备 准备两个板件（厚度根据销的长度自定），分别用销 GB/T 117 10×45（圆锥销）、销 GB/T 119.1 8×45（圆柱销）进行两个板件联接作业。

（2）装配要求与操作要点 两联接件配作，装配后接触率不小于销长度的 60%。如图 9-37 所示，按装配要求，采用配加工方式在两装配件上钻孔、铰孔，使其达到精度要求。钻孔时要两件叠加夹紧，为保证钻孔精度，宜先用钻孔、扩孔加工至铰孔直径（圆锥孔加工至直径尺寸为 $\phi9.8$mm；圆柱孔加工至直径尺寸为 $\phi7.9$mm）。然后分别用 1:50 锥度的铰刀（$d=10$mm、$l=155$mm）和手用铰刀（$d=8$mm、$l=115$mm）铰两孔至尺寸要求。清理孔口倒角毛刺，将圆锥销涂机油试装后用锤子敲入，销

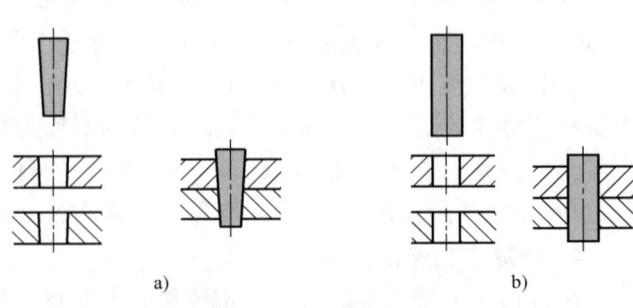

图 9-37 销联接装配生产实习图

项目九 装配基础与技能训练

的头部应与被联接件顶端面平齐或露出不超过倒角值。

> **师傅说**
> 销作为标准件，需要时可根据装配要求选用。
> 　　圆柱销与销孔的配合是靠少量过盈来保证联接或定位的紧固性和可靠性，对销孔的尺寸、形状、表面质量等要求较高，因此，两个被联接件的销孔应同时进行钻削、铰削。钻孔时，应预留 0.1~0.25mm 铰削余量，对于直径较大的孔，铰削余量不能大于 0.3mm。
> 　　圆锥销底孔要按圆锥销小头直径选用钻头，并预留铰削余量，钻孔后用 1∶50 锥度的铰刀铰孔。铰孔时，要用试装法控制孔径，以圆锥销自由插入全长的 80%~85%为宜，然后用软锤敲入。
> 　　圆锥销允许多次拆卸，而圆柱销一经拆卸便失去过盈，必须更换。

任务评价与反馈

　　螺纹联接、键联接、销联接、过盈联接等固定联接装配是钳工装配工作中应掌握的最基本的装配操作技能。通过本任务实施，熟知各固定联接的装配方法及可靠性保障措施，结合操作过程，总结经验，积累装配工艺知识，夯实装配操作基础。

1. 自我测评
1）双头螺柱的装配过程是否顺利？操作过程中有哪些注意事项？
2）普通型平键联接装配的操作要点是什么？采用哪些有效措施可保证装配精度？
3）销联接主要用于什么场合？被联接件的配作过程需注意什么？

2. 任务考评
按任务要求评定，填写任务考评表（表9-9）。

表9-9　固定联接的装配任务考评表

学生姓名：			班级：		学号：		时间：	
任务名称		固定联接的装配						
考核项目		考核内容	配分	评分标准		考评得分		
						自检	互检	教师
主要项目	1	螺纹联接的装配	30分	熟知螺纹联接的技术要求和防松措施；熟练选用装配工具；能正确进行螺纹联接的装配操作				
	2	键联接的装配	30分	了解键联接的类型和适用场合；掌握普通型平键联接的装配要点，能进行普通型平键联接的装配操作				
	3	销联接	20分	熟知销的种类、适用场合和装配要求；掌握配作操作要点				
	4	过盈联接	10分	掌握过盈联接的特点和应用，了解装配的基本方法				
安全文明生产		国家颁布的安全生产法规有关规定及车间管理规定	10分	违规不得分				
		总配分	100分	合计				
教学评价	○优秀（85分以上）　○良好（75分以上）　○及格（60分以上）　○不及格（60分以下）			综合得分				
				教师签名				

3. 实训心得

_____

_____

_____

知识链接

1. 常用螺栓、螺钉选用

螺纹联接件的种类很多，就其联接形式和应用，可归纳为螺栓联接、螺柱联接和螺钉联接等。常用螺栓、螺钉的基本类型及应用见表 9-10。

表 9-10 常用螺栓、螺钉的基本类型及应用

基本类型	图例	联接形式	特点及应用
普通螺栓	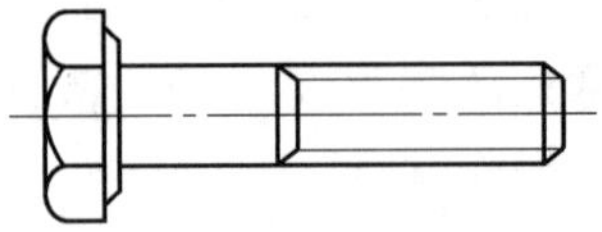	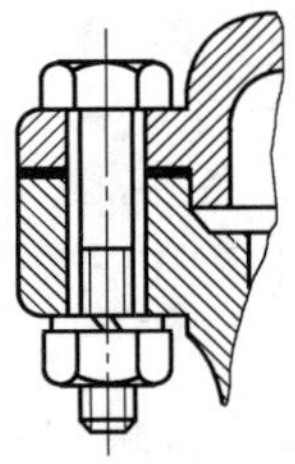	螺栓联接无需在被联接件上加工螺纹。被联接件不受材料的限制。主要用于被联接件不太厚，并能从两边进行装配的场合
双头螺柱	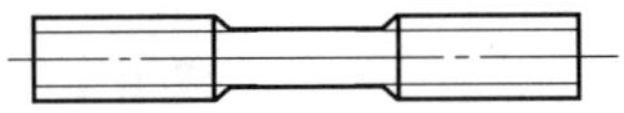	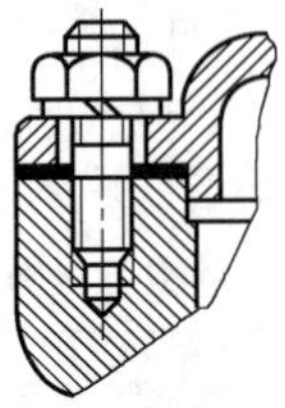	双头螺柱拆卸时只需旋下螺母，螺柱仍留在机体螺纹孔内，故螺纹孔不易损坏。主要用于被联接件较厚，而又需经常装拆的场合
六角螺钉	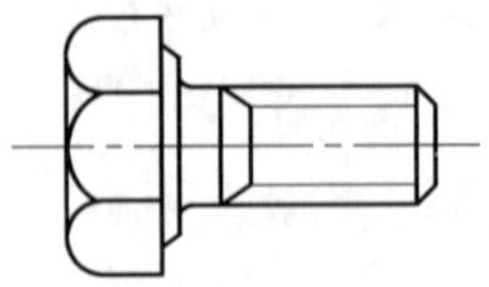	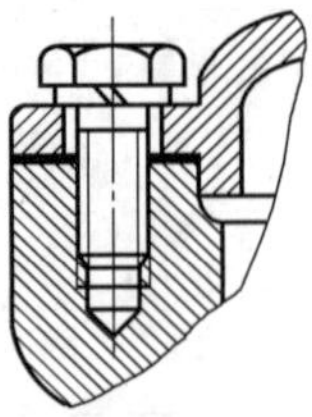	用于被联接件较厚，结构受到限制，不能采用螺栓联接，且不需经常装拆的场合
圆柱头内六角螺钉	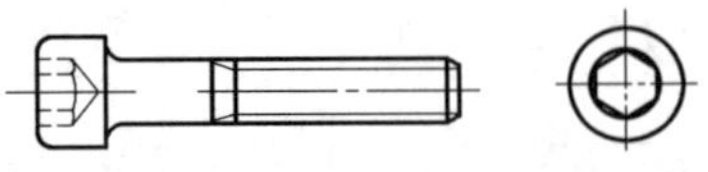	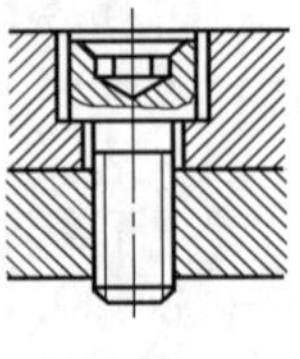	其圆柱头在装配时埋入零件沉孔内，用于零件表面不允许有凸出物的场合

（续）

基本类型	图例	联接形式	特点及应用
紧定螺钉			紧定螺钉的尖端顶住被联接件的表面或锥坑,以固定两零件的相对位置。多用于传递力或转矩的轴与轴上零件的联接
其他形式螺钉			用于受力不大,质量较轻零件的联接

2. 常用垫圈的选用

垫圈主要在螺纹联接中使用,按其作用可分为衬垫用和防松用两种。通常作为衬垫用的有平垫圈、球面垫圈、开口垫圈等,防松用的有弹簧垫圈、止动垫圈等。常用垫圈的基本类型及应用见表9-11。

表9-11 常用垫圈的基本类型及应用

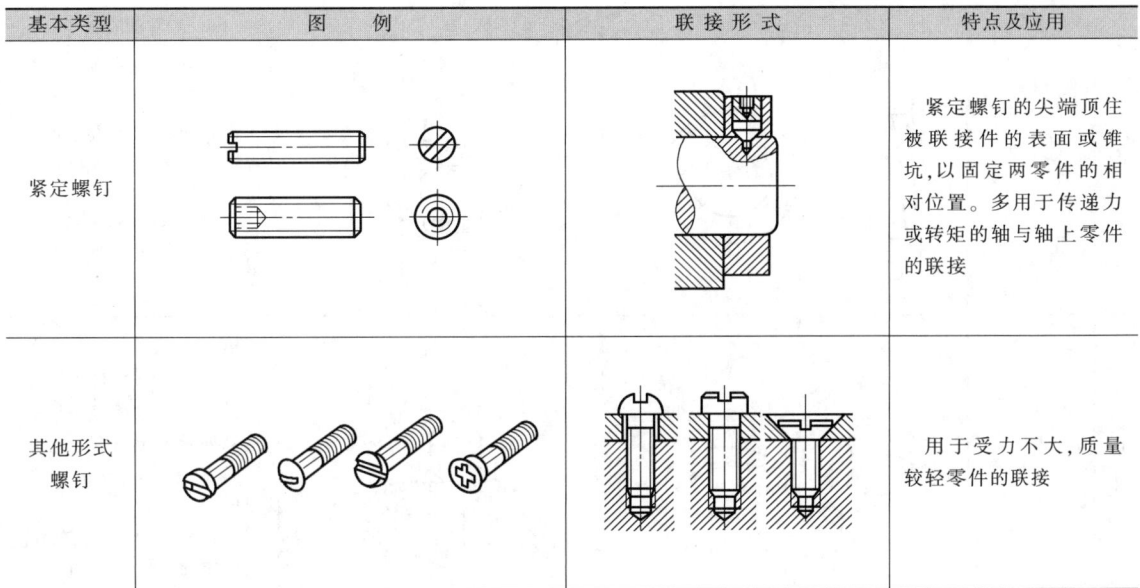

基本类型		图例	联接形式	特点及应用
衬垫用	平垫圈			主要作用是增大被联接件的支承面积,减少接触处的压力,并使接触面平整;同时还可避免在拧紧螺母时擦伤被联接件表面
	开口垫圈			一般用于仅受静载荷作用,工作温度变化不大,对防松要求不高的螺纹联接中
	球面垫圈			

（续）

基本类型		图例	联接形式	特点及应用
防松用	弹簧垫圈			弹簧垫圈压平后，在弹力作用下，使螺纹副轴向压紧。同时垫圈斜口抵住螺母与支承圈，也起到一定的防松作用 弹簧垫圈结构简单，安装方便，防松可靠，应用广泛
	止动垫圈			垫圈套入螺栓，下弯的外舌放入被联接件的小槽内，拧紧螺母后，将垫圈另一侧外舌向上弯起与螺母一边贴紧，以防止螺母回松 止动垫圈机构简单，使用方便，防松可靠，但安装受联接件结构限制
	圆螺母用止动垫圈			垫圈的内圆凸出部嵌入螺杆外圆的方缺口中，待圆螺母拧紧后，再把垫圈外圆凸出部弯曲成90°紧贴在圆螺母的一个缺口内，使圆螺母固定 此种垫圈用于圆螺母的防松

任务三　带传动机构的装配

任务目标

1. 熟悉带传动机构及功用，明确其装配工艺，完成装配前的准备工作。
2. 熟知带传动机构的装配技术要求与操作要点。
3. 具备带传动机构的基本装调技能。

任务描述

图9-38所示为CA6140型卧式车床带传动机构。该带传动机构将电动机的动力传递到主轴箱，通过箱内齿轮传动系统等实现车床的主运动。某车床V带经过长时间的高强度使用，已磨损严重，出现打

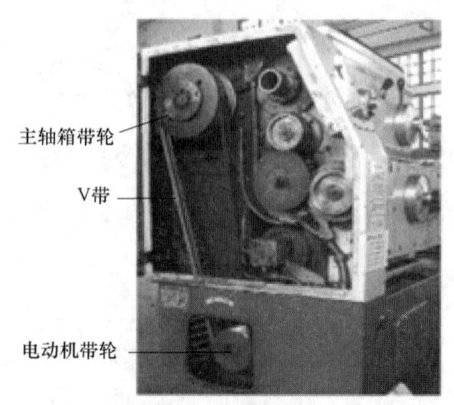

图9-38　CA6140型卧式车床带传动机构

滑现象而使传动效率降低，需成组更换。本任务要求更换此处带传动机构的 V 带，并达到规定的技术要求。

任务分析

通过本任务的装配、调整及检测，综合运用所学操作理论融入装配实践中，进一步理解和掌握带传动机构的装配工艺要求和操作要领，注重经验积累。

知识准备

一、带传动机构的特点和类型

带传动机构是利用张紧在带轮上的柔性带进行运动或动力传递的一种机械传动机构。根据传动原理的不同，有靠带与带轮间的摩擦力传动的摩擦型带传动，也有靠带与带轮上的齿相互啮合传动的同步带传动，如图 9-39 所示。

a) V 带传动 b) 平带传动 c) 同步带传动

图 9-39 带传动机构

带传动具有结构简单，传动平稳，能缓冲吸振，可以在大的轴间距和多轴间传递动力，成本低廉，不需润滑，维护容易等特点。摩擦型带传动能过载打滑，且运转噪声低，但传动比不准确（滑动率在 2% 以下）；同步带传动可保证传动同步，但对载荷变动的吸收能力稍差，高速运转会有噪声。带传动除了用于传递动力外，有时也用来输送物料等。

带传动通常由主动轮、从动轮和张紧在两轮上的传动带组成。摩擦型带传动常用的有 V 带传动和平带传动。

二、带传动机构的装配技术要求

1）应严格控制带轮的径向圆跳动量和轴向圆跳动量。
2）两个带轮端面应在同一平面内。
3）带轮工作表面的表面粗糙度值要适当，一般为 $Ra1.6\mu m$。
4）传动带在带轮上的包角不能小于 120°，否则容易打滑。
5）带的张紧力要适当。张紧力过小，所传递的功率降低；张紧力过大，带、轴及轴承磨损加大，且轴易发生变形。

三、带传动机构的装配与调整

带传动的装配包括带轮与传动轴的装配和传动带的安装。
1）带轮与传动轴的装配。带轮与传动轴的连接形式如图 9-40 所示。带轮孔与轴多采用过渡配合，有少量过盈，能保证带轮与轴有较高的同轴度。带轮的装配一般需要用紧固件，以保证径向固定和轴向固定要求。

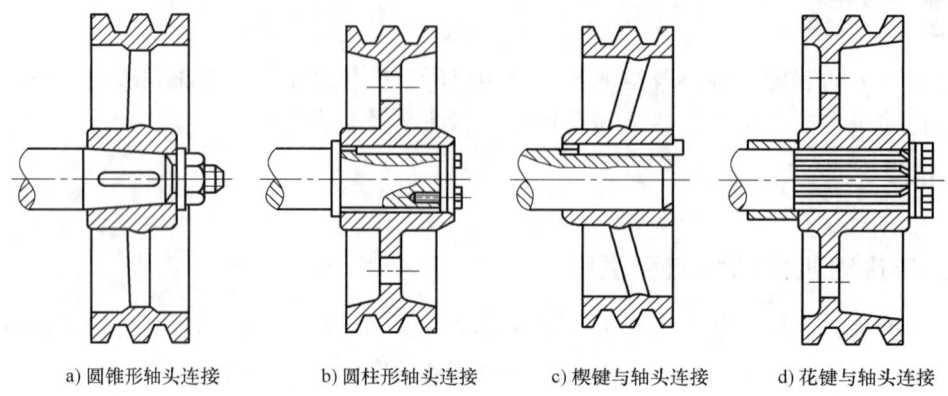

a) 圆锥形轴头连接　　b) 圆柱形轴头连接　　c) 楔键与轴头连接　　d) 花键与轴头连接

图 9-40　带轮与轴的连接

带轮安装一般用螺旋压入工具将带轮压到轴上。安装后，要检查带轮在轴上的正确性和与带轮相互位置的正确性。带轮安装后，允许带轮在轴上径向圆跳动量小于（0.00025～0.0005）D，轴向圆跳动量小于（0.0001～0.0005）D，D 为带轮直径；两带轮轴线应相互平行，其平行度公差应小于 0.006a（a 为两带轮中心距），两带轮端面夹角小于 1°，否则将加剧带的磨损，甚至使带从带轮上脱落。

2）V 带的安装。安装 V 带时，先将带套在小带轮槽中，然后将带用螺钉旋具拨入大带轮槽中，同时转动大带轮。在安装 V 带时，不易用力过猛，以防损坏带轮。

3）张紧力的调整。由于传动带工作一段时间后，将发生永久性变形，使张紧力减小，所以在带传动机构中都有调整张紧力的张紧机构，如图 9-41 所示，其方法是靠改变两带轮的中心距或用张紧轮来调整张紧力。

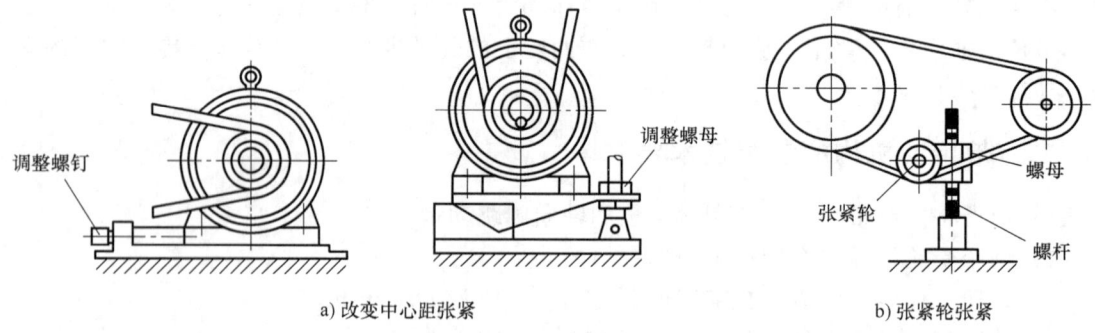

a) 改变中心距张紧　　　　b) 张紧轮张紧

图 9-41　带的张紧装置

任务实施

CA6140 型卧式车床 V 带装配与调整步骤如下。

1）拆卸带轮箱盖。

2）检查带轮、轴与 V 带的磨损情况。

3) 放松 V 带并依次拆卸旧 V 带。
4) 检查带轮安装精度,调整至安装要求。
5) 安装新 V 带。
6) 检查与调整带传动机构的张紧力至安装要求。
7) 安装箱盖。

> **师傅说**
>
> 1) 正确操作是保证安装质量的前提。本任务中 V 带的安装应在无迫力情况下进行,借助扳手、铁撬辊等均可造成 V 带外部和内部损伤。
>
> 2) V 带的松紧度对传动质量有重要影响,太紧或太松都会影响带的使用寿命,安装后 V 带的张紧力可根据 V 带的出厂建议调整张紧力值,也可用专用的 V 带张紧力检测仪检测,或根据经验用手按压检验张紧力(一般能将 V 带按下 15mm 左右为宜)。
>
> 3) V 带安装在带槽中后,其顶面应与带轮槽顶面基本平齐,若出现凸出、凹进或歪斜,应查看张紧力是否适当,或用钢直尺检查两个带轮端面是否在同一平面内,并调整至要求。

任务评价与反馈

通过本任务,对带传动机构的传动原理与特点,应用场合及调整维护有了一定了解,对带传动机构的装配过程与装配质量控制有了初步的积累。

1. 自我测评

1) 带传动具有哪些特点?
2) 同步带传动与摩擦型带传动相比,有哪些优势?

2. 任务考评

按任务要求评定,填写任务考评表(表 9-12)。

表 9-12 带传动机构的装配任务考评表

学生姓名:		班级:		学号:		时间:	
任务名称		CA6140 型卧式车床 V 带装配与调整					
考核项目		考核内容	配分	评分标准	考评得分		
					自检	互检	教师
主要项目	1	准备工具、量具	10 分	准备不足不得分			
	2	拆卸、检查旧 V 带	20 分	拆卸方法不正确扣 5 分;检查方法不正确扣 5 分			
	3	清除带轮污物和毛刺	10 分	清除不净扣 5 分			
	4	安装使用指示表	10 分	安装不当扣 5 分;使用操作不准确扣 5 分			
	5	带轮径向圆跳动量误差	10 分	检测部位不正确扣 5 分;读数不正确扣 5 分			
	6	安装 V 带	15 分	安装方法不正确不得分			
	7	调整张紧力	15 分	调整不到位、方法不当不得分			
安全文明生产		国家颁布的安全生产法规有关规定及车间管理规定	10 分	违规不得分			
总配分			100 分	合计			
教学评价		○优秀(85 分以上) ○良好(75 分以上) ○及格(60 分以上) ○不及格(60 分以下)		综合得分			
				教师签名			

3. 实训心得

_____

_____

_____

任务四　齿轮传动机构的装配

任务目标

1. 熟悉齿轮传动机构及功用，明确其装配工艺，完成装配前的准备工作。
2. 熟知齿轮传动机构的装配技术要求与操作要点。
3. 具备齿轮传动机构的基本装调技能。

任务描述

图 9-42 所示为 CA6140 型卧式车床的交换齿轮传动机构。车削标准螺纹时，可通过操作手柄调节螺距大小进行螺纹的车削加工。对于非标准螺纹，车削时须通过对交换齿轮进行重新配置，才能满足加工要求。在本任务中要加工一批蜗杆，需将交换齿轮原齿轮组齿数 $z_1 = 63$、$z_2 = 100$、$z_3 = 75$ 调整更换为 $z'_1 = 64$、$z'_2 = 100$、$z'_3 = 97$，以满足加工要求。

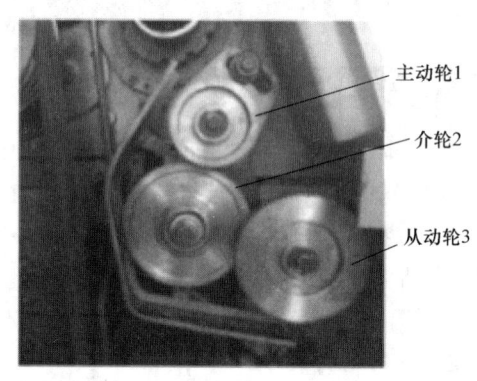

图 9-42　CA6140 型卧式车床交换齿轮传动机构

知识准备

齿轮传动是最常见的传动方式之一。它是依靠轮齿间的啮合来传递运动和动力的。它具有传动比恒定，速度变化范围大，传动效率高，传递功率大，结构紧凑，使用寿命长等特点，但齿轮传动机构的制造及装配要求高，若控制不良，则影响使用寿命。

一、齿轮传动机构的装配技术要求

1）齿轮孔与轴的配合要适当，保证其同轴度要求，控制好齿轮的径向圆跳动量和轴向圆跳动量。空套齿轮在轴上不得有晃动现象；滑移齿轮不应有咬死或阻滞现象；固定齿轮不得有偏心或歪斜现象。

2）保证齿轮有准确的安装中心距和适当的齿侧间隙。齿侧间隙指齿轮副非工作表面法向方向的距离。侧隙过小，齿轮转动不灵活，热胀时易卡齿，加剧磨损；侧隙过大，则易产生冲击和振动。

3）保证两个啮合齿轮的分度圆轴线的平行度，以确保啮合时有足够的接触面积和正确的接触位置。

4）对于转速高、直径大的齿轮，装配前应进行动平衡测试。

二、圆柱齿轮机构的装配

圆柱齿轮传动的装配

齿轮传动机构的装配与齿轮箱的结构有关,对于整体齿轮箱(非剖分式齿轮箱,例如车床的主轴变速箱、进给箱、溜板箱等),其齿轮传动机构的装配是在箱体内进行的,即在齿轮装在轴上的同时,也将齿轮轴部件装入箱体。对于开式箱体,其装配方法是先把齿轮装在轴上,再把齿轮轴部件装入箱体,并对轴承进行固定、调整。

(1) 齿轮与轴的装配　齿轮与轴的连接形式:齿轮在轴上空转或滑移、与轴固定连接。

在轴上空转或滑移的齿轮,与轴的配合一般为间隙配合,其装配精度主要取决于零件本身的加工精度,这类齿轮的装配比较方便。

在轴上固定的齿轮,与轴的配合通常为过渡配合,装配时需要一定的压力。若配合过盈量不大,可用手工工具敲击压装;若过盈量较大,可用压力机压装。压装后需要检验齿轮的径向圆跳动误差和轴向圆跳动误差,方法如图 9-43 所示。

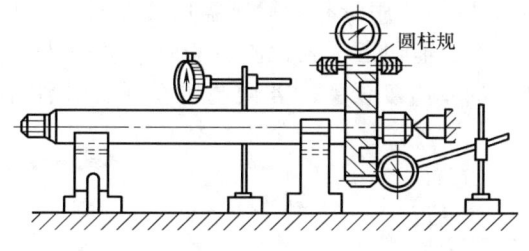
a) 径向圆跳动误差的检验
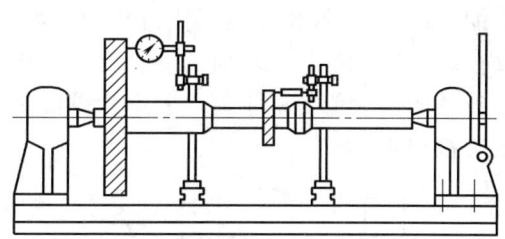
b) 轴向圆跳动误差的检验

图 9-43　齿轮跳动误差的检验

(2) 齿轮轴部件与箱体的装配　齿轮的啮合质量要求包括适当的齿侧间隙、一定的接触面积以及正确的接触位置。齿轮啮合质量的好坏,除了齿轮本身的加工精度,例如齿轮公法线长度偏差(影响齿侧间隙)、齿形偏差(影响接触面积),箱体孔的加工精度外,都直接影响齿轮的啮合质量。所以,装配齿轮轴部件前一定要对箱体进行检测。

箱体检测内容如下:

1) 孔距及两孔轴线的平行度检测。相互啮合的一对齿轮的安装中心距是影响齿侧间隙的主要因素,应使孔距在规定的公差范围内。孔距可用特制的专用游标卡尺测量,也可用检验心轴配合千分尺或游标卡尺进行检测,如图 9-44 所示。

两孔轴线的平行度可借助于检验心轴检测,即分别测量心轴两端尺寸,其差值即为两孔轴线的平行度误差。

2) 轴线与基面距离尺寸精度和平行度的检测。如图 9-45 所示,箱体基面用等高垫块支承在平板上,将心轴插入孔中。用游标高度卡尺测量心轴两端尺寸 h_1 和 h_2,则轴线与基准面的距离为

$$h = \frac{h_1 + h_2}{2} - \frac{d}{2} - a$$

平行度误差 Δ 为:

$$\Delta = |h_1 - h_2|$$

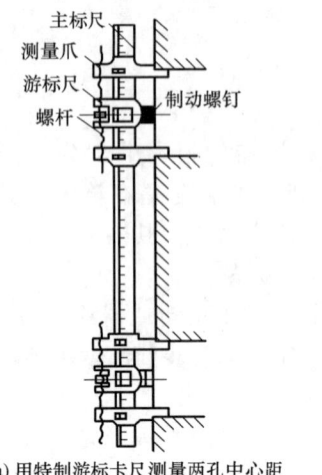
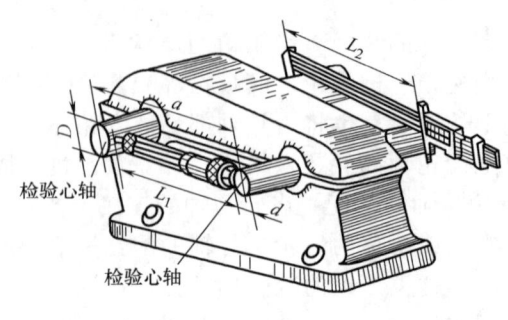

a) 用特制游标卡尺测量两孔中心距　　　b) 用检验心轴和千分尺或游标卡尺测量两孔中心距

图 9-44　孔距的检测

3) 孔轴线与孔端面的垂直度检测。如图 9-46a 所示，用带有检验圆盘的心轴插入孔中，用塞尺可检测轴线与孔端面的垂直度。图 9-46b 是用心轴和指示表检测，心轴转动一周，指示表读数的最大值与最小值之差即为端面对孔轴线的垂直度误差。若误差超值，须用刮削端面的方法纠正。

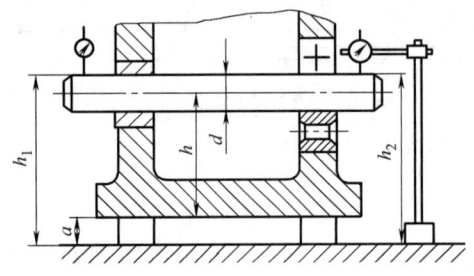
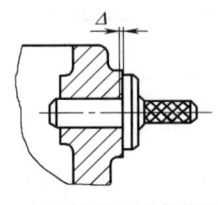
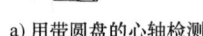
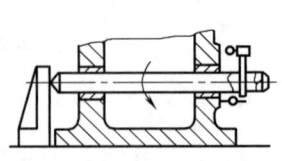

a) 用带圆盘的心轴检测　　b) 用心棒和指示表检测

图 9-45　孔轴线与基面距离和平行度检测　　　图 9-46　轴线与端面垂直度的检测

4) 同轴线孔的同轴度检测。在成批生产中，用专用的检验心轴检测（图 9-47a），若心轴能自由地推入几个孔中，表明孔的同轴度合格。有时为了减少心轴的数量，可用几副不同外径的检验套配合检测（图 9-47b）。

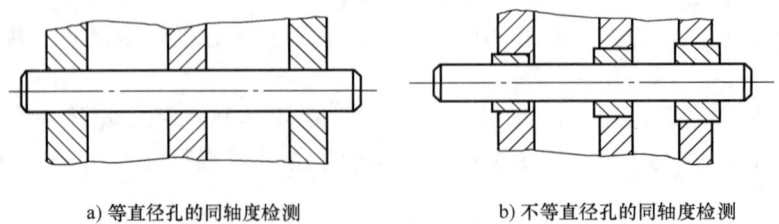

a) 等直径孔的同轴度检测　　　　　　b) 不等直径孔的同轴度检测

图 9-47　同轴线孔的同轴度检测

(3) 啮合质量的检查　齿轮轴部件装入箱体后，要检查齿轮的啮合质量。齿轮的啮合质量包括适当的齿侧间隙和一定的接触面积。

1)齿侧间隙的检测。齿侧间隙检测和调整方法有塞尺法、指示表(百分表)法和压铅法(图9-48)。压铅法是测量齿侧间隙最常用的方法,在齿宽两端的齿面上,平行放置两段直径不大于齿轮副规定的最小极限侧隙四倍的铅丝,转动啮合齿轮挤压铅丝,铅丝被挤压后最薄部分的厚度尺寸,即为齿侧间隙。

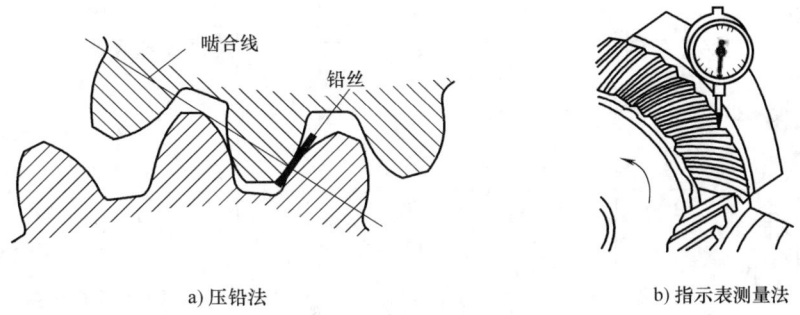

a) 压铅法　　　　　　　　　　b) 指示表测量法

图 9-48　齿轮齿侧间隙的检测

2)齿轮传动接触精度的主要指标是接触斑点,一般可用涂色法检测。在两个齿轮的轮齿上分别涂上一层薄而均匀的涂料,而后转动主动轮,同时从动轮轻微制动(一般用小齿轮驱动大齿轮)。在齿轮的轮齿上观察接触痕迹并与正确的接触痕迹相比较,判断齿轮的接触面积是否足够。

表9-13所示为渐开线圆柱齿轮由安装造成接触不良的原因及调整方法。

表 9-13　渐开线圆柱齿轮接触不良的原因及调整方法

接触斑点	原因分析	调整方法
正常接触	—	
	中心距太大	—
	中心距太小	可在中心距允许范围内,刮削轴瓦或调整轴承座
同向偏接触	两齿轮轴线不平行	

(续)

接触斑点	原因分析	调整方法
异向偏接触	两齿轮轴线歪斜	可在中心距允许范围内,刮削轴瓦或调整轴承座
单面偏接触	两齿轮轴线不平行、同时歪斜	
游离接触(在整个齿圈上接触区由一边逐渐移向另一边)	齿轮端面与回转中心线不垂直	检查并找正齿轮端面与回转中心线的垂直度
不规则接触(有时齿面在一个点接触,有时在端面边线上接触)	齿面有毛刺或有碰伤隆起	

任务实施

交换齿轮机构的拆装步骤(图9-49)如下。
1)打开交换齿轮箱门,拆卸主动轮、从动轮及介轮。
2)调整星形架。
3)更换齿轮,安装介轮。
4)拧紧螺钉、螺母,紧固可靠。

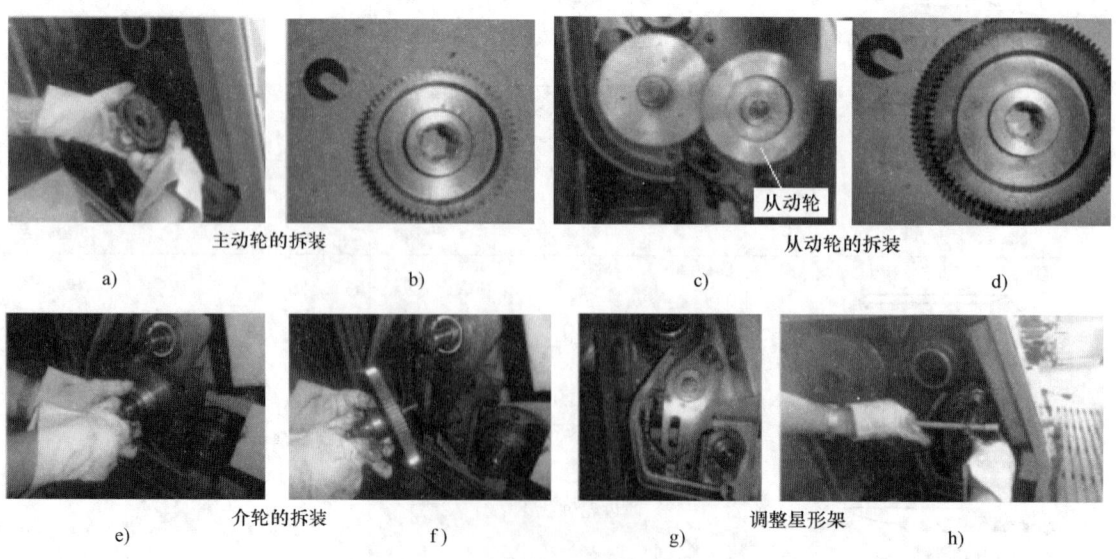

a) 主动轮的拆装　b)　c) 从动轮的拆装　d)
e) 介轮的拆装　f)　g) 调整星形架　h)

图9-49　交换齿轮机构的拆装步骤

师傅说

1）拆下介轮后，能够看到星形架。更换齿轮前，要用套筒扳手将星形架上方的调整螺母旋松，以调整介轮与从动轮安装位置间的距离（更换的从动轮齿数较原齿数多，直径大）。主动轮和从动轮均为双联齿轮，将更新齿数的齿轮靠近星形架安装。安装介轮时，把T形螺母放入星形架的卡槽中，把介轮轴旋入T形螺母中，装上介轮，适当调整星形架，用铜棒轻敲介轮至啮合位置。通过介轮在星形卡槽中的上下移动，调节主动轮与介轮间的啮合间隙。安装后用压丝法检测并调整啮合间隙至要求。

2）拆装过程中，齿轮要轻拿轻放，不得磕碰或跌落，防止轮齿损伤。装配时，严禁将手伸入啮合的齿轮中，防止挤伤。

任务评价与反馈

通过本任务，对齿轮传动机构的传动原理与特点有了一定了解，对齿轮传动机构的装配过程有了初步的积累。

1. 自我测评

1）齿轮传动的特点有哪些？

2）齿轮的啮合质量包括哪些方面？

2. 任务考评

按任务要求评定，填写任务考评表（表9-14）。

表9-14 齿轮传动机构的装配任务考评表

学生姓名：			班级：	学号：		时间：	
任务名称		交换齿轮机构的拆装					
考核项目		考核内容	配分	评分标准	考评得分		
					自检	互检	教师
主要项目	1	准备工具、量具	10分	准备不足不得分			
	2	拆卸交换齿轮	10分	拆卸方法不正确扣不得分			
	3	安装前清洗	10分	清洗不达要求扣5分			
	4	调整星形架	10分	调整方法不当不得分			
	5	更换齿轮	10分	更换不正确不得分；未贴紧扣5分			
	6	安装介轮	10分	安装不正确不得分			
	7	调整啮合间隙	20分	调整方法不当扣10分；啮合间隙超差扣10分			
	8	旋紧螺钉、螺母	10分	紧固不可靠不得分			
安全文明生产		国家颁布的安全生产法规有关规定及车间管理规定	10分	违规不得分			
总配分			100分	合计			
教学评价	○优秀（85分以上） ○及格（60分以上）		○良好（75分以上） ○不及格（60分以下）		综合得分		
					教师签名		

3. 实训心得

任务五　减速器的装配与调整

任务目标

1. 读懂装配图样和装配工艺文件，明晰装配要求，完成装配准备。
2. 能够按照装配工艺规程，完成减速器的装配与调整，达到技术要求。
3. 强化固定连接装配和传动机构装配的基本技能。
4. 具备在工艺技术文件指导下进行正确装配产品的能力。

任务描述

减速器结构如图 9-50 所示。减速器的运动由联轴器传来，经蜗杆轴传给蜗轮，蜗轮和锥齿轮安装在同一根轴上，蜗轮的运动通过轴上的平键传递给锥齿轮副，又通过轴上的圆柱齿轮输出。各传动轴采用圆锥滚子轴承，各轴承的间隙分别采用垫圈和螺钉来调整。蜗轮的轴向装配位置通过修整轴承端盖台阶的尺寸来调整。锥齿轮的轴向装配位置，通过调整垫圈的尺寸来控制。箱盖上设有观察孔，便于加注润滑油和检查传动件的啮合及工作情况。

本任务要求装配与调整该减速器，并达到规定的技术要求。

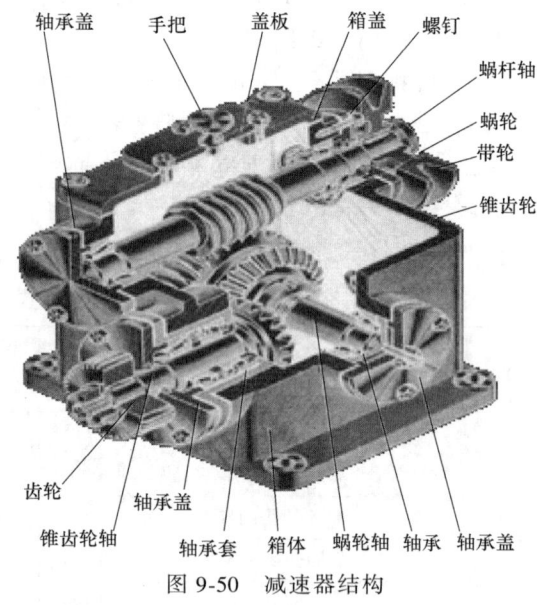

图 9-50　减速器结构

任务分析

减速器安装在原动机和工作机或执行机构之间，起匹配转速和传递转矩的作用。它是一种由封闭在刚性壳体内的齿轮传动、蜗杆传动、齿轮-蜗杆传动所组成的减速传动装置。使用它的目的是降低转速，增加转矩。

减速器的装配包括了传动机构和螺纹联接、键联接及滚动轴承等装配工作。本任务旨在通过减速器装配的训练，巩固装配技能，提升对装配工艺规程意义的认知和执行力，积累装配工艺知识和操作经验。

任务实施

一、减速器装配技术要求　　减速器的用途、构造及工作原理

1）零件和组件必须正确安装在规定的位置上，不得装入图样未规定的垫圈、衬套之类零件。

2) 固定联接件必须保证零件或组件的牢固联接，不得有任何移动。
3) 旋转机构转动灵活，轴承间隙合适，各密封处不得有润滑油透漏现象。
4) 锥齿轮副、蜗轮与蜗杆的啮合侧隙及接触斑点要达到规定技术要求。
5) 润滑良好，运转平稳，噪声在规定值内。

二、减速器的装配工艺

图 9-51 所示为减速器装配图。减速器的装配工作过程包括：装配前期工作、零件试装、组装、部件总装和调整等。

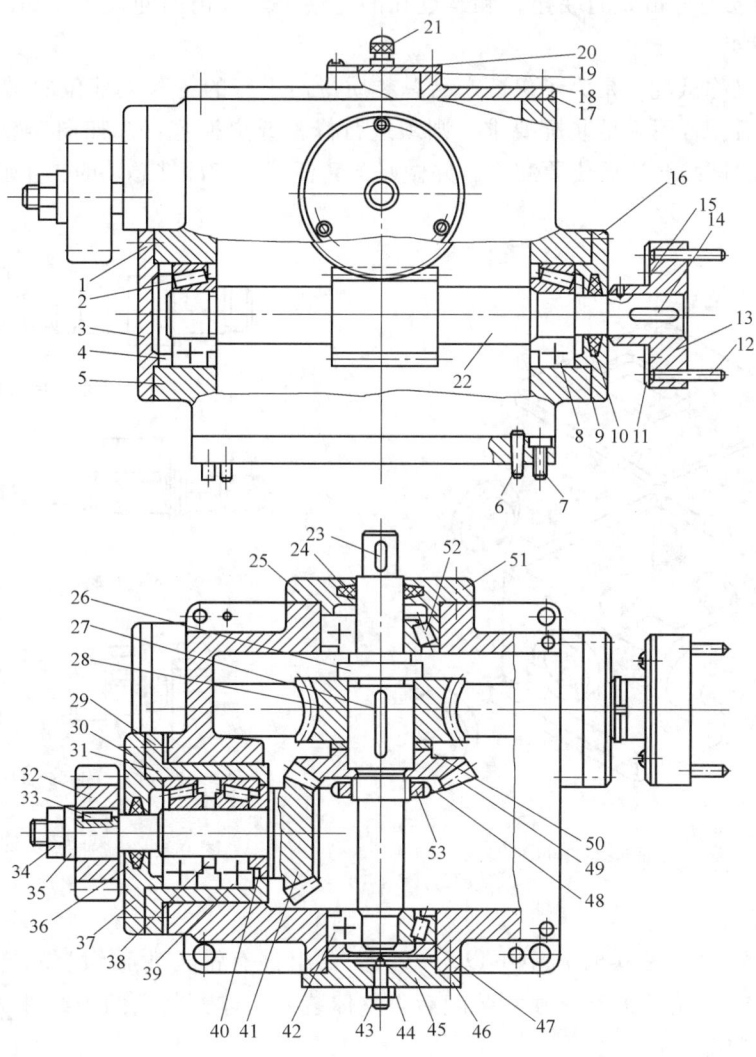

图 9-51 减速器装配图

1、7、15、16、17、20、30、43、46、51—螺钉　2、8、39、42、52—轴承　3、9、25、37、45—轴承盖　4、29、50—调整垫圈
5—箱体　6、12—销　10、24、36—毛毡　11—环　13—联轴器　14、23、27、33—平键　18—箱盖　19—盖板
21—手把　22—蜗杆轴　26—轴　28—蜗轮　31—轴承套　32—圆柱齿轮　34、44、53—螺母　35、48—垫圈
38—隔圈　40—衬垫　41、49—锥齿轮　47—压盖

减速器装配步骤如下。

1. 装配前期工作

装配前期工作包括零件清洗、整形和补充加工等。

（1）零件的清洗　为了保证部件的装配质量，装配前必须对所要装配的零件进行清洗，清除零件表面的防锈油、灰尘、切屑等污物。

（2）整形　零件的整形主要是修锉箱盖、轴承盖等铸件的不加工表面，使其与箱体结合后外形一致。修锉零件上的锐角、毛刺、因碰撞而产生的印痕等。

（3）补充加工　补充加工指零件上某些部位需要在装配时进行的加工。如箱体与箱盖、箱盖与盖板、轴承盖与箱体的联接孔和螺纹孔的配钻，定位销的配铰等，如图9-52所示。

2. 零件的试装

零件的试装又称试配，是为了保证产品总装质量而进行的各联接部位的局部试验性装配。某些零件经试配后，若不满足装配要求，则须进行修整或更换零件。如图9-53所示3处平键联接，均需试配，试配合适后仍要卸下，并做好配套标记，待部件总装时再重新安装。

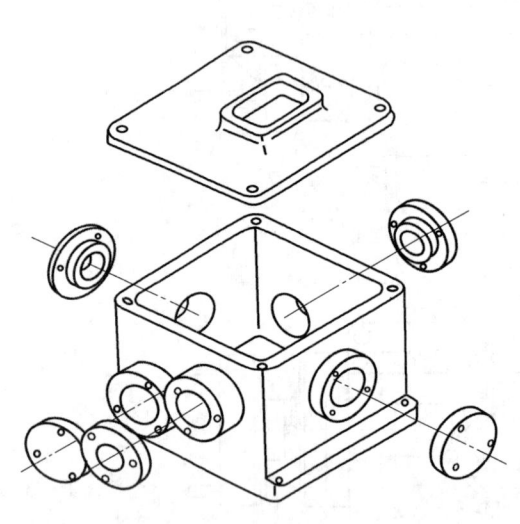

图9-52　箱体与有关零件的配加工

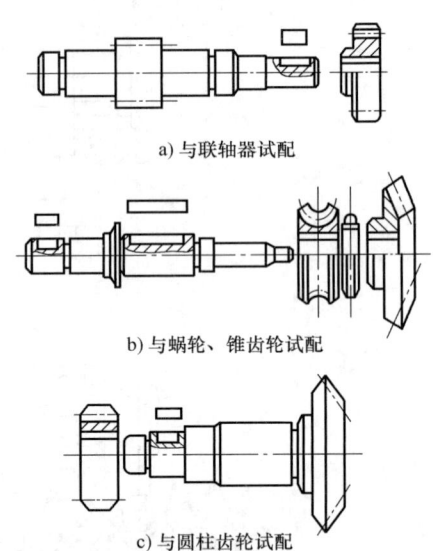

a) 与联轴器试配

b) 与蜗轮、锥齿轮试配

c) 与圆柱齿轮试配

图9-53　减速器零件配键预装

3. 组件装配

从减速器装配图（图9-51）中可以看出，主要组件有锥齿轮轴组、蜗杆轴组、蜗轮轴组等。其中只有锥齿轮轴组可以独立装配后再整体装入箱体，其余两个组件均必须在部件总装时与箱体一起装配。

具体装配步骤如下。

（1）锥齿轮与衬垫的装配　以锥齿轮轴为基准，将衬垫套装在轴上。

（2）轴承盖与毛毡的装配　将已剪好的毛毡塞入轴承盖槽内。

（3）轴承套与轴承外圈的装配　用专用量具分别检查轴承套孔及轴承外圈尺寸；在配合面上涂上润滑油；以轴承套为基准，将轴承外圈压入孔内至底面。

（4）轴承套组件装配 以锥齿轮组件为基准，将轴承套套装在轴上；在配合面上加润滑油，将轴承内圈压装在轴上，并紧贴衬垫；套上隔圈，将另一轴承内圈压装在轴上，直至与隔圈接触；将另一轴承外圈涂上润滑油，轻压至轴承套内；装入轴承盖，调整端面的高度，使轴承间隙符合要求后，拧紧3个螺钉；安装平键，套装齿轮、垫圈，拧紧螺母，注意配合面加润滑油；检查锥齿轮转动的灵活性及轴向窜动量，然后将轴组零件一一装上。其中螺钉若能在装好齿轮后放入轴承盖螺钉孔内，螺钉可以最后在与箱体结合时再安装。

4．总装与调整

在完成减速器各组件装配后，即可进行总装工作。减速器的总装是从基准零件，即箱体开始。根据先里后外、先下后上的装配顺序原则，该减速器应先装蜗杆轴，后装蜗轮轴。

（1）装配蜗杆轴 先将蜗杆轴组件（蜗杆与两端轴承内圈的组合）装入箱体，然后从箱体孔两端装入两轴承外圈，在蜗杆伸出端装上轴承盖组件，并用螺钉紧固。这时可轻敲蜗杆轴另一端，使伸出端的轴承消除间隙并与轴承盖贴紧。然后在另一端装入调整垫圈和轴承盖，并测量间隙 Δ，以确定垫圈的厚度，装入垫圈后用螺钉紧固。最后用百分表在轴的伸出端进行实际轴向间隙检测（图9-54），根据检测情况做进一步修配和调整，保证蜗杆装配后具有 0.01~0.02mm 的轴向间隙。

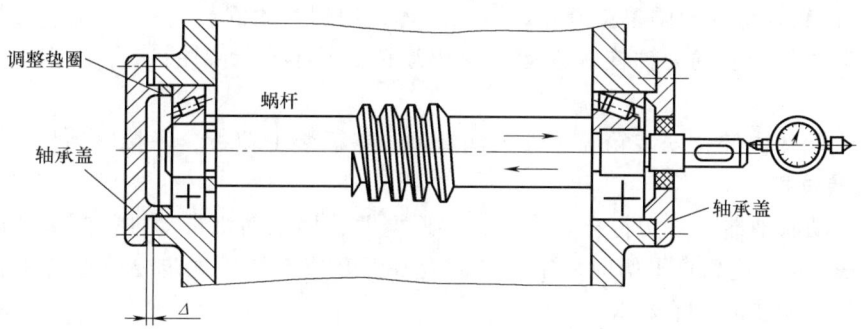

图9-54 调整蜗杆轴向间隙

（2）试装蜗轮轴 先确定蜗轮轴组件的正确位置。如图9-55所示，将轴承内圈装入轴的大端，然后将轴通过箱体孔，装上已试好的蜗轮、轴承外圈以及工艺套（为了调整拆卸方便，暂以工艺套替代小端轴承），然后移动轴，使蜗轮与蜗杆达到正确的啮合位置，即要求蜗轮轮齿的对称中心平面与蜗杆轴线重合。用游标深度卡尺测量尺寸 H，并修整轴承盖的台阶尺寸至 $H_{-0.02}^{0}$ mm。

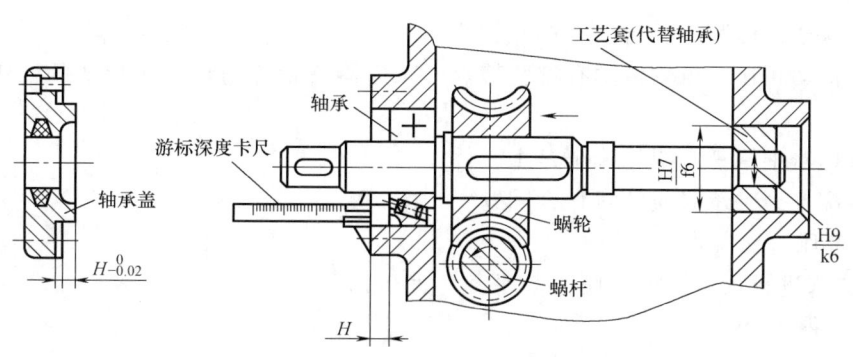

图9-55 调整蜗轮轴向位置

（3）试装锥齿轮轴组　确定两锥齿轮轴向的正确装配位置。如图9-56所示，先调整好蜗轮轴轴承的轴向间隙，再装入锥齿轮轴组，调整两圆锥的轴向位置，使其达到两锥齿轮的背锥面平齐，然后分别测量出应放置调整垫圈处的 H_1、H_2 尺寸，并按尺寸配修垫圈至要求。最后卸下各零件，对输出端轴承盖配好油封毛毡。

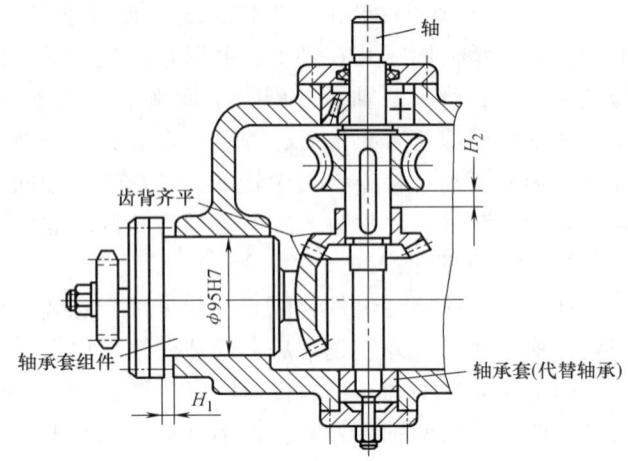

图9-56　锥齿轮副装配位置调整

（4）装配蜗轮与锥齿轮组

1）从大轴承孔方向将蜗轮轴装入，同时依次将键、蜗轮、调整垫圈、锥齿轮、止退垫圈、圆螺母装在轴上。然后从箱体两端轴承孔分别装入滚动轴承及轴承盖，用螺钉紧固并调好间隙。装好后用手转动蜗杆轴，应灵活无阻滞现象。

2）将锥齿轮轴组件和调整垫圈一起装入箱体，用螺钉紧固。

（5）安装联轴器　动力轴连续空运转，用涂色法检验传动副的啮合情况，并做必要的调整。

（6）清理箱体内腔，安装箱盖，注入润滑油，最后装上盖板，联接电动机。

5. 空运转试机

先用手转动联轴器，一切符合要求后，接通电源，用电动机带动进行空运转试机。试机时间不少于30min，达到热平衡时，轴承的温度及温升值不超过规定要求，齿轮和轴承无显著噪声，达到各项装配技术要求。

任务评价与反馈

减速器的装配是装配阶段的综合训练和测验，旨在通过其装配掌握齿轮传动装配、蜗杆蜗轮传动装配基本要求和装配工艺，加深对传动机构装配技术要求的理解，掌握其装配基本技能，进而可以举一反三，对各传动机构的装配工艺有较明晰的认知，并具备对装配质量进行分析的能力。

1. 自我测评

1）通过减速器的装配，自己有哪些收获？

2）和带传动相比，齿轮传动有哪些特点？减速器齿轮传动是什么形式的？传递怎样的运动？

3）本减速器中蜗杆和蜗轮哪个是主动件？

4）在装配推力轴承时应注意什么问题？

2. 任务考评

按任务要求进行评定，填写任务考评表（表9-15）。

3. 实训心得

表 9-15 减速器的装配与调整任务考评表

学生姓名：			班级：	学号：		时间：	
任务名称	减速器的装配与调整						
考核项目		考核内容	配分	评分标准	考评得分		
					自检	互检	教师
主要项目	1	工具、量具准备	5 分	准备不足不得分			
	2	零件清洗、检验	5 分	清洗不达要求扣 5 分；零件未经检验扣 5 分			
	3	零件和组件装配位置正确	10 分	装配顺序或位置不当不得分			
	4	固定联接牢固可靠	10 分	不达标不得分			
	5	旋转部分转动灵活	15 分	有阻滞或噪声过大扣 10 分			
	6	蜗轮副啮合状况符合要求	15 分	间隙超差扣 10 分			
	7	齿轮副啮合状况符合要求	15 分	间隙超差扣 10 分			
	8	装配过程有序合理	15 分	作业程序不当不得分			
安全文明生产		国颁安全生产法规有关规定及车间管理规定	10 分	违规不得分			
总配分			100 分	合　计			
教学评价	○优秀(85 分以上)　○良好(75 分以上) ○及格(60 分以上)　○不及格（60 分以下）			综合得分			
				教师签名			

知识链接

轴承的装配工艺

轴承是支承轴的部件，它引导轴的旋转运动，并承受轴传递给机架的载荷。轴承有时也用来支承轴上的旋转零件。根据轴承工作的摩擦性质不同，轴承可分为滑动轴承和滚动轴承两类。

一、滑动轴承的装配

滑动轴承工作平稳可靠，无噪声，承载能力高，并能承受较大的冲击载荷，多用于精密、高速、重载的转动场合。

1. 滑动轴承

滑动轴承按结构形式的不同，可分为整体式、剖分式、自动调心式径向滑动轴承和推力滑动轴承等。

（1）整体式径向滑动轴承　图 9-57 所示是一种常见的整体式径向滑动轴承。轴承座用铸铁或铸钢制成，并用螺栓与机体连接。顶部设有装油杯的螺纹孔。轴承孔内装有轴瓦，并用紧定螺钉固定。简单的轴承也可以没有轴瓦。这种轴承结构简单、成本低，但装拆不便，且无法调整磨损后的间隙，常用于低速、轻载、间歇工作等场合，例如小型卷扬机、手摇起重机等。

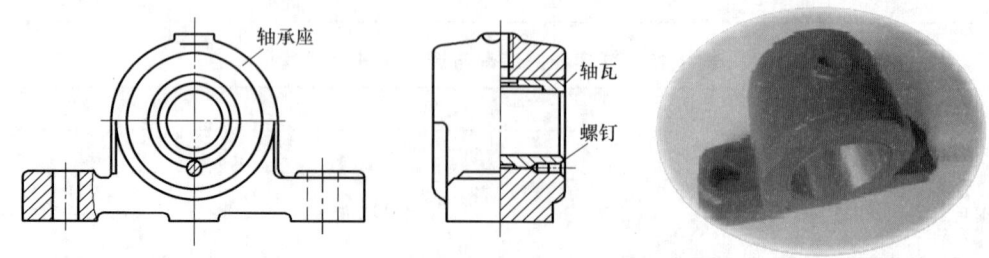

图 9-57　整体式径向滑动轴承

（2）剖分式径向滑动轴承　图 9-58 所示为一种常见的剖分式径向滑动轴承，它由轴承座，轴承盖，剖分的上、下轴瓦以及螺栓组成。为了使轴承座和轴承盖便于对中，剖分面做成阶梯状。在剖分面上配置适当薄垫片，当轴瓦磨损后，可以减小垫片厚度，以调整间隙。使用时，径向载荷方向与剖分面垂直线的夹角不应大于 35°，以免轴瓦的承载区域过小。剖分式轴承装拆方便，易于调整间隙，应用广泛。

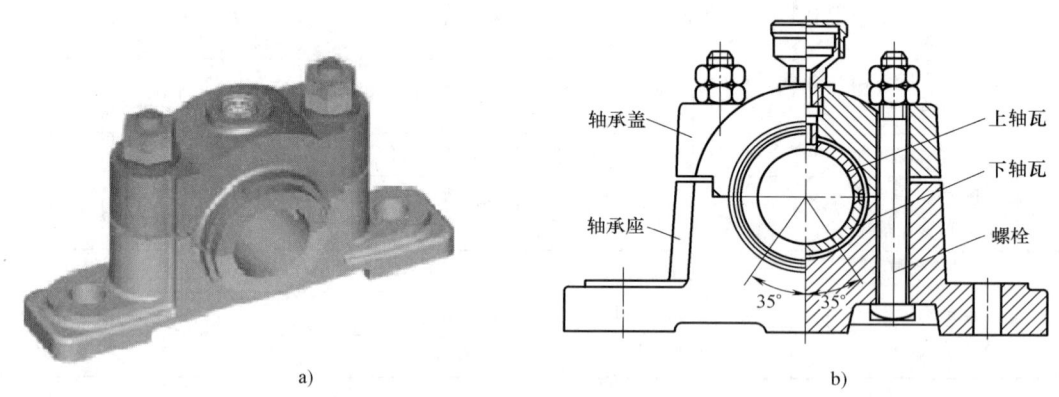

图 9-58　剖分式径向滑动轴承

（3）自动调心式径向滑动轴承　当轴颈的长径比较大（$L/d > 1.5 \sim 1.75$），或轴的刚性较小以及由于装配和工艺原因所引起的轴颈偏斜，使轴瓦两端与轴颈局部接触（图 9-59a）时，将导致轴瓦两端边缘急剧磨损。在这种情况下，可采用自动调心式径向滑动轴承（图 9-59b）。这种轴承的轴瓦和轴承座及轴承盖以球面接触，轴瓦可随轴在一定范围内偏转。

（4）推力滑动轴承　推力滑动轴承主要承受轴向载荷（图 9-60）。它由轴承座、衬套、轴瓦和推力轴瓦等组成。推力轴瓦的底部制成球形，并用销和轴承座固定。润滑油用压力从其底部注入，并从上部的油管流出。

2. 滑动轴承的装配方法

对滑动轴承装配的要求，主要是使轴颈与轴承孔之间获得所需要的间隙和良好的接触，使轴颈在轴承中运转平稳。

（1）整体式滑动轴承的装配

1）将轴承、轴承孔去毛刺、擦净、清洗，然后涂润滑油。

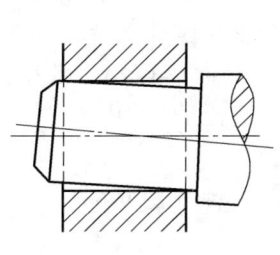 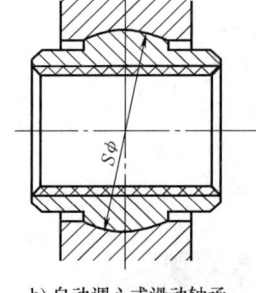 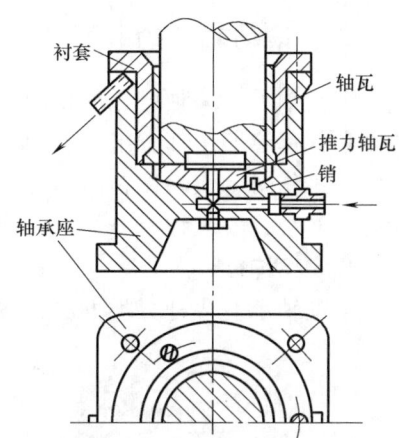

a) 轴颈在轴承孔中产生偏斜　　b) 自动调心式滑动轴承

图 9-59　自动调心式滑动轴承

图 9-60　推力滑动轴承

2）根据轴套的尺寸和配合时过盈量的大小，采取敲入法或压入法将轴套装入轴承座孔内，并进行固定。

3）轴套装入轴承座孔后，易发生尺寸和形状变化，应采用铰削或刮削的方法对内孔进行修整、检验，以保证轴颈与轴套之间有良好的间隙配合。

4）轴套经修整后，应检测轴套内孔的圆度和圆柱度误差，以及轴套内孔轴线对端面的垂直度误差，如图 9-61 所示。

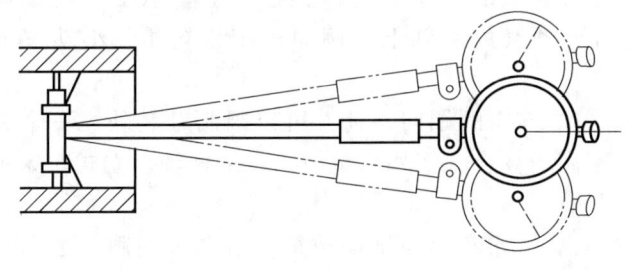

a) 轴套内孔圆度、圆柱度误差检测　　b) 轴套内孔轴线对端面的垂直度误差检测

图 9-61　轴套几何误差的检测

（2）剖分式滑动轴承的装配　剖分式滑动轴承的装配如图 9-62 所示。装配时应注意下列问题。

1）上、下轴瓦与轴承座和轴承盖应有良好的接触，同时轴瓦的台肩紧靠轴承座孔的两个端面。

2）轴瓦在机体中除了轴向依靠台阶固定外，周向也常用定位销固定。

3）为提高配合精度，应对轴瓦进行刮削，一般先刮下轴瓦，后刮上轴瓦。

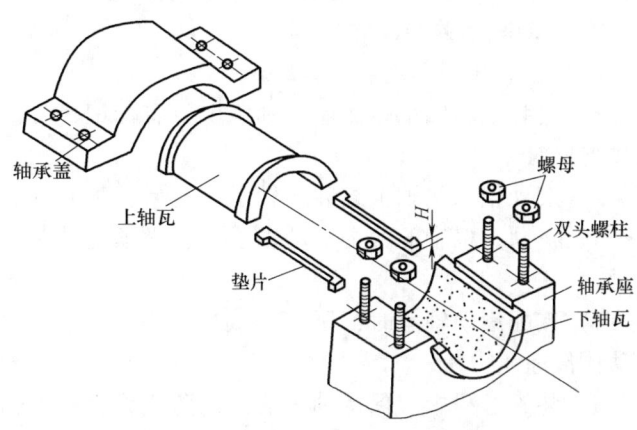

图 9-62　剖分式滑动轴承的装配

二、滚动轴承的装配

滚动轴承是一种已标准化的十分精密的运动支承组件。滚动轴承一般由外圈、内圈、滚动体和保持架四个部分组成。内圈与轴配合并与轴一起转动，外圈与轴承座孔配合，起支承作用。工作时，滚动体在内、外圈的滚道上滚动，形成滚动摩擦。它具有摩擦小，效率高，轴向尺寸小，安装维修方便，互换性强等特点，在机械行业中得到了广泛的应用。

1. 滚动轴承

滚动轴承有多种分类方法，按承受载荷的方向不同，可分为如下三种（图9-63）。

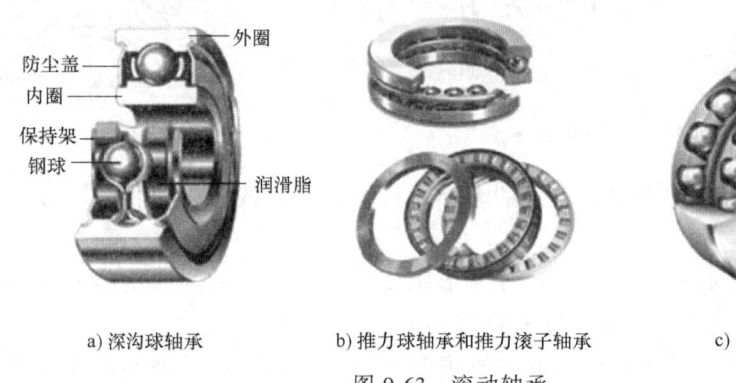

a) 深沟球轴承　　b) 推力球轴承和推力滚子轴承　　c) 角接触球轴承

图 9-63　滚动轴承

（1）深沟球轴承　深沟球轴承是滚动轴承中最普通的一种类型，主要承受径向载荷和很小的轴向载荷，用于高速轻载，不需要预紧的主轴上，例如机床齿轮箱、小功率电动机等。

（2）推力球轴承　推力球轴承只承受一个方向的轴向载荷，可以限制轴和外壳一个方向的轴向移动。常用于轴向载荷大，转速不高的场合，例如起重吊钩、蜗杆轴、立式车床主轴、钻床主轴等。

（3）角接触球轴承　角接触球轴承能承受径向和单向轴向载荷，可调节间隙，适用于刚性较大，跨距小的轴，常用于内圆磨床主轴、蜗轮减速器等。

按滚动体的形状不同，可将滚动轴承分为球轴承、滚子轴承，按轴承中滚动体的列数不同，又分为单列轴承、双列轴承及多列轴承等。

2. 滚动轴承的装配方法

（1）滚动轴承装配技术要求

1）安装滚动轴承时，应将轴承上带有标记代号的端面装在可视方向，以便更换时进行查找与核对。

2）滚动轴承在轴上或装入轴承座孔后，不允许有歪斜的现象。

3）在同一根轴的两个滚动轴承中，必须使其中一个轴承在受热膨胀时留有轴向移动的余量。

4）装配滚动轴承时，压力（或冲击力）应直接加在待配合套圈的端面上，不允许通过滚动体传递压力。

5）装配过程中应保持轴承清洁，防止异物进入轴承内部。

6）装配后的轴承应转动灵活，噪声小，工作温度不超过50℃。

（2）装配前的准备

1）按轴承的规格准备好装配所需的工具和量具。

2）按图样要求认真检查与轴承相配合的零件，并用机油清洗、擦拭干净后涂上润滑油。

3）检查轴承型号与图样所标注的型号是否一致，并把轴承清洗干净。对于表面无防锈油涂层并包装严密的轴承可不进行清洗，尤其是对有密封装置的轴承，严禁清洗。

（3）深沟球轴承的装配　深沟球轴承的装配方法有锤击法和压入法。图 9-64 所示为用铜棒垫上特制套的锤击法装配轴承。图 9-65 所示为用压入法装配滚动轴承的方法。当轴颈尺寸较大，且过盈量也较大时，为便于装配可选用热装法，即将轴承放入 80~100℃ 的热油中进行加热或在感应加热器上加热，然后和处于常温下的轴配合（图 9-66）。

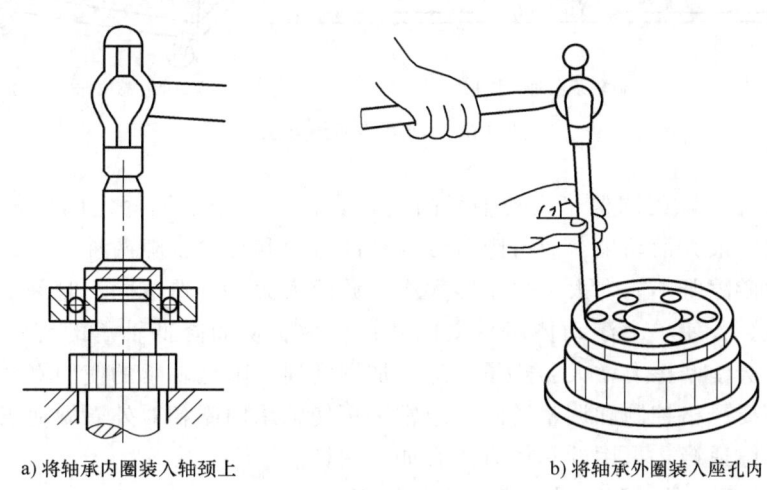

a) 将轴承内圈装入轴颈上　　b) 将轴承外圈装入座孔内

图 9-64　锤击法装配滚动轴承

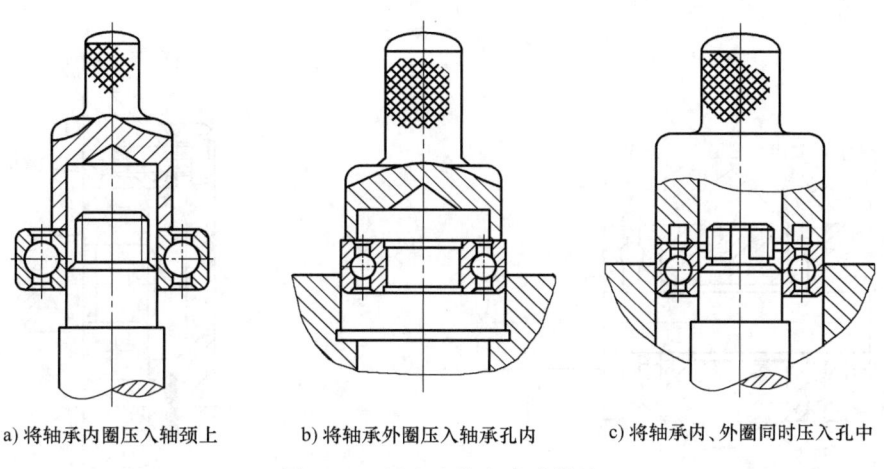

a) 将轴承内圈压入轴颈上　　b) 将轴承外圈压入轴承孔内　　c) 将轴承内、外圈同时压入孔中

图 9-65　压入法装配滚动轴承

（4）角接触球轴承的装配　角接触球轴承与其他内、外圈可分离的轴承一样，均可采用锤击法或压入（或热装）法将轴承内圈安装到轴上，将轴承外圈装入轴承座，然后再调整游隙。

（5）推力角接触球轴承的装配　这种轴承的内、外圈可分离，可分别把内、外圈装入轴颈和轴承孔内，然后再调整游隙。在装配时应区分紧圈和松圈，松圈的内孔比紧圈的内孔大，故紧圈应靠在与轴相对静止的表面上。图 9-67 所示左端的紧圈应靠在圆螺母的端面上，右端的紧圈应靠在轴肩端面上，否则会使滚动体失去滚动作用，同时会加速配合零件间的磨损。

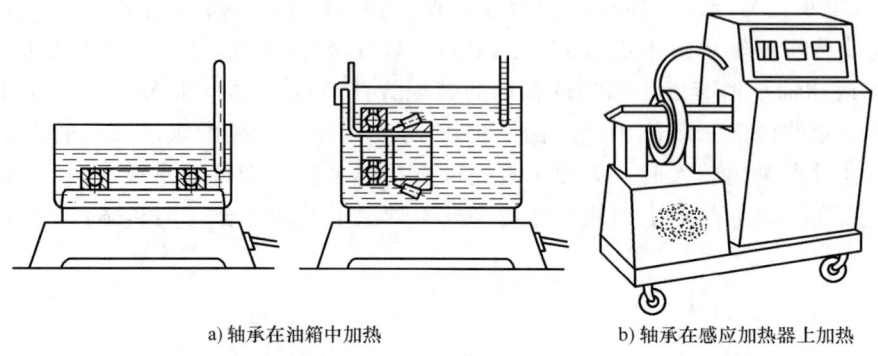

a) 轴承在油箱中加热　　b) 轴承在感应加热器上加热

图 9-66　轴承的加热方法

（6）滚动轴承游隙的调整　滚动轴承的游隙是指在一个套圈固定的情况下，另一个套圈沿径向或轴向的最大活动量，故游隙可分为径向游隙和轴向游隙两种。

滚动轴承的游隙既不能太大，也不能太小。游隙太大，会造成同一时刻承受载荷作用的滚动体的数量减少，使单个滚动体所承受的载荷增大，从而降低轴承的旋转精度和使用寿命；游隙太小，会使摩擦力增大，热量增加，加剧磨损，降低轴承的使用寿命。因此，许多轴承在装配时都要严格控制和调整游隙。通常采用使轴承内圈相对外圈做适当的轴向移动的方法，来保证游隙适当。采用的具体方法有如下两种。

1）调整垫片法。通过调整轴承盖与壳体端面间的垫片厚度 δ 调整轴承的轴向游隙，如图 9-68 所示。

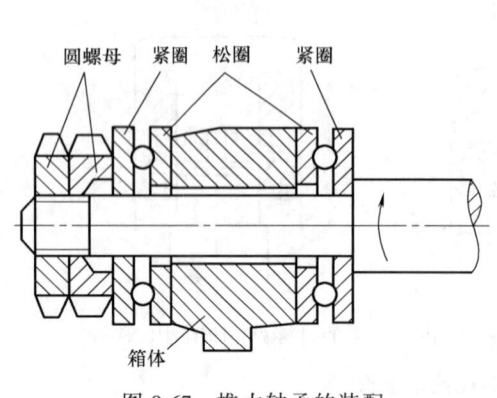

图 9-67　推力轴承的装配

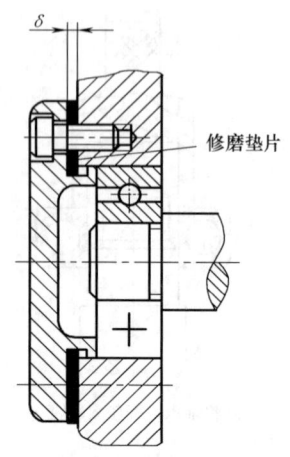

图 9-68　用垫片调整轴承游隙

2）调整螺钉、螺母法。图 9-69 所示为用螺钉和螺母调整轴承游隙的方法。用螺钉调整轴承游隙的方法：先松开螺母，再调整螺钉，待游隙调整好之后，最后再锁紧螺母即可。用螺母调整轴承游隙的方法：先拔出开口销，再调整带槽螺母，待游隙调整好后，插入开口销即完成调整。

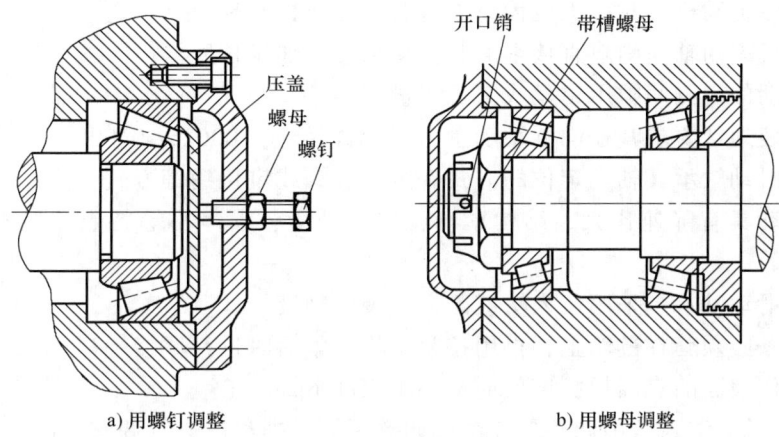

a) 用螺钉调整　　　　　　　　b) 用螺母调整

图 9-69　用螺钉和螺母调整轴承游隙

职业技能理论知识测验

一、选择题

1. 传动带在带轮上的包角不能小于_____。
   A. 120°　　　　　　B. 110°　　　　　　C. 145°

2. 两个链轮之间的轴向偏移量不能太大。当两个链轮的中心距小于或等于 500mm 时，轴向偏移量应不超过_____。
   A. 1mm　　　　　　B. 3mm　　　　　　C. 0.5mm

3. 齿轮传动接触精度的主要指标是接触斑点，一般可用_____检测。
   A. 百分表检测法　　B. 铅丝检测法　　　C. 涂色法

4. 带轮孔与轴多采用_____。
   A. 小间隙配合　　　B. 过渡配合　　　　C. 过盈配合

5. 安装 V 带时，先将带套在_____槽中。
   A. 小带轮　　　　　B. 大带轮　　　　　C. 两轮中

6. 在装配蜗杆传动机构时，保证蜗杆轴线与蜗轮轴线之间的_____要求。
   A. 平行度　　　　　B. 垂直度　　　　　C. 相交

7. 螺旋机构可以将旋转运动转换为_____运动。
   A. 直线　　　　　　B. 摆动　　　　　　C. 曲线

8. 渐开线圆柱齿轮安装涂色检查后发现接触斑点同向偏移接触，则其原因是_____。
   A. 中心距太大　　　B. 中心距太小　　　C. 两齿轮轴线不平行

9. V 带安装在带槽中后，其顶面应_____。
   A. 贴紧带轮槽底部　B. 伸出带轮槽顶面　C. 与带轮槽顶面基本平齐

10. 对滑动轴承的装配要求，主要是使轴颈与轴承孔之间获得所需要的_____和良好的接触，使轴颈在轴承中运转平稳。

A. 间隙　　　　　　　B. 过盈量　　　　　　　C. 固定方式

二、判断题

1. 装配齿轮传动机构时，固定齿轮不得有偏心或歪斜现象。（　　）
2. 丝杠螺母副的轴向间隙直接影响其传动精度和加工精度。（　　）
3. 蜗杆传动的齿侧间隙用铅丝或塞尺测量困难。（　　）
4. 带轮安装通常要求其径向圆跳动量为带轮直径的 0.00025~0.0005。（　　）
5. 整体式滑动轴承其轴套定位的方式有紧定螺钉或定位销等方式。（　　）
6. 蜗杆传动具有降速比大、结构紧凑、传动平衡、噪声小等特点，但不具备自锁性。（　　）
7. 整体式滑动轴承多采用压入法或敲入法装配轴套。（　　）
8. 齿形链条必须套在链轮上，再用拉紧工具拉紧后时进行联接。（　　）
9. 带轮工作表面的表面粗糙度值应不小于 $Ra1.6\mu m$。（　　）
10. 滚动轴承的游隙常用调整垫片法或调整螺钉、螺母法进行调整。（　　）
11. 过盈联接零件的配合表面的表面粗糙度值可以取较大值。（　　）
12. 齿轮与轴的装配形式有齿轮在轴上空套或滑移、与轴固定联接三种。（　　）

品读工匠故事，滋养职业情怀

大国工匠　船舶"贴心大夫"——迟登亮

青岛前进船厂轮机车间船舶钳工高级技师迟登亮，在岗 30 多年间潜心钻研技术，屡屡攻坚克难，练就了一套为船舶"把脉"的工作方式，成为了业内首屈一指的船舶动力维修专家。"好之者不如乐之者"，怀着对维修技术难以割舍的情结，立志在船舶钳工岗位中做出一番业绩，迟登亮废寝忘食，抓紧时间苦练技术，最终成就为技艺精湛的匠人，他在柴油机、旋转机、空气压缩机、净油机、液压调距桨及舰船液压控制装置的修理方面，有排除各种疑难问题的绝活儿。每次任务他都慎重对待，丝毫不敢懈怠。

"工匠精神是一生一世的倾心，是精益求精的执著，是流传百世的传承，更是我们每一个工人实现中国梦的实践！"这是迟登亮的感言，也是他坚守的信念。

职业技能理论知识测验参考答案

项目一 钳工入门

一、选择题
1. A 2. B 3. A 4. A 5. B 6. A 7. B 8. A 9. C 10. A
二、判断题
1. √ 2. × 3. √ 4. √ 5. √ 6. √ 7. √ 8. √ 9. √ 10. √

项目二 划 线

一、选择题
1. A 2. B 3. A 4. C 5. A 6. B 7. A 8. B 9. C 10. A
二、判断题
1. √ 2. √ 3. √ 4. √ 5. × 6. √ 7. √ 8. √ 9. √ 10. √

项目三 锯 削

一、选择题
1. A 2. B 3. A 4. C 5. A 6. B 7. B 8. A 9. C 10. B
二、判断题
1. √ 2. √ 3. √ 4. √ 5. √ 6. √ 7. √ 8. × 9. √ 10. √

项目四 锉 削

一、选择题
1. A 2. A 3. B 4. B 5. C 6. C 7. B 8. B 9. A 10. B
二、判断题
1. √ 2. √ 3. × 4. √ 5. × 6. √ 7. √ 8. √ 9. √ 10. √ 11. √ 12. √

项目五 孔 加 工

一、选择题
1. A 2. B 3. A 4. C 5. B 6. A 7. A 8. A 9. D 10. A

二、判断题

1. √　2. √　3. ×　4. √　5. √　6. √　7. √　8. √　9. √　10. √

项目六　螺纹加工

一、选择题

1. B　2. B　3. A　4. A　5. B　6. A　7. B　8. A　9. A　10. C

二、判断题

1. √　2. √　3. √　4. √　5. √　6. √　7. ×

三、计算题

1. 解：1)　　$D_{孔}=D-P=10\text{mm}-1.5\text{mm}=8.5\text{mm}$

　　　2)　　$D_{孔}=D-P=10\text{mm}-1\text{mm}=9\text{mm}$

2. 解：$d_{杆}=d-0.13P=8\text{mm}-0.13\times1\text{mm}=7.87\text{mm}$

项目七　矫正、弯形与铆接

一、选择题

1. B　2. A　3. B　4. B　5. C　6. B　7. B　8. A　9. B

二、判断题

1. √　2. √　3. √　4. √　5. ×　6. √　7. √

三、计算题

1. 解：如图所示，已知 $r=15\text{mm}$，材料厚度 $t=5\text{mm}$。$r/t=3$ 查表（表7-4）得弯形中性层位置系数 $\chi_0=0.4$，则圆弧部分中性层长度为

$$A=\pi(r+\chi_0 t)\frac{\alpha}{180°}$$

$$=3.14(15\text{mm}+0.4\times5\text{mm})\frac{60°}{180°}$$

$$=17.80\text{mm}$$

制件的展开长度：$L=70\text{mm}+120\text{mm}+17.80\text{mm}=207.80\text{mm}$

2. 解：(1) 确定铆钉直径　因被联接板厚度不同，取铆钉直径等于最小板厚的1.8倍，并计算后按标准铆钉公称直径进行圆整，即

$$2\text{mm}\times1.8=3.6\text{mm}$$

按标准铆钉圆整后，实际选取铆钉直径为4mm。

(2) 确定铆钉长度　根据半圆头铆钉铆合所需铆钉杆长度计算公式

$$L=\sum\delta+(1.25\sim1.5)d$$

取铆钉杆伸出长度为铆钉直径的1.25倍，则铆杆长度为

$$L=(2\text{mm}+3\text{mm})+1.25d=5\text{mm}+5\text{mm}=10\text{mm}$$

(3) 确定钉孔直径　查表7-6得知，精装配钉孔直径为4.1mm。

3. 解：(1) 确定铆钉直径　因被联接板厚度相同，取铆钉直径等于板厚的1.8倍，计

算得铆钉直径为
$$4\text{mm} \times 1.8 = 7.2\text{mm}$$
按标准铆钉圆整后，实际选取铆钉直径为 8mm。

（2）确定铆钉长度　根据沉头铆钉铆合所需铆钉杆长度计算公式
$$L = \sum \delta + (0.8 \sim 1.2)d$$
取铆钉杆伸出长度为铆钉直径的 0.8 倍，则铆杆长度为
$$L = (4\text{mm} + 4\text{mm}) + 0.8d = 8\text{mm} + 6.4\text{mm} = 14.4\text{mm}$$

（3）确定钉孔直径　查表 7-6 得知，粗装配钉孔直径为 8.5mm。

项目八　综合训练

一、选择题

1. B　2. C　3. B　4. B　5. C　6. C　7. C　8. C　9. B　10. A

二、判断题

1. ×　2. √　3. √　4. ×　5. √　6. √　7. ×　8. √　9. √　10. √　11. √　12. √

项目九　装配基础与技能训练

一、选择题

1. A　2. A　3. C　4. B　5. A　6. B　7. A　8. C　9. C　10. A

二、判断题

1. √　2. √　3. √　4. √　5. √　6. ×　7. √　8. √　9. ×　10. √　11. ×　12. √

参 考 文 献

［1］ 徐冬元，等. 钳工工艺与技能训练［M］. 北京：高等教育出版社，2014.
［2］ 蒋增福. 装配钳工工艺与技能训练［M］. 北京：中国劳动社会保障出版社，2001.
［3］ 马喜法，等. 钳工实训与技能考核训练教程［M］. 北京：机械工业出版社，2008.
［4］ 厉萍，等. 机械制造技术基础-技能训练［M］. 北京：高等教育出版社，2012.
［5］ 王立波，等. 钳工［M］. 北京：化学工业出版社，2010.